# Automatisierte Analyse von virtuellen Prototypen auf der Ebene elektronischer Systeme

Mehran Goli • Rolf Drechsler

# Automatisierte Analyse von virtuellen Prototypen auf der Ebene elektronischer Systeme

## Design, Verständnis und Anwendungen

Springer Vieweg

Mehran Goli
University of Bremen and DFKI GmbH
Bremen, Deutschland

Rolf Drechsler
University of Bremen and DFKI GmbH
Bremen, Deutschland

Dieses Buch ist eine Übersetzung des Originals in Englisch „Automated Analysis of Virtual Prototypes at the Electronic System Level“ von Goli, Mehran, publiziert durch Springer Nature Switzerland AG im Jahr 2020. Die Übersetzung erfolgte mit Hilfe von künstlicher Intelligenz (maschinelle Übersetzung durch den Dienst DeepL.com). Eine anschließende Überarbeitung im Satzbetrieb erfolgte vor allem in inhaltlicher Hinsicht, so dass sich das Buch stilistisch anders lesen wird als eine herkömmliche Übersetzung. Springer Nature arbeitet kontinuierlich an der Weiterentwicklung von Werkzeugen für die Produktion von Büchern und an den damit verbundenen Technologien zur Unterstützung der Autoren.

ISBN 978-3-031-36996-4 ISBN 978-3-031-36997-1 (eBook)
https://doi.org/10.1007/978-3-031-36997-1

Die Deutsche Nationalbibliothek verzeichnet diese Publikation in der Deutschen Nationalbibliografie; detaillierte bibliografische Daten sind im Internet über https://portal.dnb.de abrufbar.



Planung/Lektorat: Axel Garbers
Springer Vieweg ist ein Imprint der eingetragenen Gesellschaft Springer Nature Switzerland AG und ist ein Teil von Springer Nature.
Die Anschrift der Gesellschaft ist: Gewerbestrasse 11, 6330 Cham, Switzerland

Das Papier dieses Produkts ist recyclebar.

*An Ronja, Nik und Paya*

*und*

*Für Fikriye und Hayrettin*

# Vorwort

Die Modellierung elektronischer Systeme mit Hilfe des Konzepts des virtuellen *Prototyps* (VP) hat sich in den letzten zehn Jahren in der Industrie durchgesetzt. Der Hauptgrund dafür ist, dass VP viel früher verfügbar sind und ihre Simulation im Vergleich zu den auf niedrigeren Abstraktionsebenen implementierten Hardwaremodellen um Größenordnungen schneller ist. Daher werden VP als Referenzmodell für verschiedene Anwendungen (z. B. Test, Debugging, Verifikation und Design Space Exploration) im Entwurfsprozess verwendet. Für diese Anwendungen ist die Anwendung simulationsbasierter Techniken immer noch der vorherrschende Ansatz, wobei deren Einsatz genaue Kenntnisse der VP-Struktur und des Verhaltens erfordert. Der Zugriff auf diese Informationen erfordert jedoch die Analyse einer gegebenen VP, was immer noch eine sehr anspruchsvolle und nicht triviale Aufgabe ist. Ziel dieses Buches ist es, eine Reihe von umfassenden und automatisierten Ansätzen bereitzustellen, die es Designern ermöglichen, verschiedene Aufgaben im Entwurfsprozess zu bewältigen. Das Buch bietet die VP-Analyseansätze (Entwurfsverständnis und die Infrastrukturen und Lösungen zur Handhabung anderer Anwendungen im Entwurfsprozess) aus zwei verschiedenen Perspektiven, die bisher noch nicht untersucht wurden: debuggerbasierte und compilerbasierte Ansätze.

Bremen, Deutschland

Mehran Goli
Rolf Drechsler

# Danksagungen

Wir möchten allen, die zu den Ergebnissen dieses Buches beigetragen haben, unseren besonderen Dank aussprechen. Unser besonderer Dank gilt Jannis Stoppe und Daniel Große für ihre investierte Zeit und ihre brillanten Ideen, die für dieses Buch von großer Bedeutung waren. Wir möchten uns auch bei Muhammad Hassan für seine Beiträge bedanken, die uns geholfen haben, dieses Buch zu verbessern. Vielen Dank an Alireza Mahzoon für sein hilfreiches Feedback und seine anregenden Diskussionen. Wir möchten uns bei allen Kolleginnen und Kollegen der Gruppe Rechnerarchitektur an der Universität Bremen und der Gruppe Cyber-Physical Systems am Deutschen Forschungszentrum für Künstliche Intelligenz für ihre Unterstützung bedanken.

Bremen, Deutschland
April 2020

Mehran Goli
Rolf Drechsler

# Inhaltsverzeichnis

# Abbildungsverzeichnis

# Tabellenverzeichnis

# Algorithmen

# Kapitel 1
# Einführung

Die Komplexität der Hardware ist heutzutage ein großes Problem. Moderne elektronische Schaltungen und Systeme bestehen aus vielen verschiedenen Funktionsblöcken, einschließlich mehrerer Kerne für *geistiges Eigentum* (IP) von Drittanbietern, verschiedener On-Chip-Verbindungen und Speicher. Nach dem „Moore'schen Gesetz" wächst die Anzahl der Komponenten in integrierten Schaltungen exponentiell und verdoppelt sich fast alle zwei Jahre [79]. Derzeit werden moderne eingebettete Systeme (z. B. der 28-Kern-Chip Intel Xeon Platinum) als Multiprozessorsysteme auf einem einzigen Chip hergestellt und erreichen bis zu 8 Mrd. Transistoren [112]. Die zunehmende Komplexität und Größe von *System-on-Chip* (SoC)-Entwürfen zusammen mit nichtfunktionalen Aspekten und Einschränkungen für das endgültige System, wie z. B. optimaler Stromverbrauch, Robustheit und Zuverlässigkeit, machen den Entwurfsprozess für solche komplexen Systeme zu einem entscheidenden Faktor.

Die klassischen *Hardwarebeschreibungssprachen* (HDLs) wie Verilog [82] und VHDL [81], die weithin zur Modellierung von Hardware auf der *Registertransferebene* (RTL) [116] verwendet werden, können nicht ohne weiteres zum Ausführen, Testen oder Bewerten moderner eingebetteter Systeme auf einer derart niedrigen Abstraktionsebene eingesetzt werden. Der Hauptgrund für diese Einschränkung ist, dass für die Durchführung der oben genannten Aufgaben unter Verwendung dieser HDLs eine genaue und vollständige Beschreibung des gesamten Systems erforderlich ist. Das bedeutet, dass die Entwickler zunächst das gesamte System aufbauen und dann mit dem Testen oder Bewerten beginnen müssen. Dies hat zur Folge, dass Änderungen an der Architektur oder Modifikationen, die Softwareentwicklung und der gesamte Testprozess von eingebetteten Systemen erst durchgeführt werden können, wenn das System vollständig implementiert ist. Dies macht den Entwicklungsprozess sehr teuer und zeitaufwändig. Daher sehen sich die traditionellen HDLs zunehmend mit dem Problem der Entwurfslücke [33] konfrontiert, d. h. mit dem Pro-

 
M. Goli, R. Drechsler, *Automatisierte Analyse von virtuellen Prototypen auf der Ebene elektronischer Systeme*, https://doi.org/10.1007/978-3-031-36997-1_1

blem, dass ein System aufgrund seiner Komplexität nicht in Übereinstimmung mit den verfügbaren Fertigungsmöglichkeiten entworfen werden kann.

Eine mögliche Lösung zur Bewältigung der Komplexität elektronischer Schaltungen besteht darin, die Abstraktionsebene auf die *elektronische Systemebene* (ESL) anzuheben [75]. In den letzten zehn Jahren haben Wissenschaft und Forschung das ESL-Paradigma entwickelt, um Entwicklern neue Entwurfsmethoden, Werkzeuge und spezielle Systementwurfssprachen an die Hand zu geben. Dies ermöglicht es den Entwicklern, ein System mit Hilfe eines modularen Ansatzes zu modellieren, der eine Reihe von Grobstrukturen und eine zugrunde liegende Hochsprache (z. B. C++) zur Beschreibung des detaillierten Verhaltens dieser Teile umfasst. Auf diese Weise lässt sich ein System schnell prototypisieren und als Referenzmodell für niedrigere Abstraktionsebenen verwenden. Außerdem können die Entwickler die Softwareteile eines eingebetteten Systems testen oder bewerten, bevor die eigentliche Hardware hergestellt wird. Somit dient es als Standard-Kommunikationsplattform zwischen Systemdesignern, Entwicklern eingebetteter Software und Hardware-Ingenieuren während des Designprozesses.

In der ESL hat sich die auf C+ basierende, standardisierte SystemC-Bibliothek [56] zur De-facto-Standardmodellierungssprache [100] entwickelt, die zur Beschreibung eingebetteter Systeme als *virtueller Prototyp* (VP) verwendet werden kann. In diesem Zusammenhang ist ein VP ein abstraktes und ausführbares Softwaremodell, das mit SystemC und seinem *Transaction Level Modeling* (TLM) [5] Framework implementiert wird. Neben einer ereignisgesteuerten Simulationsumgebung bietet die SystemC-Bibliothek eine Vorstellung von Timing, die für die Modellierung von Schaltungen gut geeignet ist. Abgesehen von dem zyklusgenauen Timing-Modell (d. h., es ermöglicht Designern eine RTL-basierte Beschreibung von Designs), das SystemC bietet, ermöglicht das TLM-Framework Designern die Beschreibung eines Systems in Form von abstrakter Kommunikation unter Verwendung eines Satzes von Regeln (dem Basisprotokoll) und Standardschnittstellen. TLM konzentriert sich auf die Funktionalität von Datenübertragungen zwischen Berechnungskomponenten und trennt die Details der Kommunikation von der Berechnung. Insgesamt hat die Einführung von SystemC-basierten VPs (aufgrund ihrer viel früheren Verfügbarkeit sowie der extrem schnelleren Simulationsgeschwindigkeit im Vergleich zu RTL-Modellen) zu erheblichen Verbesserungen im Entwurfsprozess und zur Reduzierung der Markteinführungszeit geführt [20].

Obwohl SystemC-basierte VP die Komplexität der Modellierung und Simulation von SoC-Entwürfen an der ESL reduzieren, sind dies nicht die einzigen „Anwendungsfälle auf Systemebene“, für die eine SystemC-VP implementiert und verwendet wird. Wie in Abb. 1.1 veranschaulicht, möchten Designer solcher Modelle möglicherweise

- neue Funktionen zu testen und die Fähigkeiten von SoCs zu validieren, d. h. zu entscheiden, wo vorhandene IPs wiederverwendet oder neue Hardwareblöcke (von Drittanbietern) hinzugefügt werden sollen,
- Design Space Exploration für die nächste Generation von SoCs durchführen und
- die vorhandenen SoCs zu debuggen, zu verifizieren oder zu synthetisieren.

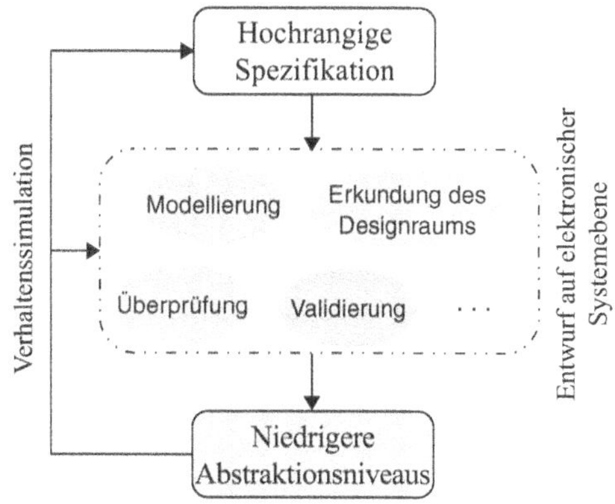


**Abb. 1.1** Entwurfsprozess

Um die oben genannten Aufgaben zu bewältigen, ist eine genaue Kenntnis der Struktur und des Verhaltens von VPs erforderlich. Dieser erste Schritt im Entwurfsprozess wird als Phase des *Entwurfsverständnisses* bezeichnet. Die Analyse einer gegebenen SystemC-VP, um die jeweiligen Komponenten des Entwurfs (z. B. Struktur) sowie deren Beziehung zueinander (z. B. Verhalten) zu kennen, ist eine entscheidende und nicht triviale Aufgabe. Vor allem, weil C++ (und damit auch SystemC, das eine Bibliothek für das erstere ist) von Natur aus schwer zu analysieren ist aufgrund von

- das Fehlen geeigneter Analysemethoden für C++ Laufzeitverhalten (z. B. das Fehlen eines modernen Reflection Frameworks),
- die unzähligen compilerspezifischen Dialekte, in denen ein Quellcode geschrieben sein kann, und
- das ausführbare Binärformat, das nicht nur von allen Informationen befreit ist, die für die Ausführung der Simulation nicht erforderlich sind, sondern auch stark optimiert sein kann.

Während eine gut geschriebene und aktuelle Dokumentation eine primäre Quelle für das Verständnis der Feinheiten einer VP sein sollte, kann es Situationen geben, in denen diese Dokumente schlecht geschrieben, veraltet oder überhaupt nicht verfügbar sind, z. B. bei *Third-Party IP* (3PIP) oder Legacy-Modellen [98]. Vor allem, wenn neue Konstrukteure zu einem Projekt hinzukommen oder andere Ingenieure, die an dem Projekt arbeiten, über aktuelle Änderungen auf dem Laufenden gehalten werden sollen, verschlimmert ein Mangel an geeigneter Dokumentation die Situation. So verbringen die Mitglieder des Entwicklungsteams viel Zeit mit dem Reverse Engineering des Entwurfs (z. B. mit dem Lesen des Quellcodes des Entwurfs, was insbesondere bei einem komplexen SoC mit Hunderten von IPs ineffizient ist), wodurch sich die Markteinführungszeit verlängert. Die oben genannten Situationen haben den Bedarf an Ansätzen zum Verständnis des Designs, die die Design-Erfahrung verbessern, an Debugging- und Validierungsmöglichkeiten und an integrierten Entwicklungsumgebungen erhöht. Die Ergebnisse von Designverstehenswerkzeugen helfen Designern nicht nur, wenn keine (angemessene) Dokumentation verfügbar ist, sondern können auch für die folgenden Aufgaben verwendet werden.

- Überprüfung, ob die vorliegende Dokumentation noch dem aktuellen Stand der VP-Implementierung entspricht.
- Unterstützung der Konstrukteure beim Verständnis der Komplexität von VPs durch Generierung zusätzlicher Informationen aus der Implementierung der VPs und Hinzufügen dieser Informationen zur bestehenden Dokumentation. Diese zusätzlichen Informationen helfen vor allem den Konstrukteuren, die Hunderte von Dokumentationsblättern vor sich haben, um komplexe Modelle zu verstehen.
- Erleichterung anderer Schritte des Entwurfsprozesses, wie z. B. Design Space Exploration, Debugging, Validierung, Verifizierung oder Synthese des VP-Modells. Die vorherrschende Art, jede der oben genannten Aufgaben auf SystemC-basierte VP anzuwenden, sind simulationsbasierte Techniken (hauptsächlich aufgrund der objektorientierten Natur und der ereignisgesteuerten Simulationssemantik von SystemC). Um die Vorteile dieser Techniken nutzen zu können, ist der Zugriff auf die detaillierte Struktur und das Verhalten des Entwurfs erforderlich. Wie in Abb. 1.2 dargestellt, können die Werkzeuge zum Verständnis des Entwurfs für eine gegebene SystemC-VP den Entwicklern einen umfassenden und genauen Satz von Informationen über den Entwurf liefern. In Ermangelung eines geeigneten Werkzeugs wird dieses Problem jedoch häufig durch ein gewisses Reverse Engineering gelöst, z. B. durch manuelles Hinzufügen von Instrumentierungscodes zum Entwurf oder zur Bibliothek. Selbst wenn die VP-Dokumentation verfügbar ist (was bei älteren Modellen oder Modellen von Drittanbietern meist nicht der Fall ist), führt diese Lösung in der Regel zu unvollständigen Protokollen, Arbeitsaufwand oder Inkompatibilitäten.

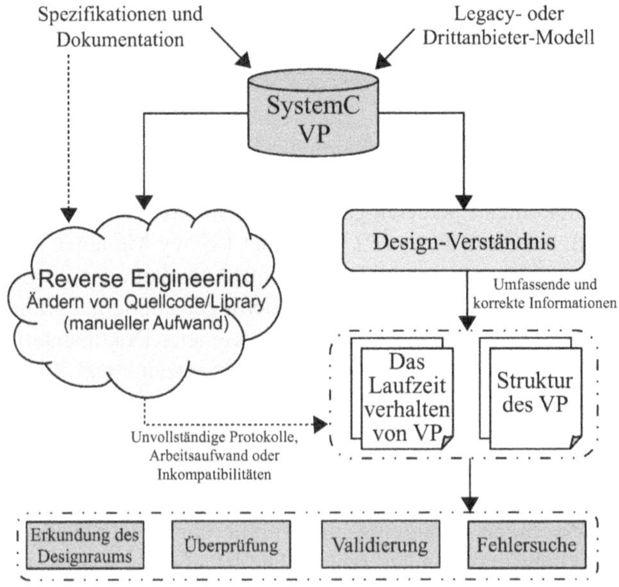


**Abb. 1.2** Die Auswirkung der Phase „*Design Understanding*" auf den Designprozess

Daher liefern die Ergebnisse dieses frühen Analyseschrittes den Designern eine *Zwischenrepräsentation* (IR) des Verhaltens und der Struktur des gesamten Systems (die auf der Simulation basiert) und können als Ausgangspunkt für verschiedene Anwendungen im Designprozess dienen. Die Konzentration auf Anwendungen ist der zweite Teil dieses Buches, in dem die Hauptvorteile eines starken Ansatzes für das Designverständnis zum Tragen kommen.

Das Hauptziel von Ansätzen zum Designverständnis besteht darin, automatisch abstraktere Darstellungen von Hardwaredesigns zu generieren oder abzurufen und sie in einem geeigneten Format zu präsentieren, das es den Designern ermöglicht, ihre wesentlichen Strukturen und ihr Verhalten schnell zu erfassen. Das einfachste Verfahren, um auf diese Informationen zuzugreifen, besteht darin, sowohl die Struktur als auch das Verhalten des Entwurfs aus dem Quellcode zu extrahieren, indem Front-End- oder Parser-basierte Ansätze verwendet werden. Während diese Technik für die Analyse von Systemen, die durch klassische HDLs (z. B. VHDL oder Verilog) beschrieben werden, bei denen die Hardwarestrukturen statisch modelliert werden, problemlos eingesetzt werden kann, ist sie für die SystemC-basierten VPs meist nicht anwendbar. In der ESL werden VPs in der Regel modular implementiert, um die Komplexität des Designs zu bewältigen. Die Modulhierarchie einer SystemC-VP wird während der Elaborationsphase (Beginn der Ausführungszeit, in der die Module erstellt und die Signale initialisiert werden) des Entwurfs dynamisch aufgebaut. Auf diese Weise können Entwickler eine VP auf der Grundlage regelmäßiger Strukturen mit Schleifen und bedingten Anweisungen implementieren. Darüber hinaus ermöglicht diese dynamische Generierungsfunktion die Parametrisierung des Entwurfs, was die Schritte zur Modifizierung, Erweiterung oder IP-Wiederverwendung erheblich erleichtert. Daher beschränken sich die Design Understanding-Methoden, die einen VP statisch analysieren, auf eine Teilmenge des SystemC-Codes, die den Aufbau des Modells statisch beschreibt.

Dynamische Analysemethoden wurden entwickelt, um die Einschränkungen der statischen Methoden zu überwinden. Die Grundidee hinter den dynamischen Methoden besteht darin, die Informationen eines Entwurfs zu extrahieren, die nicht aus dem Quellcode oder zur Kompilierzeit abgerufen werden können. Diese Informationen werden also zumindest am Ende der Ausarbeitungsphase des Entwurfs extrahiert, nachdem die Modulhierarchie erstellt wurde. Diese Methoden werden in der Regel als Front-End implementiert, das die Standardfunktionen und die API von SystemC verwendet, um die dynamischen Informationen, wie z. B. die Modulhierarchie, abzurufen. Während die Beschreibung der Entwurfsstruktur mit dynamischen Ansätzen gut klingt, besteht die größte Herausforderung für diese Methoden in der Extraktion des Verhaltens des SystemC-Entwurfs. Sie sind meist nicht in der Lage, das Verhalten einer VP zu überwachen, da sie das Verhalten der VP während der Ausführungszeit nicht verfolgen. Die Informationen, die beschreiben, wie verschiedene Module des Entwurfs interagieren oder welchen Wert die Signale der Module tatsächlich haben, müssen extrahiert werden, um das Verhalten der VP genau zu beschreiben. Das Extrahieren von Informationen über das Verhalten innerhalb eines laufenden C++ Programms ist jedoch eine nicht triviale Aufgabe.

Hybride Ansätze nutzen die besten Eigenschaften der statischen und dynamischen Methoden, um die Struktur des Designs zu extrahieren. Die extrahierten Strukturinformationen werden mit Hilfe einer Post-Prozess-Analyse verknüpft. Um das Verhalten des VP-Modells zu überwachen, nutzen sie in der Regel die extrahierten Strukturinformationen der VP, um auf ihr Laufzeitverhalten zuzugreifen. Aktuelle hybride Methoden, die in der Lage sind, das Verhalten von SystemC-VPs zu analysieren, wurden auf unterschiedliche Weise entwickelt, z. B. durch Modifizierung des Quellcodes, Änderung der vorhandenen SystemC-Bibliothek oder des Compilers. Insgesamt lassen sich die Hauptnachteile der bestehenden hybriden Methoden wie folgt auflisten.

- *Fehlende Extraktion des Verhaltens*: Die meisten von ihnen können nur eine begrenzte Anzahl von Informationen extrahieren, die nur die Struktur eines bestimmten VP-Modells beschreiben und nicht dessen Laufzeitverhalten widerspiegeln.
- *Fehlende Unterstützung von TLM-Konstrukten*: Sie können meist nur auf einen begrenzten Bereich von SystemC-Designs angewendet werden (d. h. die VP, die in einem zyklusgenauen SystemC-Modell implementiert ist und eine RTL-Verhaltensbeschreibung hat) und unterstützen keine TLM-Konstrukte.
- *Intrusivität*: Sie beruhen meist auf der Manipulation des Quellcodes (was bei manuellen Prozessen teuer ist), der SystemC-Bibliothek, des Kernels oder der Schnittstellen (was bei der parallelen Anwendung mehrerer Ansätze, bei zukünftigen Updates oder in restriktiven Umgebungen aufgrund von Kompatibilitätsproblemen ein Problem darstellen kann).

Nach den obigen Ausführungen besteht die Notwendigkeit, die Lücke zwischen den traditionellen SystemC-basierten VP-Analyseansätzen und den spezifischen Anforderungen an das Designverständnis in der ESL zu schließen. In diesem Zusammenhang verfolgt dieses Buch die folgenden zwei Hauptziele.

1. Bereitstellung einer automatisierten, nicht-intrusiven (oder so wenig intrusiven wie möglich) und umfassenden Design Understanding-Methode zur Analyse aller Arten (sowohl RTL-basierte Beschreibungen, die sich auf zyklusgenaue Modelle beziehen, als auch TLM-Konstrukte) von SystemC-basierten VPs. Die vorgeschlagene Methodik muss in der Lage sein, verschiedene Informationstiefen aus einer gegebenen SystemC-VP zu extrahieren, die sowohl die Struktur als auch das Laufzeitverhalten beschreiben. Darüber hinaus müssen die extrahierten Informationen in strukturierten und hierarchischen Formaten dargestellt werden, die es den Entwicklern ermöglichen, die Komplexität von VPs schnell zu erfassen.
2. Nutzung der Ergebnisse des Entwurfsverständnisses für andere Aufgaben im Entwurfsprozess wie Verifikation, Sicherheitsvalidierung und Entwurfsraumuntersuchung. Diese Anwendungen dienen dazu, die Vorteile der Designverstehensmethodik zu demonstrieren und zu zeigen, wie die extrahierten Informationen verwendet werden können (von der Stange oder mit minimalem Übersetzungsaufwand in die gewünschten Formate), um die Durchführung der oben genannten Aufgaben zu erleichtern.

## 1.1 Überblick

Dieses Buch erforscht die SystemC-basierte VP-Analyse am ESL, um zwei Hauptziele zu erreichen, nämlich (1) die Bereitstellung eines umfassenden und automatisierten Rahmens für das Design-Verständnis, um den Designern beim Verständnis der Feinheiten der VP zu helfen, und (2) die Nutzung der Ergebnisse des Design-Verständnisses für Aufgaben der Verifikation, der Sicherheitsvalidierung und der Erforschung des Designraums.

Die Phase des Entwurfsverständnisses konzentriert sich darauf, sowohl statische als auch Laufzeitinformationen von ESL-Modellen abzurufen und sie in einem strukturierten Format zu präsentieren. Die extrahierten Informationen beschreiben sowohl die Struktur (Architektur) der Entwürfe (d. h. die Module, Attribute, Mitgliedsfunktionen, Bindungsinformationen der Signale der Module und Parameter der Funktionen) als auch ihr Simulationsverhalten (d. h. die Abfolge der Aktivierung der Module, Wertänderungen und Funktionsaufrufe während der Ausführung). Um zu veranschaulichen, wie diese Verhaltensinformationen verarbeitet werden können und um das Verständnis der Komplexität einer gegebenen VP zu erleichtern, werden sie automatisch in eine *Value Change Dump* (VCD)-Datei und eine Reihe von *Unified Modeling Language* (UML)-Diagrammen [94] für zyklusgenaue SystemC- bzw. TLM-2.0-Designs umgewandelt. Die UML-Diagramme spezifizieren das Verhalten von Transaktionen und ermöglichen es den Entwicklern, eine vertraute, abstrakte Entwurfssprache zu verwenden, um das Verhalten zu verstehen, das während der Simulation auftritt.

Um zu zeigen, wie die extrahierten Informationen den Entwurfsprozess unterstützen, werden diese Informationen in der zweiten Phase für die folgenden Aufgaben verwendet: (1) Validierung, dass eine gegebene SystemC-basierte VP die TLM-2.0-Regeln und ihre Spezifikation einhält, (2) Durchführung einer Sicherheitsvalidierung einer gegebenen VP-basierten SoC anhand einer Reihe von vordefinierten Sicherheitsregeln und (3) Vorschlag einer hybriden Analyse des Simulationsverhaltens einer gegebenen SystemC-basierten VP, um zu erkennen, welche Teile des Modells Kandidaten für eine Approximation sind.

## 1.2 Grundriss

Dieses Buch besteht aus sieben Kapiteln, einschließlich des vorliegenden Einführungskapitels. Kap. 2 enthält die notwendigen Hintergrundinformationen für dieses Buch. Dieses Kapitel enthält eine kurze Einführung in die Sprache SystemC und das TLM-Framework sowie verwandte Arbeiten auf dem Gebiet des Entwurfsverständnisses. In den Kap. 3, 4, 5 und 6 werden die Hauptbeiträge des Buches vorgestellt. In Kap. 3 wird die vorgeschlagene Methodik des Entwurfsverständnisses vorgestellt, während in den anderen Kapiteln verschiedene Anwendungen der Nützlichkeit des Entwurfsverständnisses im Entwurfsprozess gezeigt werden. Diese Kapitel werden im Folgenden kurz beschrieben.

- In Kap. 3 wird die Methodik des Entwurfsverständnisses aus zwei Blickwinkeln betrachtet, d. h. debugger- und compilerbasierte Ansätze. Bei beiden Techniken besteht das primäre Ziel darin, sowohl die Struktur als auch das Laufzeitverhalten einer gegebenen SystemC-VP zu extrahieren und diese Informationen nachträglich zu analysieren, um die Komplexität der Darstellung für Designer zu reduzieren, und schließlich die klassifizierten Informationen zu visualisieren.
- Kap. 4 stellt eine Anwendung des Entwurfsverständnisses für die Verifikation von SystemC-VPs am ESL vor. In diesem Zusammenhang wird ein hybrider automatisierter Ansatz zur formalen Verifikation des Simulationsverhaltens einer gegebenen SystemC TLM-2.0 VP anhand der TLM-2.0 Regeln und der Spezifikationen der VP vorgestellt. In diesem Kapitel wird auch gezeigt, wie das Simulationsverhalten der VP in eine Reihe von endlichen Zustandsautomaten transformiert und dann von einem Model Checker gegen die TLM-2.0-Regeln und seine Spezifikationen geprüft wird.
- Kap. 5 veranschaulicht eine weitere Anwendung des Entwurfsverständnisses, nämlich einen IFT-Ansatz (*Information Flow Tracking*) zur Sicherheitsvalidierung eines gegebenen VP-Modells an der ESL. Der Schwerpunkt des in diesem Kapitel vorgeschlagenen Ansatzes liegt auf der Erkennung von Sicherheitsverletzungen im Zusammenhang mit den am häufigsten auftretenden Bedrohungsmodellen: Vertraulichkeit und Integrität durch Analyse des Simulationsverhaltens der VP. Die genauen Verletzungspfade werden an den Verifizierungsingenieur zurückgemeldet, um entweder das VP-Modell (eines Drittanbieters) zu ersetzen oder die Sicherheitsrichtlinien zu aktualisieren.
- Kap. 6 veranschaulicht einen Anwendungsfall des Entwurfsverständnisses für die Aufgabe der Erkundung des Entwurfsraums von VPs. Die extrahierten Informationen einer gegebenen SystemC-VP werden verwendet, um die belastbaren (approximierbaren) Teile des Entwurfs mit Hilfe von maschinellen Lernverfahren zu finden. Das Kapitel zeigt auch, wie das Simulationsverhalten der VP in Beobachtungssätze übersetzt wird, die als Input für Lernalgorithmen dienen. Außerdem wird eine Bottom-up-Annäherungsgradanalyse vorgestellt, sobald die belastbaren Teile identifiziert sind. Die Analyse wird durchgeführt, um die maximale (1) Fehlerrate zu bestimmen, die jeder belastbare Teil tolerieren kann, (2) die Anzahl der belastbaren Teile, die gleichzeitig approximiert werden können, und (3) die Anzahl der Module, die gleichzeitig approximiert werden können.

Das Buch schließt mit Kap. 7, in dem auch kurz die möglichen Forschungsrichtungen für die zukünftige Arbeit auf dem Gebiet des Designverständnisses und seiner Anwendungen erörtert werden.

# Kapitel 2
# Hintergrund

Dieses Kapitel zielt darauf ab, dieses Buch in sich geschlossen zu halten, indem es kurze Einführungen in die grundlegenden Konzepte bietet, die für die folgenden Kapitel erforderlich sind. Das Kapitel besteht aus vier einführenden Abschnitten. Der erste und zweite Abschnitt geben eine detailliertere Einführung in die Sprache SystemC bzw. in das TLM-Framework. Im dritten Abschnitt werden verwandte Arbeiten im Bereich des Entwurfsverständnisses vorgestellt. Es folgen vier Abschnitte, in denen verschiedene Ansätze zur Informationsextraktion (d. h. statische, dynamische und hybride Ansätze) und eine Zusammenfassung ihrer Hauptmerkmale behandelt werden. Eine Zusammenfassung der wichtigsten Erkenntnisse dieses Kapitels wird in Abschn. 2.4 präsentiert, in dem die wichtigsten Einschränkungen der bestehenden Ansätze zum Designverständnis und die Notwendigkeit eines vielversprechenden Weges zur Lösung dieser Einschränkungen erläutert werden.

## 2.1 SystemC

SystemC ist eine auf C++ basierende Entwurfssprache auf Systemebene, die einen ereignisgesteuerten Simulationskern bietet. Sie hat sich zu einem De-facto-Standard für die Co-Simulation von Hardware und Software und die Erstellung von VPs in der ESL entwickelt. SystemC wurde von der *Open SystemC Initiative* (OSCI) entwickelt und ist im IEEE-Standard 1666–2005 beschrieben. Zur Modellierung eines Hardwaresystems am ESL unter Verwendung einer Softwaresprache (d. h. C++) bietet SystemC Entwicklern hardwareorientierte Konstrukte, die normalerweise nicht Teil der C++ Sprache sind. Zu diesen Konstrukten gehören Modulhierarchie, Struktur und Konnektivität, spezifische Hardware-Datentypen, Zeitmodell, Kommunikationsmechanismen zwischen nebenläufigen Einheiten und das Gleichzeitigkeitsmodell. Die SystemC-Bibliothek besteht aus Klassen, Makros und Vorlagen,

 
M. Goli, R. Drechsler, *Automatisierte Analyse von virtuellen Prototypen auf der Ebene elektronischer Systeme*, https://doi.org/10.1007/978-3-031-36997-1_2

die zur Modellierung eines nebenläufigen Systems unter Verwendung der oben genannten Konstrukte verwendet werden können.

Eine SystemC-VP wird mit Hilfe von Modulen strukturiert. Module sind Klassen, die von der Basisklasse *sc_module* erben. Ein Modul umfasst einen Teil des Systems und kommuniziert über seine Kommunikationsports mit anderen Modulen. Kommunikationsanschlüsse können durch die Verwendung von Kanälen miteinander verbunden werden. Das Konzept des Kanals deckt einen weiten Bereich der Hardwarekomplexität ab, von einem komplexen Bus bis hin zu einem einfachen Draht. Abgesehen von den nativen C++ Datentypen enthält SystemC eine breite Palette von Hardware-Datentypen, die eine Vielzahl von Bitlängen von 8 bis 64 Bit für Integral- und Festkommawerte unterstützen. Darüber hinaus unterstützt es die nicht-binären Hardware-Typen durch die Verwendung eines vierstufigen Logik-Datentyps (*0*, *1*, *X*, *Z*).

Um den Begriff der Zeit darzustellen, verwendet SystemC die Klasse *sc_time*, die es Entwicklern ermöglicht, verschiedene Zeiteinheiten von Sekunden bis hin zu Femtosekunden zu verwenden. Für die Hardware-Modelle, die eine Uhr als Zeitbegriff benötigen, gibt es eine Klasse *sc_clock*.

Das Verhalten eines SystemC-Moduls wird durch einen oder mehrere SystemC-Prozesse definiert. Die SystemC-Prozesse sind eine Mitgliedsfunktion von *sc_module, die* beim SystemC-Simulationskernel unter Verwendung eines der drei verfügbaren Makros *SC_THREAD*, *SC_CTHREAD* oder *SC_METHOD* registriert ist. Jeder SystemC-Prozess hat eine Empfindlichkeitsliste, die seine Funktion und einen Anwendungsfall wie im Folgenden dargestellt.

- Der SC_THREAD-Prozess wird nur einmal vom Simulationskern ausgeführt und kann durch Aufruf der SystemC-Wartefunktion angehalten werden. Der Prozessstatus wechselt von „suspend" zu „active", wenn eines der Ereignisse in seiner Sensitivitätsliste eintritt.
- Der SC_CTHREAD-Prozess ist ein Subtyp von *SC_THREAD*, der nur auf die Flanke eines Takteingangs reagiert.
- Der SC_METHOD-Prozess wird immer dann aktiviert, wenn eines der Ereignisse in seiner Empfindlichkeitsliste eintritt, und läuft bis zu seinem Ende.

Im Allgemeinen sind SystemC-Prozesse aus Sicht der Software C++-Mitgliedsfunktionen und Ausführungsfäden, während sie aus der Sicht der Hardware unabhängige zeitgesteuerte Schaltungen sind, die gleichzeitig ausgeführt werden. Ein SystemC-Modul kann auch eine C++-Mitgliedsfunktion haben, um einen Teil seines Verhaltens zu implementieren.

Der SystemC-Simulationskernel kann zur Ausführung eines SystemC-Modells verwendet werden. Wie in Abb. 2.1 dargestellt, hat er drei Hauptphasen, darunter Elaboration, Ausführung und Bereinigung.

Die Instanziierung und Initialisierung der SystemC-Module erfolgt durch die Ausführung ihrer Konstruktoren in der Elaborationsphase. In dieser Phase werden die Verbindungen zwischen den Modulen hergestellt. Da SystemC-Module durch die Ausführung eines C++-Codes instanziiert und verbunden werden, können Designer verschiedene gültige C++-Sprachkonstrukte verwenden, z. B. indem sie die Konfiguration der Module aus einer Datei lesen oder sie aus Befehlszeilenargumen-

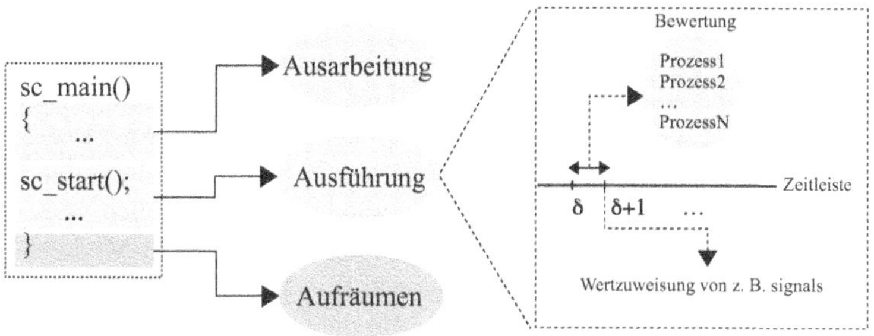


**Abb. 2.1** Überblick zum SystemC-Simulationskern

ten erhalten. Dazu gehört auch die Ausführung von Anweisungen vor dem Aufruf der Funktion *sc_start()* in der Funktion *sc_main*.

In der Ausführungsphase bietet der SystemC-Kernel eine Illusion der Gleichzeitigkeit der Prozessausführung. Das bedeutet, dass die Simulation der Prozesse von Modulen sequentiell durchgeführt wird und alle Werte zu einem bestimmten Zeitpunkt den entsprechenden SystemC-Kanälen (z. B. Signalen) zugewiesen werden. Diese bestimmte Zeit wird als Delta-Zyklus betrachtet. Die Ausführung der Prozesse wird also so lange fortgesetzt, bis die Simulation der anderen Prozesse erforderlich ist, um die Verhaltensweisen zeitlich aufeinander abzustimmen. Wenn in diesem Delta-Zyklus keine weiteren Simulationsprozesse ausgewertet werden müssen, werden die Ausgänge aktualisiert (z. B. der Wert von Signalen).

Dieser Prozess wird fortgesetzt, bis kein weiterer SystemC-Prozess mehr ausgeführt werden muss. Dies wird als Bereinigungsphase betrachtet, in der die Simulation endet.

## 2.2 SystemC TLM-2.0

Die Modellierung auf Transaktionsebene wurde von der Firma Synopsis im Jahr 2000 eingeführt und ermöglicht es Entwicklern, ein System noch abstrakter und schneller zu modellieren. Die TLM-2.0 als aktueller Standard wird weithin für den frühen Systementwurf und die Verifikation verwendet, indem sie Referenzmodelle für weniger abstrakte Ebenen des Entwurfsprozesses (wie RTL-Implementierungen) bereitstellt. TLM führt gegenüber der SystemC-Grundlage zwei wesentliche Konzepte ein, nämlich *Transaktion* und *zeitliche Entkopplung*.

Das Transaktionskonzept ist das Herzstück des TLM-Ansatzes und ermöglicht den Entwicklern die Beschreibung eines Modells in Form einer abstrakten Kommunikation unter Verwendung des Basisprotokolls, der Standardschnittstellen (z. B. *b_transport* und *nb_transport*), des globalen Quantums, der Initiator- und Ziel-Sockets, der generischen Nutzlast und der Dienstprogramme. Es ermöglicht den Entwicklern zudem, die Implementierungsdetails im Zusammenhang mit der Berechnung von IPs, die auf den unteren Abstraktionsebenen hinzugefügt werden können, zu abstrahieren. Daher ist die Kommunikation (zwischen verschiedenen IP-Cores) der Hauptbestandteil von TLM-Modellen, die mit Hilfe von abstrakten Operationen (d. h. Transaktionen) durchgeführt wird. Eine Transaktion ist eine Datenstruktur (d. h. ein C++ Objekt), die mit Hilfe von Funktionsaufrufen durch TLM-Module geleitet wird. Der Datenaustausch wird also durch Transaktionen modelliert. Der TLM-2.0-Standard schlägt vor, dass Entwickler den generischen Payload-Klassentyp für Transaktionsobjekte verwenden, die über die Kommunikationsschnittstellen weitergeleitet werden, da dies die Interoperabilität zwischen verschiedenen TLM-Modulen verbessert; insbesondere im Fall von Memory-Mapped-Bus-Modellen. Darüber hinaus bietet er den Entwicklern eine Standardstruktur für die Übertragung von Informationen mit verschiedenen Mitgliedsfunktionen zum Abrufen oder Setzen von Daten.

Bei der zeitlichen Entkopplung geht es darum, dass verschiedene Prozesse eines SystemC-Entwurfs in einer lokalen Zeit vorauslaufen können, ohne dass die Simulationszeit tatsächlich voranschreitet. Dieser Prozess kann so lange fortgesetzt werden, bis sie den Punkt erreichen, an dem sie sich synchronisieren und mit den anderen Teilen des Systems interagieren müssen. An diesem Punkt gibt der Prozess die Kontrolle an den Simulationskern zurück und wird fortgesetzt, sobald die Simulationszeit mit der lokalen Zeit übereinstimmt. Da dieser Prozess den Scheduling-Overhead des Simulators reduziert, kann die zeitliche Entkopplung zu einer noch schnelleren Simulation führen als das traditionelle ereignisgesteuerte Modell, das vom SystemC-Simulationskernel verwendet wird. Wie in Abb. 2.1 dargestellt, stützt sich die Ausführungsphase des SystemC-Simulationskerns auf einen einzigen Simulationszeitwert, der für alle Prozesse vorverlegt wird. Dies bedeutet, dass alle Prozesse angehalten und vom Kernel ausgewertet werden, und dass die erforderlichen Änderungen zur Aktualisierung der Ausgaben vorgenommen werden. TLM ermöglicht es, dass sich Funktionen in verschiedenen Modulen gegenseitig aufrufen und die erforderlichen Aktionen ausführen, anstatt den Scheduler aufzurufen, um die Ausführung von SystemC-Prozessen zu verwalten.

Wie in Abb. 2.2 dargestellt, kann ein TLM-Modell Initiatoren, Interconnects und Targets umfassen. Ein Initiatormodul initiiert neue Transaktionen über den Initiatorsocket, ein Interconnect fungiert als Transaktionsrouter und leitet die eingehenden Transaktionen weiter, ohne sie zu verändern, und besteht aus Initiator- und Target-Sockets. Das Zielmodul ist der Endpunkt für die Transaktionen und antwortet auf die eingehenden Transaktionen. Die Antwort kann auf zwei Arten an den Initiator zurückgegeben werden, nämlich über den Rückweg der Transportfunktion im Vorwärtspfad oder im Rückwärtspfad. Letzteres geschieht durch einen explizit übergebenen Transportfunktionsaufruf auf dem entgegengesetzten Weg vom Ziel zurück zum Initiator.

Die Kommunikation zwischen zwei TLM-Modulen in einer VP kann auf der Grundlage von zwei Zeitmodellen erfolgen: *loosely timed* (LT) und *approximately timed* (AT). Ersteres ist für den Anwendungsfall der Softwareentwicklung geeignet,

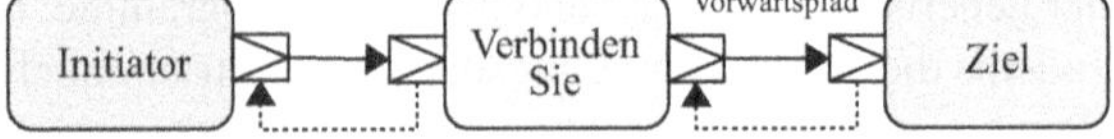


**Abb. 2.2** Einfache Struktur einer SystemC TLM-2.0 VP mit Initiator-, Interconnect- und Target-Modulen

während letzteres für die Architekturexploration und Leistungsanalyse erforderlich ist. Es ist auch möglich, die beiden vorgenannten Zeitmodelle zu kombinieren.

Das LT-Modell wird über die blockierende Transportschnittstelle (*b_transport*) implementiert, so dass jeder Transaktion nur zwei Zeitpunkte zugeordnet werden können. Der erste Zeitpunkt ist die Anfrage, der zweite die Antwort. Diese beiden Zeitpunkte können zum gleichen Simulationszeitpunkt oder zu unterschiedlichen Zeitpunkten auftreten. Die wichtigsten Vorteile des LT-Modells sind die Unterstützung der zeitlichen Entkopplung und die Vollständigkeit einer Transaktion in einem einzigen Funktionsaufruf, was zu einer sehr hohen Simulationsgeschwindigkeit führt.

Das AT-Modell ist unter Verwendung der nicht blockierenden Transportschnittstelle (*nb_transport*) implementiert und bietet mehrere Phasen und Zeitpunkte für eine Transaktion. Die Zeitpunkte markieren explizit den Übergang zwischen den Phasen. Aufgrund des TLM-2.0-Basisprotokolls gibt es vier Zeitpunkte, die den Beginn und das Ende von zwei Transaktionsphasen markieren, nämlich Anfrage und Antwort. Diese Zeitpunkte sind definiert als BEGIN_REQUEST (BRQ), END_REQUEST (ERQ), BEGIN_RESPONSE (BRP), und END_RESPONSE (ERP). Es ist auch möglich, spezifische Protokolle mit weiteren Zeitpunkten zu definieren, was zum Verlust der direkten Kompatibilität mit der generischen Nutzlast führen kann. Aufgrund dieser mehrfachen Timing-Punkte wird jedoch der mögliche Leistungsgewinn, der durch das Konzept der zeitlichen Entkopplung erzielt werden kann, im AT-Modell zunichte gemacht. Aufgrund der Kombination dieser Phasen und Zeitpunkte sind im Basisprotokoll 13 eindeutige Arten von Transaktionstypen definiert.

Zusammenfassend zeigt Tab. 2.1 verschiedene Typen von TLM-2.0-Basisprotokolltransaktionen und beschreibt sie auf der Grundlage des Aufrufs der Kom-

**Tab. 2.1** Verschiedene Typen der TLM-2.0-Basisprotokolltransaktion

| TM | TT | Aufruf der Kommunikationsschnittstelle | Status der Rückkehr | Phasenübergang |
|---|---|---|---|---|
| LT | $T_0$ | b_transport | TC | - |
| AT | $T_1$ | nb_transport_fw | TC | BRQ |
| | $T_2$ | nb_transport_fw | TU→TC | BRQ→BRP→ERP |
| | $T_3$ | nb_transport_fw | TU→TA | BRQ→BRP→ERP |
| | $T_4$ | nb_transport_fw/nb_transport_bw | TU→TA→TA | BRQ→ERQ→BRP→ERP |
| | $T_5$ | nb_transport_fw/nb_transport_bw | TU→TC | BRQ→ERQ→BRP |
| | $T_6$ | nb_transport_fw/nb_transport_bw | TU→TC | BRQ→BRP |
| | $T_7$ | nb_transport_fw/nb_transport_bw | TU→TU | BRQ→ERQ→BRP→ERP |
| | $T_8$ | nb_transport_fw/nb_transport_bw | TA→TC | BRQ→BRP |
| | $T_9$ | nb_transport_fw/nb_transport_bw | TA→TA→TC | BRQ→BRP→ERP |
| | $T_{10}$ | nb_transport_fw/nb_transport_bw | TA→TU | BRQ→BRP→ERP |
| | $T_{11}$ | nb_transport_fw/nb_transport_bw | TA→TA→TC→TC | BRQ→ERQ→BRP→ERP |
| | $T_{12}$ | nb_transport_fw/nb_transport_bw | TA→TA→TC | BRQ→ERQ→BRP |
| | $T_{13}$ | nb_transport_fw/nb_transport_bw | TA→TA→TU | BRQ→BRP→ERP |

*TM* Timing-Modell, *TT* Transaktionsart, *TC* TLM_COMPLETED, *TA* TLM_ACCEPTED, *TU* TLM_UPDATED, *BRQ* BEGIN_REQUEST, *BRP* BEGIN_RESPONSE, *ERQ* END_REQUEST, *ERP* END_RESPONSE

munikationsschnittstelle, des Rückgabestatus des Schnittstellenaufrufs und der Phasenübergänge der Transaktion.

## 2.3 Verwandte Arbeiten

Die Analyse von SystemC-basierten VPs (z. B. zum Verständnis des Designs) ist ein aktives Forschungsgebiet. Es wurden mehrere Methoden entwickelt, um dieses Ziel zu erreichen, wobei jede von ihnen ihre eigenen Merkmale und Probleme hat. Diese Methoden lassen sich in drei Hauptkategorien einteilen – je nachdem, ob sie auf statischen, dynamischen oder hybriden Techniken beruhen. Im Folgenden wird jeder Typ der oben genannten Techniken zum Verständnis des Designs im Detail erörtert.

### *2.3.1 Statische Methoden*

Statische Ansätze beruhen auf der Extraktion von Informationen aus dem Quellcode oder dem kompilierten Binärmodell mit Hilfe von Parsern [29, 44, 59, 88, 103] oder den bestehenden C++ Front-Ends [8, 10, 60]. Sie analysieren (per Definition) nicht die Ausführung der Modelle. Ihre Ergebnisse können nur einige Informationen in Bezug auf die Struktur eines Modells beschreiben und im besten Fall kann das Ergebnis in einem *Abstract Syntax Tree* (AST) dargestellt werden. Der allgemeine Ablauf der statischen Ansätze ist in Abb. 2.3 dargestellt.

Der C++/SystemC-Parser ParSyC [29] basiert auf dem *Purdue Compiler Construction Tool Set* (PCCTS) [87]. Er übersetzt ein gegebenes SystemC-Modell in ein AST-Format. Das generierte AST wird in eine Zwischendarstellung für semantische Konsistenz umgewandelt und schließlich in eine Netzliste synthetisiert. Da das Endergebnis des Ansatzes darin besteht, eine Netzlistenform des SystemC-Modells zu erzeugen, kann er nur auf die synthetisierbare Version von SystemC-Designs angewendet werden. Dadurch kann der Parser nur eine Teilmenge von SystemC-Modellen unterstützen.

Die *Karlsruhe SystemC Parser Suite* (KaSCPar) [59] basiert auf dem *Java Compiler Compiler* (JavaCC) und dem Präprozessor JJTree. Genau wie ParSyC beschreibt sie sowohl die Struktur als auch das Verhalten eines gegebenen SystemC-

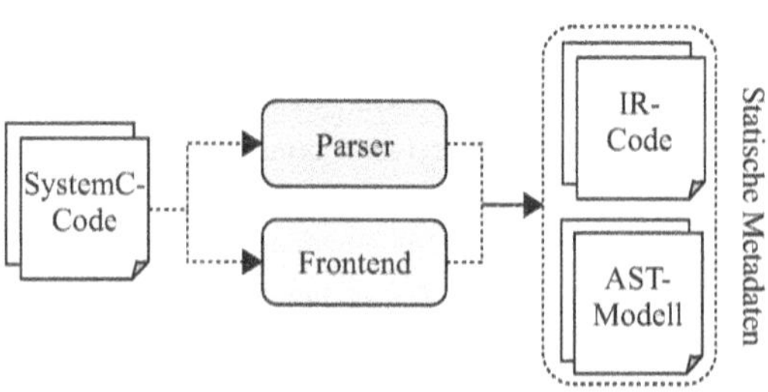


**Abb. 2.3** Allgemeine Methodik der Methoden zum Verständnis des statischen Entwurfs

Modells in Form von AST und stellt es im XML-Format dar. Um diese Darstellung zu generieren, parst KaSCPar die SystemC-Schlüsselwörter in einem gegebenen SystemC-Modell, indem es die strukturellen und verhaltensbezogenen Merkmale der SystemC-Sprache in Token umwandelt. Der Ansatz unterstützt jedoch nicht den gesamten C++ Standard. Daher werden compilerspezifische Ergänzungen der Standardbibliothek in der Regel nicht unterstützt.

SystemCXML [8] verwendet einen XML-basierten Ansatz, der sich auf Doxygen [117] stützt, um Strukturinformationen aus SystemC-Entwürfen zu extrahieren. Die Analyse wird in drei Hauptphasen durchgeführt. Zunächst wird der Quellcode eines gegebenen SystemC-Designs von Doxygen geparst, um eine XML-Ausgabe zu erzeugen, die alle strukturellen Informationen des Designs enthält. Diese Informationen werden mit XML-Tags eingebettet. Zweitens wird das generierte XML-Modell wiederum mit dem Xerces-C++ XML-Parser [31] geparst, um eine *abstrakte System-Level-Description* (ASLD) XML-Datei zu erstellen. Schließlich wird das generierte XML-Modell aus der vorherigen Phase analysiert, um ein IR-Modell des Entwurfs zu erstellen. Auf diese Weise können Designer die Struktur eines SystemC-Entwurfs von Quelle zu Quelle in ein IR-Modell übersetzen. SystemCXML ist jedoch auf die Extraktion von Verhaltensinformationen beschränkt. Außerdem unterstützt es keine TLM-Konstrukte.

SystemPerl [103] nutzt reguläre Ausdrücke und eine Reihe von Perl-Skripten, um SystemC-Designs zu analysieren und auf verschiedene SystemC-Konstrukte zuzugreifen. Um ein gegebenes SystemC-Modell genau zu analysieren, muss SystemPerl jedoch den Quellcode modifizieren und Hinweise im Programm bereitstellen. Dies ermöglicht es dem Ansatz im Wesentlichen, die erforderlichen Konstrukte zu identifizieren, die extrahiert werden müssen, ein Prozess, der einen hohen Programmieraufwand erfordern kann. Außerdem extrahiert dieser Ansatz (wie auch SystemCXML) nur strukturelle Informationen aus einem gegebenen SystemC-Entwurf und nicht die Verhaltensdaten. Beide vorgenannten Nachteile schränken den Anwendungsfall von SystemPerl für die Aufgabe des Designverständnisses ein.

Scoot [10] verwendet ein C++ Front-End, um den Quellcode des SystemC-Designs in einen *Kontrollflussgraphen* (CFG) zu übersetzen. Anschließend wird der generierte CFG statisch analysiert, um eine formale Darstellung der Designstruktur (Modulhierarchie, Sensitivitätsliste der Prozesse und Bindungsinformationen der Modulports) und ein C++ Modell des Quellcodes zu erzeugen. Für diese Analyse verlangt Scoot jedoch von den Entwicklern, dass sie den Standard-Scheduler des SystemC-Kernels und die SystemC-Header-Dateien modifizieren. Diese beiden Nachteile schränken die Verwendung von Scoot für die Aufgabe des Entwurfsverständnisses ein, da ein bestehendes Projekt möglicherweise einen aufwändigen Überarbeitungsprozess des gegebenen Quellcodes erfordert, was nicht immer möglich ist.

systemc-clang [60] verwenden den Clang-Compiler, um die Struktur und das Verhalten eines gegebenen SystemC-Modells zu extrahieren. Er arbeitet mit dem AST eines gegebenen SystemC-Designs, das vom Compiler generiert wird. Der Ansatz ist in der Lage, sowohl das zyklusgenaue SystemC-Modell als auch die TLM-Konstrukte zu unterstützen. Da jedoch die gesamte Analyse auf dem AST des

Entwurfs durchgeführt wird, unterliegt sie denselben Einschränkungen wie andere statische Ansätze. Das bedeutet, dass die extrahierten statischen Informationen in diesem Fall nur die Struktur des Entwurfs und eine begrenzte Semantik seines Verhaltens beschreiben.

Kürzlich wurde ein automatischer Ansatz eingeführt, um die Struktur und das Verhalten eines gegebenen ESL-Modells automatisch abzurufen [98]. Er verwendet den ROSE-Compiler, um ein AST-Modell des Entwurfs zu erstellen, das dann zur Erzeugung einer IR verwendet wird. Die IR wird analysiert, um sowohl die Architekturinformationen des Modells als auch das Verhalten in Form von grafischen Multi-Thread-Kommunikationsdiagrammen zu extrahieren. Da sich die Methode jedoch ausschließlich auf eine statische Analyse stützt, weist sie die gleichen Einschränkungen auf wie frühere statische Ansätze. Sie kann keine Parameter berücksichtigen, die während der Laufzeit gesetzt werden (und das Verhalten des Entwurfs beeinflussen können). Die Verhaltensinformationen beschränken sich auf die Beschreibung der High-Level-Interaktion von Modulen, d. h. Verhaltensweisen wie z. B. Wertänderungen der Ports eines Moduls und der Variablen einer Funktion während der Ausführung sind nicht nachvollziehbar. Darüber hinaus unterstützt die Methode keine Entwürfe, die Zeiger oder Array-Indizes in Port-Zuordnungen enthalten.

### 2.3.2 Dynamische Methoden

Da die Extraktion von dynamischen Informationen notwendig ist, um sowohl die Struktur als auch das Verhalten eines gegebenen ESL-Entwurfs zu beschreiben, wurden dynamische Methoden entwickelt. Neben der Extraktion der statischen Daten werden mit den dynamischen Methoden zusätzliche Informationen eines gegebenen SystemC-Entwurfs nach dem Start seiner Ausführung abgerufen.

Quiny [99] ist ein SystemC-Frontend, das eine dynamische Methode verwendet, um die hierarchischen und verhaltensbezogenen Informationen aus dem SystemC-Modell abzurufen. Der erste Schritt der Methode besteht darin, die SystemC-Bibliothek zu modifizieren und die sogenannte Quincy-Bibliothek zu erzeugen. Anschließend wird das SystemC-Modell kompiliert und mit der Quincy-Bibliothek verknüpft. Wenn das Modell anschließend ausgeführt wird, erzeugt Quincy eine IR des SystemC-Codes. Dies bedeutet, dass die Methode alle SystemC-Typen, Operatoren und Anweisungen in einen C++-Code übersetzt, der die IR des SystemC-Modells darstellt. Um einige spezifische Datentypen wie *unsigned int*, Zeiger und Deklarationen zu behandeln, ist ein manueller Aufwand erforderlich. Zum Beispiel muss der Typ *Q_UINT* von Designern anstelle des C++ Typs *unsigned int* verwendet werden. Diese Merkmale schränken die Automatisierungsfunktion der Methode erheblich ein. Darüber hinaus kann die Änderung der SystemC-Bibliothek zu Kompatibilitätsproblemen mit anderen Anwendungen oder parallelen Ansätzen führen (eine umständliche Lösung, die ihren Preis hat).

### 2.3.3 *Hybride Methoden*

Die größte Herausforderung für die dynamischen SystemC-Analysemethoden ist die Wiederherstellung des Verhaltens der SystemC-VP. Um diese Einschränkung zu überwinden, haben hybride Methoden in letzter Zeit die meiste Aufmerksamkeit erhalten. Sie nutzen die Vorteile der besten Eigenschaften der statischen und dynamischen Methoden und kombinieren sie, um das Laufzeitverhalten eines VP-Modells zu verfolgen. In diesem Abschnitt geben wir einen Überblick über hybride Methoden – je nachdem – ob sie TLM-Konstrukte unterstützen oder nur zyklusgenaue SystemC VP analysieren, und erläutern ihre Eigenschaften und Probleme.

#### 2.3.3.1 Methoden, die TLM nicht unterstützen

Die hybriden Analysemethoden von SystemC VPs, die keine TLM-Konstrukte unterstützen, werden in diesem Abschnitt vorgestellt. Diese Ansätze extrahieren entweder die Modellstruktur oder das dynamische Verhalten des Modells, oder beides.

In [34] wird der AST eines SystemC-Modells durch Parsen des Modells mit einem PCCTS-basierten Parser abgerufen. Um dynamische Informationen zu extrahieren, wird eine instrumentierte Version des Quellcodes generiert, indem eine *Recorder-Funktion* hinzugefügt wird. Der Zustand aller Variablen des Modells wird durch die Ausführung seiner Elaborationsphase aufgezeichnet. Die Verwendung des PCCTS-basierten Parsers schränkt die verfügbaren SystemC-Konstrukte ein, da er nicht den gesamten Befehlssatz von C++ unterstützt.

PinaVM [74] extrahiert die Struktur eines SystemC-Modells aus der in LLVM [65]-Bitcode übersetzten Version des Quellcodes, indem es seine Elaborationsphase ausführt. Um die dynamischen Informationen zu extrahieren, spezifiziert es die Teile des Quellcodes, die die interessierenden Parameter enthalten (z. B. die Adresse von Ports oder Ereignissen in SystemC-Konstrukten). Danach werden neue Funktionen konstruiert, die dem Modell während der Kompilierung hinzugefügt werden. Diese Parameter werden während der Ausführung des Modells über die generierten Funktionen abgerufen. PinaVM nutzt die Vorteile des LLVM-Projekts, um SystemC-Modelle zu analysieren, und beschränkt sich dabei auf Setups, die mit LLVM erstellt wurden.

SHaBE [12] ruft die statischen Daten mit Hilfe des *GNU DeBugger* (GDB) [105] ab und extrahiert die dynamischen Informationen mit Hilfe eines GCC-Plugins. Im nächsten Schritt werden die dynamischen Informationen mit den hierarchischen Informationen verknüpft und in einer Zwischendarstellung gespeichert. Die Methode hat Einschränkungen bei der Extraktion einiger statischer und dynamischer Informationen von SystemC-Konstrukten (z. B. primitive SystemC-Kanäle oder Prozesse, die auf bestimmte Ereignisse reagieren).

Die in [106] vorgestellte Methode nutzt die *aspektorientierte Programmierung* (AOP) zur Extraktion der Verhaltensdaten. AOP ist ein Paradigma, das es den Entwicklern ermöglicht, Regeln für die Umstrukturierung zu schreiben, die vor der

Kompilierung eines Programms angewendet werden (ein Prozess, der als Weaving bezeichnet wird). Dieser Ansatz birgt einige Fallstricke. Das Debuggen von AOP-Setups ist eine komplexe Aufgabe, genau wie das Einrichten einer funktionierenden AOP-Umgebung. Darüber hinaus unterstützt die derzeitige Implementierung von AspectC++, die zusammen mit SystemC verwendet werden kann, z. B. keine Verknüpfungspunkte für Feldzugriffe (d. h. Zuweisungen von Feldvariablen können nicht verfolgt werden), privilegierte Aspekte, Vorlagen oder Makros, was das Ziel einer beliebigen Verhaltensverfolgung einschränkt.

#### 2.3.3.2 Methoden, die TLM unterstützen

In diesem Abschnitt werden hybride Methoden vorgestellt, mit denen TLM-Modelle analysiert werden können. Diese Ansätze extrahieren entweder die Modellstruktur oder das Transaktionsverhalten oder beides.

Pinapa [80] ruft die Informationen von SystemC-Modellen in zwei Schritten ab. Zunächst wird die AST der Modelle mit Hilfe eines C++ Front-Ends extrahiert. Zweitens wird die Ausarbeitungsphase der Modelle durchgeführt, um ihre dynamischen Informationen zu extrahieren. Die extrahierten Informationen werden mit dem AST verknüpft, um das Endergebnis zu erstellen. Obwohl die Methode die Struktur eines gegebenen SystemC-Modells beschreibt, liefert sie keine Informationen, die das Verhalten des Entwurfs widerspiegeln, wie die Reihenfolge der Funktionsaufrufe oder die Aktivierung von Prozessen.

Die *SystemC Verification* (SCV) Bibliothek der *Open SystemC Initiative* (OSCI) bietet Entwicklern eine Reihe von APIs zur Aufzeichnung von Transaktionen in einer Datenbank. Die APIs sind in drei verschiedene Transaktionssammelklassen unterteilt, die während der Ausführung eines SystemC TLM-2.0-Modells instanziiert werden können. Die mit dieser Methode erzielten Ergebnisse können mit einigen kommerziellen Werkzeugen wie Cadence Incisive [13] oder Novas Verdi [85] analysiert werden, wobei das Format der Ergebnisdateien modifiziert werden muss. SCV führt zu einem gewissen Overhead bei der Ausführungszeit. Die Methode ist eine intrusive Lösung, um das Verhalten eines SystemC TLM-2.0 Modells zu extrahieren, da der Quellcode manipuliert werden muss. Bei einem komplizierten Entwurf ist dieser manuelle Prozess eine nicht triviale Aufgabe.

DUST [63] ist ein SystemC TLM-2.0-Analyserahmen, der sowohl strukturelle als auch verhaltensbezogene Informationen eines TLM-2.0-Modells extrahiert. Es ruft die Hierarchie des Modells am Ende der Ausführung seiner Elaborationsphase ab und stellt sie in einem XML-Format dar. Es beschreibt das Verhalten des Modells durch Aufzeichnung von Transaktionen zur Laufzeit. DUST funktioniert durch die Erweiterung einiger SystemC-Objekte (z. B. *sc_port* zu *sc_dust_port*) und die Verwendung von SCV-Konstrukten, die dem Quellcode hinzugefügt werden. Aufgrund dieser eingreifenden Lösung kann die Anwendung eingeschränkt sein, wenn die SystemC-Bibliothek aktualisiert wird, nicht aber das gegebene Framework. Darüber hinaus müssen bestehende Quellen aktualisiert werden, um die DUST-Typen anstelle der Standard-SystemC-Typen zu verwenden – eine Lösung, die einen erheblichen Arbeitsaufwand erfordern kann.

Die in [107] vorgestellte Methode nutzt Debugsymbole, um statische Informationen zu extrahieren, und SystemC-API-Aufrufe, um dynamische Daten während der Ausführung eines SystemC-Modells abzurufen. Die mit dieser Methode extrahierten dynamischen Informationen spiegeln nur die Struktur des Modells wider. Das Simulationsverhalten wird jedoch überhaupt nicht erfasst, so dass dem Entwickler nur statische Modellbeschreibungen zur Verfügung stehen. Außerdem unterstützt die Methode nur die Debugsymbole, die von Microsoft VC++ und nicht von GCC oder Clang-LLVM [65] erzeugt werden.

### 2.3.4 Zusammenfassung

Die Ergebnisse der Untersuchung verschiedener SystemC VP-Analyseansätze sind in Tab. 2.2 zusammengefasst. Diese Tabelle zeigt fünf wesentliche Merkmale, die ein SystemC VP-Analyseansatz enthalten muss, um Entwicklern eine umfassende Analyse der verschiedenen Aspekte der VP zu ermöglichen. Wie in Tab. 2.2 dargestellt, wurde der statische Aspekt der Strukturinformationen von den bisherigen Lösungen gut untersucht. Die folgenden Einschränkungen bestehen jedoch weiterhin.

1. Geringer Grad der Automatisierung,
2. Benutzerdefinierte Code-Anmerkungen oder Sprachkonstrukte,
3. fehlende Extrahierung des Laufzeitverhaltens von VPs, und
4. Mangel an unterstützenden TLM-Konstrukten.

Was die erste und zweite Einschränkung betrifft, so erfordern die bestehenden Ansätze meist, dass die Entwickler den Quellcode (was selbst bei einfachen Entwürfen ein kostspieliger Prozess ist), die SystemC-Bibliothek und -Schnittstellen oder den SystemC-Kernel manuell bearbeiten (was bei der parallelen Anwendung mehrerer Ansätze, bei künftigen Aktualisierungen oder in restriktiven Umgebungen ein Problem darstellen kann). Im Allgemeinen ist der manuelle Aufwand für die Designer ein fehleranfälliger Prozess, der die Einrichtungszeit für die Verwendung des Ansatzes erhöht und den Automatisierungsgrad verringert. Außerdem kann die Änderung des Standard-Workflows (d. h. der SystemC-Bibliothek, der Schnittstellen oder des Kernels) die Funktionalität oder das Zeitverhalten des Entwurfs beeinträchtigen. Daher sind die erzielten Ergebnisse möglicherweise nicht mit dem Original identisch.

Zur dritten und vierten Einschränkung: Obwohl einige der bestehenden Ansätze in der Lage sind, den statischen Aspekt des Verhaltens einer gegebenen VP zu beschreiben (z. B. die Anzahl der Prozesse der Module und ihre Beziehung), kann das Laufzeitverhalten (z. B. die Reihenfolge der Aktivierung der Module und der Laufzeitwert von Transaktionen oder Variablen) nicht extrahiert werden. Das bedeutet, dass die meisten von ihnen nur eine begrenzte Anzahl von Informationen extrahieren, die nur die Struktur des Modells beschreiben und nicht sein Laufzeitver-

**Tab. 2.2** Zusammenfassung der Merkmale der SystemC-basierten VP-Analyseansätze

| Art der Analyse | Methode | Automatisiert | Nicht-intrusive | Strukturelle Informationen | | Verhaltensrelevante Informationen | | TLM-2.0 |
|---|---|---|---|---|---|---|---|---|
| | | | | Statisch | Dynamisch | Statisch | Laufzeit | |
| Statisch | ParSyC [29] | ✓ | ✓ | ✓ | ✗ | ✗ | ✗ | ✗ |
| | KaSCPar [59] | ✓ | ✓ | ✓ | ✗ | ≈ | ✗ | ✗ |
| | SystemCXML [8] | ✓ | ✓ | ✓ | ✗ | ✗ | ✗ | ✗ |
| | SystemPerl [103] | ≈ | ✗ | ✓ | ✗ | ✗ | ✗ | ✗ |
| | Scoot [10] | ≈ | ✗ | ✓ | ✗ | ✗ | ✗ | ✗ |
| | systemc-clang [60] | ✓ | ✓ | ✓ | ✗ | ✓ | ✗ | ✓ |
| | [98] | ✓ | ✓ | ✓ | ✗ | ✓ | ✗ | ≈ |
| Dynamisch | Quiny [99] | ≈ | ✗ | ✓ | ✓ | ✓ | ✗ | ≈ |
| Hybride | [34] | ✓ | ✗ | ≈ | ≈ | ✓ | ✗ | ✗ |
| | Pinapa [80] | ✓ | ✓ | ✓ | ✓ | ≈ | ✗ | ✓ |
| | PinaVM [74] | ✓ | ✓ | ✓ | ✓ | ≈ | ≈ | ✗ |
| | SHaBE [12] | ✓ | ✓ | ✓ | ✓ | ≈ | ✗ | ✗ |
| | [106] | ≈ | ✓ | ✓ | ≈ | ≈ | ✗ | ✓ |
| | DUST [63] | ≈ | ✗ | ✓ | ✓ | ≈ | ≈ | ✓ |
| | [107] | ✓ | ✓ | ✓ | ✓ | ≈ | ✗ | ✓ |

✓ unterstützen, ≈ nicht vollständig unterstützen, ✗ nicht unterstützen

halten widerspiegeln. Eine weitere große Einschränkung besteht darin, dass die meisten von ihnen nur auf einen begrenzten Bereich von SystemC-Entwürfen angewendet werden können (z. B. nur synthetisierbare SystemC-VPs) und keine TLM-Konstrukte unterstützen. Diejenigen Ansätze, die TLM-Entwürfe unterstützen, bieten den Designern keine geeignete Form der Darstellung des Verhaltens der Entwürfe. Die generierten Ergebnisse liegen meist in XML-formatierten Dateien vor. Das XML-Modell kann für die Darstellung der Struktur der VP nützlich sein, da die Menge der darzustellenden Informationen konstant ist und sich während der Simulation nicht ändert. Im Falle der Verhaltensdarstellung kann die XML-Datei sehr groß werden (je nach laufender Software oder Anwendung), was für die Konstrukteure nicht einfach zu verstehen ist.

## 2.4 Schlussfolgerung

In diesem Kapitel wurde zunächst eine Einführung in SystemC und sein TLM-Rahmenwerk gegeben. Zweitens wurden die bestehenden SystemC-Entwurfsverständnisansätze im Detail untersucht. Die Ergebnisse dieser Studie zeigten, dass die bestehenden Lösungen zwei wesentliche Einschränkungen in Bezug auf die präzise Verhaltensextraktion eines gegebenen ESL-Modells und kundenspezifische Code-Annotationen oder Sprachkonstrukte aufweisen. Die erste Einschränkung besteht darin, dass die meisten von ihnen eine begrenzte Menge an Informationen extrahieren, die nur die Struktur des Modells beschreiben und nicht sein Laufzeitverhalten widerspiegeln. Die zweite Einschränkung ist, dass die meisten von ihnen nur auf eine begrenzte Anzahl von SystemC-Designs angewendet werden können und keine TLM-Konstrukte unterstützen. Diejenigen Ansätze, die die SystemC TLM-2.0-Modelle analysieren, erfordern von den Entwicklern meist eine manuelle Manipulation des Quellcodes (was selbst bei einfachen Entwürfen ein teurer Prozess ist) oder des Standard-Workflows (was bei der Anwendung mehrerer Ansätze in parallelen, zukünftigen Updates oder restriktiven Umgebungen ein Problem darstellen kann).

Wir kommen daher zu dem Schluss, dass für eine gegebene SystemC-basierte VP derzeit kein automatisierter Analyseansatz verfügbar ist (ohne die oben genannten Probleme), der sowohl strukturelle Informationen (statische und dynamische Parameter, die z. B. die Modulhierarchie beschreiben müssen) als auch das Laufzeitverhalten extrahieren kann. Um die oben genannten Nachteile zu überwinden und Entwicklern einen vollständigen Zugriff auf die Struktur und das Simulationsverhalten von VPs zu ermöglichen, werden im folgenden Kapitel zwei SystemC-VP-Analyseansätze vorgestellt.

# Kapitel 3
# Entwurf Verstehen Methodik

Die Analyse einer gegebenen SystemC-basierten VP ist eine komplizierte Aufgabe. Wie in Kap. 2 erörtert, liegt dies vor allem an den verschiedenen komplexen Konstrukten, dem Gleichzeitigkeitsmodell und den in der SystemC-Sprache definierten Protokollregeln, die es den Entwicklern ermöglichen, VPs am ESL zu modellieren. Der Entwurf eines komplexen Systems kann eine Überarbeitung, Änderung oder Erweiterung erfordern, die auf die bestehenden IPs der VP angewendet werden müssen. Diese Prozesse werden noch komplizierter, wenn die Entwickler einige IPs von Drittanbietern verwenden müssen (die in der Regel nicht über eine angemessene Dokumentation verfügen), um die Zeit bis zur Markteinführung zu verkürzen. Bevor jedoch Änderungen oder Modifikationen an einer bestimmten VP vorgenommen werden können, müssen die Entwickler wissen, wie die VP strukturiert ist und wie sich die verschiedenen IP-Cores verhalten und miteinander kommunizieren. Wir haben in Kap. 2 berichtet, dass die bestehenden SystemC-Analyseansätze für VPs den Entwicklern keine vollständig automatisierte Lösung bieten, die die erforderlichen Informationen aus einem gegebenen VP extrahiert, um sowohl seine Struktur als auch sein Verhalten richtig zu verstehen.

In diesem Kapitel werden zunächst zwei motivierende Beispiele vorgestellt um die Notwendigkeit der SystemC-basierten VPs-Analyse und -Visualisierung (Entwurfsverständnis) im Entwurfsprozess zu demonstrieren. Anschließend werden die erforderlichen Informationen aufgezeigt, die aus den VPs extrahiert werden müssen, um den Entwurf am ESL zu verstehen. Die SystemC VPs-Analysemethodik wird aus zwei Perspektiven vorgestellt, nämlich debugger- und compilerbasiert. Anschließend wird die Visualisierung der extrahierten Informationen beschrieben und die experimentellen Ergebnisse zu den einzelnen Ansätzen vorgestellt.



M. Goli, R. Drechsler, *Automatisierte Analyse von virtuellen Prototypen auf der Ebene elektronischer Systeme*, https://doi.org/10.1007/978-3-031-36997-1_3

## 3.1 Motivierende Beispiele

Die Beispiele in diesem Abschnitt zeigen, dass die Notwendigkeit von Design Understanding-Ansätzen im Entwurfsprozess wesentlich ist. Das erste Beispiel veranschaulicht, dass die Erweiterung oder Überarbeitung einer in SystemC TLM-2.0 implementierten VP mit Hilfe eines automatisierten Analyseansatzes, der detaillierte Informationen sowohl über die Struktur als auch das Verhalten (z. B. Typen einer Transaktion) der VP liefert, einfacher sein kann. Im zweiten Beispiel zeigen wir, dass die Debugging-Aufgabe im Entwurfsprozess für eine VP, die auf der Grundlage des zyklusgenauen Modells in SystemC implementiert wurde, einfacher sein kann, wenn die Designer auf das genaue Laufzeitverhalten der VP zugreifen können.

### *3.1.1 Beispiel 1*

Betrachten wir die in Abb. 3.1 gezeigte LT_AT_BUS-VP eines Drittanbieters (inspiriert von Aynsley [6]), für die keine (oder eine schlecht geschriebene) Dokumentation vorliegt. Die VP umfasst sechs Module, die sich anhand der zugrunde liegenden Basisprotokolltransaktionen unterscheiden: zwei Initiatoren (*Initiator_A*, *Initiator_B*), eine Verbindung (*LT_AT_BUS*) und drei Ziele (*Memory_A*, *Memory_B*, *Memory_C*). Das Modul *Initiator_A* kommuniziert mit den Zielmodulen über *LT_AT_BUS*, indem es vier Arten von AT-Transaktionen erzeugt. Zwei Typen $T_0$ und $T_4$ für den Zugriff auf *Speicher_A* (jeder Typ für verschiedene Speicheradressbereiche) und die Typen $T_1$ und $T_2$ für den Zugriff auf *Speicher_B* bzw. *Speicher_C*. Das Modul *Initiator_B* erzeugt nur Transaktionen des Typs $T_3$, um mit allen Zielmodulen zu kommunizieren. Betrachten wir zum Beispiel die Kommunikation zwischen *Initiator_A* und *Memory_A* (die grauen Komponenten in Abb. 3.1). Das Modul *Initiator_A* erzeugt die Transaktionstypen $T_0$ und $T_4$ für den Zugriff auf den Speicheradressbereich (*0x00* bis *0x0A*) bzw. (*0x0B* bis *0xFF*) des Moduls *Memory_A* auf der Grundlage der in Tab. 2.1 beschriebenen Funktionsaufruf- und Zeitphasen. Betrachten wir nun ein Szenario, das während des Entwurfsprozesses auftreten kann.

Die Entwickler beschließen, einige Module der VP wiederzuverwenden oder zu überarbeiten. Beispielsweise möchten sie den AT-Basisprotokoll-Transaktionstyp $T_4$ des Moduls *Initiator_A* ändern und ihn in $T_1$ umwandeln, einschließlich weniger

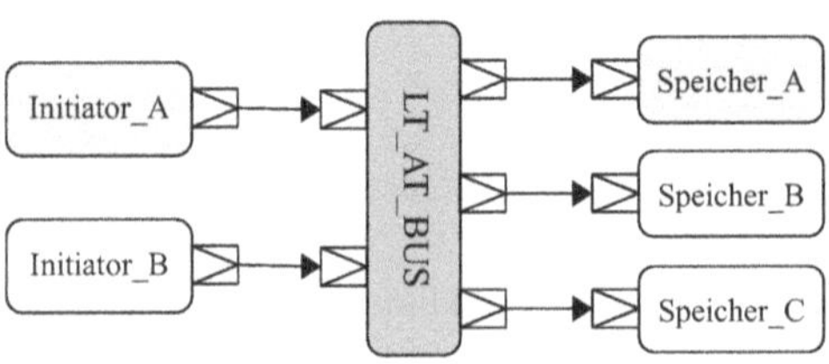


**Abb. 3.1** Die Architektur des *LT_AT_BUS* VP

Übergangsphasen, um die Leistung zu steigern. Diese Änderung muss auch auf den *LT_AT_BUS* und *Memory_A* angewandt werden, um einen ordnungsgemäßen Kommunikationspfad zwischen den Initiator- und Zielmodulen über die Verbindungsleitung zu schaffen. Bevor irgendwelche Änderungen an der VP vorgenommen werden können, muss sie ausreichend verstanden werden. Das Fehlen einer (angemessenen) Dokumentation macht den Verständnisprozess jedoch sehr kompliziert.

### 3.1.2 Beispiel 2

Als zweites Beispiel für den Anwendungsfall Design Understanding betrachten wir die in SystemC implementierte *2-stufige Rohrleitung* VP (Abb. 3.2). Das Standard-SystemC-Entwurfsbeispiel in [1] inspiriert die VP; es bietet jedoch weitere Funktionen zur Unterstützung unseres motivierenden Beispiels. Der Entwurf umfasst zwei Module *M1* und *M2* und führt eine Reihe von algebraischen Operationen durch, um die Endergebnisse (*out1* und *out2* von Modul *M2*) in zwei Schritten zu erzeugen.

Auch hier gehen wir davon aus, dass die einzige verfügbare Referenz für Designer der Wert des endgültigen Outputs (als Referenzergebnis) für einen bestimmten Benchmark ist (Abb. 3.4), der zur Validierung und Fehlersuche im Design verwendet werden kann. Außerdem kennen wir aus den Spezifikationen der VP die folgenden Regeln:

- der Ausgangsanschluss *out3* des Moduls *M1* muss positive Werte aufweisen und
- Wenn die Eingangssignale im Takt *T* zugewiesen werden, wird das Endergebnis *out2* von Modul *M2* im Takt *T + 1* erzeugt.

Betrachten wir nun das Szenario, dass die Designer die Definition der lokalen Variable *temp3* der Funktion *func1* von Modul *M1* falsch implementiert haben (Zeile 30, Abb. 3.2). Nach der Ausführung des Entwurfs fanden sie heraus, dass zur Simulationszeit 9 ns (Abb. 3.3, Zeile 3) der Wert der endgültigen Ausgabe *out1* von Modul *M2* 5,12 ist, welches gegen die erwartete Ausgabe resultiert, die als Referenzergebnisse (Abb. 3.4, Zeile 3) gegeben wurde. Da diese Art von Fehler nicht mit der C++ oder SystemC-Syntax zusammenhängt und ein semantischer Fehler ist, kann der C++-Compiler ihn nicht erkennen. Aufgrund der Tatsache, dass das Referenzmodell für den Entwurf nicht verfügbar ist und nur eine grundlegende Spezifikation des Entwurfs existiert, wäre die Überwachung des Simulationsverhaltens der einfachste Weg.

Dies erfordert jedoch den Zugriff auf das detaillierte Verhalten des Entwurfs, einschließlich der Laufzeitwerte der lokalen und globalen Variablen. Der Grund dafür ist, dass Designer nur die fehlerhafte Endausgabe des Entwurfs sehen können (z. B. *out1* von Modul *M2*) und keine Informationen darüber haben, wie andere Variablen mit dem Endergebnis verbunden sind. Die Angabe der Beziehung zwischen den (lokalen oder globalen) Variablen innerhalb des Entwurfs und der fehlerhaften Ausgabe und deren Visualisierung in einem geeigneten Format könnte den Entwicklern helfen, die Fehlerquelle zu finden. Diese Visualisierung ermöglicht es

```
struct M1 : sc_module {
 sc_in <bool> clk, ctlM1;
 sc_in <double> in1, in2;
 sc_out <double> out1, out2, out3;
 double genA, genB;
 void func1();
SC_CTOR( M1 ) {
 SC_METHOD( func1 );
 dont_initialize();
 sensitive << clk.pos();};
};
//------------------------------//
struct M2 : sc_module {
 sc_in<double> in1, in2, in3;
 sc_in<bool>  clk, ctlM2;
 sc_out<double>  out1, out2;
 void addsub();
 double mult();
...};
//------------------------------//
void M1::func1(){
 double temp1, temp2, temp3;
 if (genA > genB){
  temp1 = in1.read()*genA + in2.read()*genB;
  ctlM1.write(0);}
 else{
  temp1 = in1.read() * genA;
  ctlM1.write(1);}
 temp2 =  genA * genB;
 temp3 =  genA + in2.read()*genB; // buggy instruction -> (temp3 = genA-in2.read()*genB)
 out1.write(temp2);
 out2.write(temp2 * temp1);
 out3.write(temp3);}
//------------------------------//
void M2::addsub(){
 double tp1, tp2;
 tp1 = in1.read()*in3.read();
 tp2 = in1.read()+in2.read()*in2.read();
 switch (ctlM2.read()){
 case 0:
  out1.write(mult() - tp1);
  break;
 case 1:
  out1.write(mult() + tp1);
  break;}
 out2.write(tp2);}
//------------------------------//
double M2::mult(){
 return (in1.read() * in3.read());}
```

**Abb. 3.2** Ein Teil des Quellcodes des *2-stufigen* Rohr-VP-Modells

**Abb. 3.3** Falsche Ergebnisse der *2-stufigen Rohrleitung* VP' von *out1* von *M2*

```
  3 ns: address -> 0
  6 ns: address -> 11.73
  9 ns: address -> 5.12
 12 ns: address -> 7.20
 15 ns: address -> 8.78
 18 ns: address -> 1.43
 23 ns: address -> 3.59
 28 ns: address -> 6.33
 33 ns: address -> 9.98
 ...
118 ns: address -> 10.92
```

**Abb. 3.4** Referenzergebnisse der *2-stufigen Rohrleitung* VP von *out1* von *M2*

```
  3 ns: address -> 0
  6 ns: address -> 11.73
  9 ns: address -> 15.52
 12 ns: address -> 19.32
 15 ns: address -> 29.39
 18 ns: address -> 32.69
 23 ns: address -> 39.07
 28 ns: address -> 49.10
 33 ns: address -> 60.33
 ...
118 ns: address -> 78.04
```

den Entwicklern, den Wert der fehlerhaften Ausgabe zu der Stelle zurückzuverfolgen, an der der Fehler zum ersten Mal auftritt und sich auf die entsprechende Endausgabe ausbreitet. Die Hauptschwierigkeit besteht darin, dass die Variable *temp3* lokal in der Funktion *func1* des Moduls *M1* definiert ist und die konventionellen Visualisierungsmethoden, wie z. B. SystemC API Trace, die Verfolgung der Wertänderungen dieser lokalen Variablen nicht unterstützen.

Bitte beachten Sie, dass das obige Szenario komplizierter sein kann, wenn sich die Bedingungen in der VP-Spezifikation auf dynamische Variablen beziehen, die während der Ausführung definiert werden.

## 3.2 Strukturelle Informationen

Im Allgemeinen enthalten Hardwaremodelle eine Hierarchie, um die Komplexität zu reduzieren. Die Architektur einer SystemC-VP besteht aus einer Reihe von IP-Kernen (definiert als Module) und Verbindungen. In einem VP-Entwurf werden IPs als „Module“ gekapselt, die Klassen sind, die von der Basisklasse *sc_module* der SystemC-Bibliothek erben. Module können andere Module, Prozesse, Kanäle und Ports für die Konnektivität enthalten. Für eine gegebene SystemC-VP beziehen sich die strukturellen Informationen also auf die Daten, die im Quellcode der VP beschrieben sind und aus Klassen- und Funktionsnamen, Variableninformationen (z. B. Modulports, lokale Variablen von Funktionen), Klassenhierarchieinformationen, Datentypen und Bindungsinformationen bestehen. Im Fall von TLM VP beziehen sich die strukturellen Informationen zusätzlich zu den oben genannten Daten auch auf die Modultypen (Initiator, Interconnect oder Target), die Bindungsinformationen der Sockets der Module und die Transaktionsobjekte und ihre zugehörigen Variablen wie Timing-Anmerkungen, Phase und Rückgabestatus der Transportschnittstellen.

Bei einem großen Teil dieser Informationen handelt es sich um statische Daten, auf die vor der Ausführungszeit der VPs (z. B. zur Kompilierzeit) zugegriffen werden kann:

- den Stammnamen und den Typ jedes Moduls (im Falle von TLM-Konstrukten),
- den Namen und den Typ der einzelnen Funktionen,
- die Variablen der einzelnen Module und
- die lokalen Variablen der einzelnen Funktionen.

Ein Teil dieser Informationen kann jedoch erst nach der Ausführung des Modells ermittelt werden, was als dynamische Daten gilt. Beispiele für dynamische Daten, die während der Laufzeit identifiziert werden können und nicht statisch aus dem Quellcode extrahiert werden können, sind

- die Instanznamen jedes Moduls,
- die Bindungsinformationen von Signalen und Steckdosen und
- dynamische Variablen und Parameter.

Daher muss der Analyseansatz in der Lage sein, sowohl statische als auch dynamische Konstruktionsarten zu extrahieren, um die Struktur genau zu beschreiben.

## 3.3 Verhaltensbezogene Informationen

Bei VPs, die mit SystemC TLM-2.0 implementiert werden, bezieht sich das Verhalten der VPs auf die Laufzeitinformationen der abstrakten Kommunikation zwischen verschiedenen IP-Cores. Der Hauptgrund dafür ist, dass das TLM-Paradigma den Entwicklern erlaubt, die Implementierungsdetails im Zusammenhang mit der Berechnung von IP-Cores zu abstrahieren und sich nur auf die Kommunikation zu konzentrieren. Somit ist die Kommunikation der zentrale Teil des Verhaltens der VP. Da die Kommunikation über das Transaktionskonzept erfolgt, ist die Beschreibung des Verhaltens der TLM-VP mit der Identifizierung des Verhaltens ihrer Transaktionen verbunden. Diese Identifizierung erfordert den Zugriff auf drei wesentliche Elemente von Transaktionen während der Ausführungszeit, nämlich *Fluss*, *Daten* und *Typ*.

Der Transaktionsablauf stellt die Reihenfolge der TLM-Module dar, die an der Lebensdauer der Transaktion beteiligt sind (d. h. der Zeitraum zwischen Transaktionsaufbau und -abbruch). Zum Beispiel basiert der Transaktionsfluss für beide Arten von $T_1$ und $T_2$, die von *Initiator_A* erzeugt werden, um auf Daten in *Speicher_A* zuzugreifen, auf der Reihenfolge (1)→(2)→(3)→(2)→(1)→(2)→(3)→(2)→(1), wobei (1), (2) und (3) für *Initiator_A*, *LT_AT_BUS* bzw. *Speicher_A* stehen. Die erforderlichen Informationen, die extrahiert werden müssen, um den Ablauf der Transaktion korrekt zu beschreiben, sind

- die laufende Nummer der Aktivierung der Objekte,
- der Stammname jedes Moduls, das an der Transaktion teilnimmt,
- die Rolle jedes Moduls, das an der Transaktion teilnimmt (bei TLM-Modulen kann es sich um den Initiator, den Interconnect oder das Ziel handeln, bei anderen ist es global),
- der Instanzname jedes Moduls,
- der Name der aktuellen Funktion, die Werte ihrer Argumente und ihr Rückgabewert (falls vorhanden),
- Quellcode-Informationen (d. h. Codezeile und Name der Quelldatei),
- die Simulationszeit und
- die Referenzadresse der Transaktion.

Die Transaktionsdaten bezeichnen die Attribute der Transaktion wie

- Datenwert,
- Adresse,
- Befehl,
- Länge der Daten und
- Antwortstatus.

Der Typ der Transaktion bezieht sich auf das Zeitmodell der Transaktion (LT oder AT). Wie bereits in Kap. 2 erwähnt, gibt es in TLM-2.0 einen Typ von LT-Transaktionen und 13 Typen von AT-Transaktionen. Im Falle des AT-Modells muss also angegeben werden, welcher Typ von Basisprotokolltransaktionen verwendet wird. Dieses Element wurde jedoch von den bestehenden SystemC-Analyseansätzen [63, 98] nicht berücksichtigt, da sie nur den Transaktionsfluss (aber nicht ihren Typ) extrahieren. Die beiden Transaktionstypen $T_1$ und $T_2$ haben das gleiche Kommunikationsmuster (Fluss), aber ihre Zeitphasen sind unterschiedlich, so dass diese Methoden nicht zwischen ihnen unterscheiden können. Um eine gegebene TLM-VP richtig zu verstehen, muss die vorgeschlagene Methodik daher in der Lage sein, alle oben genannten Elemente zu extrahieren, die einzelnen Typen und Flüsse der Transaktionen zu unterscheiden und sie schließlich in einem geeigneten grafischen Format (z. B. UML-Diagramme) darzustellen, damit Designer das Verhalten der VP schnell erfassen können.

Im Falle einer SystemC VP, die mit einem zyklusgenauen Modell implementiert wurde, ist das Verhalten der VP mit dem Verhalten ihrer Module und globalen Funktionen verbunden. Jedes Modul hat ein Verhalten, das durch einen oder mehrere Prozesse (z. B. Methoden und Threads) definiert ist, und kommuniziert mit anderen Modulen über Ports, Schnittstellen und Kanäle (z. B. Signale). Darüber hinaus kann ein Teil des Verhaltens des Moduls über lokale Funktionen definiert werden. Um das Verhalten der VP zu verstehen, ist daher der Zugriff auf verschiedene Zustände der VP-Entitäten während ihrer Ausführungszeit erforderlich. Dieser Zugriff umfasst das Extrahieren aller Signale und Variablen (lokal oder global), die zur

Implementierung des Modulverhaltens innerhalb eines Prozesses, globaler oder lokaler Funktionen verwendet wurden. Darüber hinaus ist das Verständnis, wie verschiedene Module interagieren und während der Ausführungszeit aktiviert werden, ein weiterer wesentlicher Teil des Verhaltens der VPs. Daher muss auch die Reihenfolge der Aktivierung von Modulen und globalen Funktionen extrahiert werden. Dies muss auch auf die untere Hierarchie, d. h. die Mitgliedsfunktionen (d. h. lokale Funktionen oder Prozesse) eines Moduls, angewendet werden. Insgesamt muss die vorgeschlagene Methodik in der Lage sein, die folgenden Laufzeitinformationen zu extrahieren, um das Verhalten der VP genau zu beschreiben:

- der Zeitstempel der Simulation,
- alle Werte der Variablen von Modulen und lokalen Variablen von Funktionen,
- den Namen des jeweiligen Anschlusses,
- Bindungsinformationen für jeden Anschluss,
- den Instanznamen von Modulen und
- Informationen zur Uhr (falls verfügbar).

## 3.4 Methodik der Informationsextraktion

Verschiedene Techniken können als Grundlage für die Extraktion von Struktur- und Verhaltensinformationen verwendet werden. Sie werden in drei Hauptkategorien unterteilt, die auf dem Debugger, dem Compiler und der AOP basieren.

Der einfachste Weg, um auf die Informationen des Designs zuzugreifen, ist die Verwendung von Debuggern. Vor allem dank Debuggern wie z. B. dem *GNU Debugger* (GDB) [105], können Designer das Verhalten des Designs während der Ausführung eines Modells von der Aktivierung von IPs bis hin zu einzelnen Anweisungen überwachen. Dies geschieht in der Regel durch Anhalten des Programms an bestimmten Punkten und schrittweisem Durchlaufen der Ausführung bestimmter Anweisungen. Ein Debugger ist in der Regel geeignet, den Entwicklern zu helfen, die Komplexität einer bestimmten VP zu verstehen oder mögliche Fehler in der VP zu finden. Ein bemerkenswerter Vorteil der Verwendung von Debuggern zur Analyse von SystemC-basierten VPs ist, dass Debugger, z. B. GDB, nicht die Verfügbarkeit des Quellcodes der VPs erfordern, da sie direkt mit der ausführbaren Version des Designs arbeiten können. Im Falle von 3PIP ist diese Option für Anbieter verfügbar, die die Designtechniken privat und sicher (für ihr eigenes Unternehmen) vor anderen halten und nur die ausführbare Binärversion von IP mit Dokumentation verkaufen wollen, die beschreibt, wie das Design funktioniert und mit anderen Designs integriert werden kann. Daher ist die Verwendung von Debuggern die einzige Möglichkeit, 3PIP-Modelle einer bestimmten VP ohne die Verfügbarkeit von Quellcode zu analysieren, wenn die Debugging-Informationen in der VP enthalten sind (was erforderlich ist und üblicherweise von den Anbietern bereitgestellt wird). Der gesamte Analyseprozess muss jedoch in der Regel von den Entwicklern manuell durchgeführt werden. Daher besteht die größte Herausforderung bei der Verwendung von Debuggern als zugrundeliegendes Framework darin, den gesamten Analyseprozess zu automatisieren.

Die zweite mögliche Technik ist die Verwendung von Compilern als zugrundeliegende Struktur, um sowohl auf die Struktur- als auch auf die Verhaltensinformationen einer bestimmten VP zuzugreifen. Unter den verschiedenen Open-Source C++ Compiler-Infrastrukturen, die es gibt, sind GCC und Clang-LLVM die beliebtesten und in der Wissenschaft und Industrie weit verbreitet. Für die statische Analyse, die der erste Schritt des Zugriffs auf die strukturellen Informationen des Entwurfs ist, wird Clang aus den folgenden zwei Hauptgründen gegenüber GCC bevorzugt.

1. Der GCC-Compiler entfernt unnötige Informationen und vereinfacht implizit den Quellcode während der Kompilierung, was zu Problemen für den Ansatz der Quellcodeanalyse führen kann, der als Front-End auf dem GCC aufbaut. Obwohl die Änderung des Kompilierungs-Workflows eine Lösung sein kann, bringt dies einige Nachteile mit sich, wie in Kap. 2 beschrieben.
2. Die IR des von GCC generierten Quellcodes eines Programms ist für weitere Analyseschritte schwer zu überwachen, da die generierte IR nur ein Dump des Compiler-Speicherabbilds ist, das kein strukturiertes Format hat.

Stattdessen bietet der Clang-Compiler (der ein Front-End für das LLVM-Projekt ist) Designern die Möglichkeit, den AST eines Programms zu analysieren (was benutzerfreundlich und verständlich ist), einschließlich der statischen Informationen in einem hierarchischen Format. Darüber hinaus ermöglicht die High-Level C++ Schnittstelle des Clang (LibTooling [111]) den Entwicklern, die generierte AST des Programms zu durchlaufen und auf alle Informationen über das Programm zuzugreifen, so wie sie im Quellcode verfügbar sind, aber in einem strukturierten und wohlgeformten Format. Daher ist es möglich, auf die strukturellen Informationen einer gegebenen VP zuzugreifen, indem ihr AST analysiert wird. Ein weiterer interessanter Punkt der Clang-Schnittstelle ist die Codegenerierungsfunktion. Sie ermöglicht es Entwicklern, eine instrumentierte Version des VP-Quellcodes zu erzeugen, indem sie neue Codezeilen an beliebigen Stellen einfügen, während sie den AST des Quellcodes analysieren. Die größte Herausforderung bei der Anwendung dieser Technik besteht also darin, Clang so einzusetzen, dass es (1) SystemC-Konstrukte analysiert, um auf die Struktur einer bestimmten VP zuzugreifen, und (2) automatisch eine instrumentierte Version der VP generiert, einschließlich der erforderlichen Anweisungen, um die Laufzeitinformationen, die ihr Verhalten beschreiben, korrekt zu extrahieren.

Die AOP-Lösung ist eine weitere Alternative zur Analyse von SystemC VPs. Sie ermöglicht es Entwicklern, den Quellcode zu instrumentieren, ohne die ursprüngliche Codebasis zu verändern, indem sie sich auf das automatische Umschreiben in einem zusätzlichen Schritt stützt, der vor der Kompilierung automatisch ausgeführt wird. Bei der Anwendung in der Praxis kann die Einrichtung einer funktionierenden AOP-Umgebung für bestehende, umfangreichere Projekte jedoch schnell zu einem erheblichen Arbeitsaufwand führen, da der Aspect Weaver zunächst das gesamte Projekt parsen muss (was vor allem ein Problem ist, sobald Bibliotheken involviert sind) und der resultierende Code oft neue Probleme für eine bestimmte Compiler-Einstellung verursacht. Die beiden größten Nachteile von AOP sind also die folgenden. Erstens ist das Debuggen von AOP-Setups eine komplexe Aufgabe, genau wie das Einrichten einer funktionierenden AOP-Umgebung. Zweitens unterstützt AOP nicht die Beschreibung beliebiger Punkte, die den Code definieren, der geändert werden muss. Zum Beispiel unterstützt die aktuelle Implementierung von AspectC++, die zusammen mit SystemC verwendet werden kann, keine Join-Punkte für Feldzugriffe (d. h. Zuweisungen von Feldvariablen können nicht verfolgt werden), privilegierte Aspekte, Vorlagen oder Makros, was das Ziel der Verfolgung von beliebigem Verhalten einschränkt (wie in Kap. 2 beschrieben).

Da sowohl die Debugger- (z. B. GDB) als auch die Compiler- (z. B. Clang) basierten Ansätze den Entwicklerne in leicht verfügbares Mittel zur Analyse eines Programms zur Verfügung stellen, werden sie als zugrundeliegende Struktur für unsere vorgeschlagenen SystemC-basierten VPs-Analyseansätze verwendet [37, 40, 41].

### 3.4.1 Debugger-basierter Ansatz

Wie in Abb. 3.5 dargestellt, besteht die Kernidee des vorgeschlagenen Ansatzes zur Extraktion der Struktur und des Simulationsverhaltens einer gegebenen SystemC-basierten VP aus zwei Hauptphasen.

1. Die statischen Informationen des kompilierten Modells werden durch die Analyse seiner Debugsymbole abgerufen, um zwei Ziele zu erreichen:
   (a) die Identifizierung aller Komponenten und ihrer Attribute und Mitgliedsfunktionen, die zur Beschreibung der Struktur des Modells erforderlich sind (z. B. Name und Typ der Variablen der Module) und
   (b) automatische Generierung eines Satzes von GDB-Anweisungen, die im nächsten Schritt verwendet werden, um die Struktur des Modells (dynamische Daten) zu extrahieren und sein Verhalten zu verfolgen.

**Abb. 3.5** Überblick über den vorgeschlagenen Debugger-basierten Ansatz zur Informationsextraktion

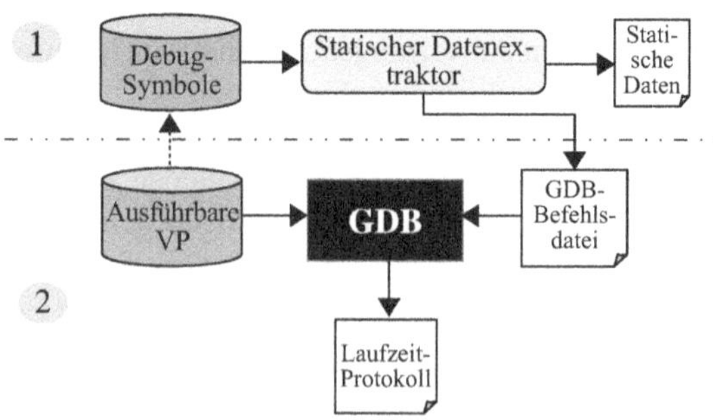

2. Das Modell wird unter der Kontrolle von GDB unter Verwendung der zuvor generierten Anweisungen ausgeführt. Die Struktur des Modells wird abgerufen, wenn die Ausführung die Objekte erreicht, für die die entsprechenden Anweisungen zur Extraktion ihrer Informationen generiert wurden. Die Ausführung des Modells wird bei bestimmten Ereignissen (z. B. Funktionsaufrufen) angehalten, um die Laufzeitinformationen aufzuzeichnen.

#### 3.4.1.1 Statisches Abrufen von Informationen

Die statischen Informationen des Modells werden durch die Analyse der Debug-Symbole (die vom GNU-Debugger generiert werden) abgerufen, um alle SystemC- (z. B. Namen von Modulen und deren Member-Funktionen und Attribute) und TLM-Konstrukte (z. B. den generischen Payload-Datentyp, Initiator- und Target-Sockets und die TLM-Utilities) zu extrahieren. Diese Informationen sind erforderlich, um die Struktur des Modells widerzuspiegeln und sein Laufzeitverhalten zu verfolgen, z. B. Variablenwerte oder Transaktionsdaten im Falle von zyklusgenauen SystemC- bzw. SystemC TLM-2.0-VPs.

Die abgerufenen Informationen werden in ein besser handhabbares Datenformat übersetzt, in dem jedes Modul in einer hierarchischen Struktur auf der Grundlage seiner Mitgliedsfunktionen und Attribute beschrieben wird. Im Gegensatz zu anderen statischen Ansätzen, die diese Art von Informationen berücksichtigen, werden diese Informationen als Grundlage für die Extraktion zusätzlicher Laufzeitinformationen verwendet. Auf der Grundlage dieser statischen Daten wird automatisch eine *GDB-Befehlsdatei* (GCF) erstellt, die zur Programmierung von GDB verwendet wird. Sie steuert die Ausführung des ausführbaren VP-Modells, das auf GDB läuft, um die gewünschten Informationen während des Simulationslaufs zu extrahieren. Dies geschieht mit Hilfe der Haltepunktfunktion von GDB. Ein Haltepunkt stoppt die Programmausführung immer dann, wenn ein bestimmter Punkt (z. B. die Ausführung einer Funktion oder eines Befehls) im Programm erreicht wird. Für jeden Haltepunkt wird eine Befehlsliste hinzugefügt, die ausgeführt wird, wenn das Programm an diesem Haltepunkt anhält. Die Haltepunkte werden mit dem Break-Befehl und seinen Varianten gesetzt, um die Stelle, an der das Programm angehalten wird, anhand der Zeilennummer, des Funktionsnamens oder der genauen Adresse im Programm anzugeben.

Anhand der motivierenden Beispiele zeigen wir, welche Art von statischen Informationen die Debugsymbole enthalten und wie sie zur Erstellung des GCF-Skripts verwendet werden können.

Im Falle des SystemC TLM-2.0-Designs betrachten wir die *LT_AT_BUS* VP. Ein Teil der statischen Informationen über die Struktur des Entwurfs wird in den generierten Debugsymbolen dargestellt (Abb. 3.6, Zeilen 8–15). Es zeigt, dass der Entwurf ein Modul *Initiator_A* mit (unter anderem) einem Initiator-Socket *Socket* und einer Member-Funktion *nb_transport_bw* mit Rückgabetyp *tlm_sync_enum* enthält. Um zum Beispiel alle Transaktionen zu extrahieren, die mit dem LT_AT_BUS-Initiatormodul *Initiator_A* zusammenhängen, müssen wir alle Funktionen des Moduls verfolgen, in

```
1 Symtab for file LT_AT_BUS.cpp
2 ...
3 Blockvector:
4 ...
5 block #169, object at 0x370e870 under 0x39d6930, 4\
6 syms/buckets in 0x407176..0x40755c, function\
7 Initiator_A::nb_transport_bw (tlm::tlm_generic_payload&,...)
8  struct Initiator_A : public sc_core::sc_module {
9  tlm_utils::simple_initiator_socket<Initiator_A\
10  ,32u, tlm::tlm_base_protocol_types> socket;
11 ...
12  public:
13   virtual tlm::tlm_sync_enum nb_transport_bw(...);
14   ...
15  } * const this; computed at runtime
16  class tlm::tlm_generic_payload {
17   ...
18  } &trans; computed at runtime
19  class tlm::tlm_phase {
20   ...
21  } &phase; computed at runtime
22 ...
```

**Abb. 3.6** Ein Teil des von GDB erzeugten Debugsymbols des LT_AT_BUS-Designs

denen ein Transaktionsobjekt referenziert wird. Dies geschieht durch die Suche nach Blöcken, die die Informationen der Funktionen des Moduls aus den Debugsymbolen enthalten. Die Eingangsargumente und lokalen Variablen der Funktionen befinden sich ebenfalls in dem Block (Abb. 3.6, Zeilen 16–21). Auf der Grundlage der extrahierten Daten muss die Funktion *nb_transport_bw* des Moduls verfolgt werden, ebenso wie das Transaktionsobjekt *trans* (Abb. 3.6, Zeile 18), das ihr Eingangsargument ist. Um die Funktion zu verfolgen, wird ein Haltepunkt am Anfang des Funktionskörpers gesetzt (Zeile 4, Abb. 3.7). Für diesen Haltepunkt wird eine Reihe von Befehlen (Abb. 3.7, Zeilen 5–10) definiert, die immer dann ausgeführt werden, wenn der Haltepunkt zur Laufzeit ausgelöst wird. Die Informationen, die extrahiert werden müssen, können innerhalb dieser Befehle definiert werden und enthalten standardmäßig Informationen wie den Instanznamen des Moduls (Abb. 3.7, Zeilen 6 und 7) und die Transaktionsphase (Abb. 3.7, Zeilen 24 und 25).

Was das zyklusgenaue Modell von SystemC betrifft, so ist ein Teil des generierten Debugsymbols der *zweistufigen Pipe* VP in Abb. 3.8 dargestellt (Zeilen 1–17). Es zeigt, dass die VP ein Modul namens *M1* (Zeile 6) mit drei Eingangssignalen *in1*, *in2* und *clk* sowie zwei Ausgangssignalen *out1* und *out2* (Zeilen 7–12) enthält. Außerdem hat das Modul *M1* eine Mitgliedsfunktion *func1* mit einer lokalen Variablen *temp3* (Zeilen 14–17). Abb. 3.9 (Zeilen 1–13) zeigt zum Beispiel einen Teil des generierten GCF der *2-stufigen Pipe* VP. Angenommen, das Ziel ist es, den Wert der lokalen Variable *temp3* nach der Ausführung jeder Zeile der Funktion *func1 zu* extrahieren. Zunächst wird ein Haltepunkt basierend auf dem Namen der Funktion *func1* (Zeile 1, Abb. 3.9) gesetzt, um die Ausführung anzuhalten, sobald *func1* aufgerufen wird. Dieser Haltepunkt wird automatisch durch die vorherige Analyse

```
set logging on run-time_traces_log.txt
 ...
##pre-defined breakpoit##
break Initiator_A::nb_transport_bw
commands
 printf ``instance_name is :''
 print this->m_name
 ...
 gdb_Initiator_A_nb_transport_bw
end
##pre-defined GDB function##
def gdb_Initiator_A_nb_transport_bw
 info line *$pc
 set $end_func_line_num= $_
 ...
 break +1   ##local breakpoint##
 commands
  gdb_Initiator_A_nb_transport_bw
  ...
 end
 ...
 printf ``trans_ID Initiator_A.nb_transport_bw_-_trans_ID is : ''
 print &trans
 printf ``trans_phase Initiator_A.nb_transport_bw_-_phase.m_id i
     : ''
 print phase.m_id
 ...
end
```

**Abb. 3.7** Ein Ausschnitt aus der *GDB-Befehlsdatei* des *LT_AT_BUS*

```
Symtab for file 2-stage-pipe.cpp
...
Blockvector:
...
block #009, object at 0x2f95d20 under 0x2f99948, 3 syms/
     buckets in 0x40ea88..0x40eb1f, function M1::func1()
 struct M1 : public sc_core::sc_module {
  sc_core::sc_in<double> in1;
  sc_core::sc_in<double> in2;
  sc_core::sc_out<double> out1;
  sc_core::sc_out<double> out2;
  ...
  sc_core::sc_in<bool> clk;
 public:
  void func1(void);
  M1(sc_core::sc_module_name);
 } * const this; computed at runtime
 double temp3; computed at runtime
...
```

**Abb. 3.8** Ein Teil des von GDB erzeugten Debugsymbols der *2-stufigen Pipe* VP

```
1  break func1  ## pre-defined breakpoit ##
2  commands
3    gdb_func1
4  end
5  def gdb_func1  ## pre-defined GDB function ##
6    printf ''temp3 is : ''
7    print temp3
8    break +1       ## local breakpoint ##
9    commands
10     gdb_func1
11   end
12   continue
13 end
```

**Abb. 3.9** GDB-Skript zur Verfolgung der Variablen *temp3* der Funktion *func1*

der Debugsymbole bestimmt und als *vordefinierter Haltepunkt* bezeichnet. Die erforderlichen Aktionen, die nach Erreichen dieses Haltepunkts ausgeführt werden müssen, werden in einer Funktion definiert, die als *vordefinierte GDB-Funktion* bezeichnet wird (Zeilen 5–11). Diese Funktion wird im Befehl des *vordefinierten Haltepunkts* aufgerufen (Zeile 3). Um den Wert während der gesamten Funktion *func1* zu verfolgen, müssten zusätzliche Haltepunkte für jede Zeile der Funktion gesetzt werden (oder zumindest für jede Zeile, die die Variable *temp3* verändert). Es ist jedoch nicht möglich, statisch Haltepunkte für alle potenziell interessanten Zeilen zu setzen. Stattdessen enthalten die Befehle des Haltepunkts eine Anweisung zum Setzen eines weiteren Haltepunkts für die nächste Zeile (Zeile 8), die wiederum die gleichen Befehle ausführt wie zuvor (Zeilen 9–11). Dieser Haltepunkt wird als *lokaler Haltepunkt bezeichnet.*

#### 3.4.1.2 Abruf von Informationen während der Laufzeit

Um die Laufzeitinformationen über den Ablauf der Ausführung abzurufen, enthält die GCF eine Reihe von Haltepunkten um die Ausführung anzuhalten, die detaillierten Informationen über den Zustand der Ausführung zu speichern und sie danach wieder aufzunehmen. Wie bereits erwähnt, werden diese Haltepunkte für jede Funktion der Module des Entwurfs und die globalen Funktionen des Modells (d. h. *vordefinierte Haltepunkte*) gesetzt. Die *vordefinierten Haltepunkte* (die vor der Ausführung eingerichtet werden) werden in der ersten Zeile jeder relevanten Funktion platziert und somit ausgelöst, wenn die entsprechenden Funktionen aufgerufen werden. Aufgrund von Beschränkungen hinsichtlich der Anzahl der Haltepunkte können aufeinanderfolgende Zeilen innerhalb dieser Funktionen nicht alle vor der Ausführung ebenfalls mit Haltepunkten versehen werden. Um alle Änderungen innerhalb einer Funktion zu erfassen, wird stattdessen ein neuer Haltepunkt für die nächste Anweisung der Funktion gesetzt, die ebenso wie der erste Haltepunkt Teil der Befehlsmenge ist, die ausgeführt wird. Dieser rekursive Prozess wird wiederholt durchgeführt, bis die Ausführung das Ende des Funktionskörpers erreicht. Das Ziel eines *vordefinierten Haltepunkts* ist es, die Ausführung am Anfang einer Modulfunktion anzuhalten, während aufeinanderfolgende *lokale Haltepunkte* verwendet werden, um den Körper der Modulfunktion Zeile für Zeile zu durchlaufen. Die folgenden Beispiele zeigen, wie dieser Prozess durchgeführt wird, um die Laufzeitinformationen für jeden Typ von VPs zu extrahieren, d. h. für TLM und zyklusgenaue Modelle.

**Beispiel 1**
Im Fall von TLM-2.0 VP betrachten wir das LT_AT_BUS-Design. Um das Transaktionsverhalten der Funktion *nb_transport_bw* zu verfolgen, wird ein *vordefinierter Haltepunkt* am Anfang des Funktionskörpers gesetzt (Abb. 3.7, Zeile 4). Der Befehl dieses Haltepunkts besteht aus zwei Teilen: (1) einer Anweisung zum Extrahieren einiger Strukturdaten (z. B. Instanzname des Moduls), die während der statischen Analyse in der ersten Phase nicht abgerufen werden können (Abb. 3.7, Zeilen 6 und 7), und (2) einer *vordefinierten GDB-Funktion* zum Extrahieren des Verhaltens (z. B. Wert der Attribute von Transaktionen) des Entwurfs (Abb. 3.7, Zeilen 12 und 27). Nach dem Start der Ausführung des Modells wird der *vordefinierte Haltepunkt* (Abb. 3.7, Zeile 4) getroffen und die entsprechende Anweisung (Abb. 3.7, Zeilen 6 und 7) zur Extraktion des Instanznamens des Moduls *Initiator_A* ausgeführt. Anschließend wird die *vordefinierte GDB-Funktion* aufgerufen (Abb. 3.7, Zeile 9), um die Verhaltensinformationen zu erfassen, z. B. die Transaktionsreferenzadresse (Abb. 3.7, Zeilen 22 und 23). Sie setzt auch einen *lokalen Haltepunkt* für die nächste auszuführende Anweisung (der Funktion *nb_transport_bw*). Dieser Prozess wird fortgesetzt, bis die Ausführung das Ende der Funktion *nb_transport_bw* erreicht.

**Beispiel 2**
Im Fall der Analyse eines zyklusgenauen Modells von SystemC-VPs betrachten wir die Funktion *func1* der *2-stufigen* Pipe-VP in Abb. 3.2 (Zeilen 21–33). Hier zeigen wir, wie der Laufzeitwert einer lokalen Variablen innerhalb einer Funktion verfolgt und protokolliert werden kann. Nach dem Start der Ausführung der VP unter Kontrolle von GDB wird zunächst der *vordefinierte Breakpoint* getroffen und die Ausführung am Anfang der Funktion *func1* angehalten (Abb. 3.2, Zeile 21). Der Breakpoint-Befehl wird ausgeführt, d. h. ein Aufruf von *gdb_func1* (der definiert ist, um den Wert von *temp3* zu drucken und lokale Breakpoints zu erzeugen). Durch die Ausführung von *gdb_func1* wird zunächst der Wert von *temp3* ausgegeben. Dann wird ein Haltepunkt in Zeile 22 der Funktion *func1* gesetzt (Abb. 3.2). Danach wird die Anweisung *continue* (Abb. 3.9, Zeile 12) im GDB-Skript ausgeführt. Dann wird die Ausführung in Zeile 22 der Funktion *func1* angehalten, da der *lokale Haltepunkt* (der bereits gesetzt ist) getroffen wird. Das Skript des lokalen Haltepunkts ist also ein rekursiver Aufruf von *gdb_func1*, der den Wert von *temp3* ausgibt und einen neuen lokalen Haltepunkt für die nächste Zeile der Funktion *func1* setzt. Dieser Vorgang wird wiederholt, bis die Ausführung das Ende der Funktion *func1* erreicht (Abb. 3.2, Zeile 33).

### 3.4.2 *Compiler-basierter Ansatz*

Abb. 3.10 gibt einen Überblick über den vorgeschlagenen Ansatz, der aus den folgenden zwei Hauptphasen besteht.

1. Analyse des AST einer gegebenen VP, um die statischen Informationen des Modells zu extrahieren, die zur Beschreibung der Struktur des Entwurfs erforderlich sind.
2. Generierung einer instrumentierten Version des VP-Quellcodes unter Verwendung der extrahierten statischen Informationen aus der vorherigen Phase, um die Laufzeitinformationen (d. h. das Verhalten) abzurufen. Dazu wird der instrumentierte Quellcode automatisch mit einem Standard-C++-Compiler (z. B. GCC oder Clang) kompiliert und ausgeführt, um die Laufzeitinformationen zu protokollieren.

#### 3.4.2.1 Phase 1: Extrahieren statischer Informationen

Der Extraktionsprozess erfolgt durch den Besuch relevanter Knoten im AST. Die AST-Knoten von Clang sind auf einer Klassenhierarchie aufgebaut, die keinen gemeinsamen Vorfahren hat. Das bedeutet, dass es mehrere größere Hierarchien für grundlegende Knotentypen wie *Type*, *Decl*, *DeclContext* oder *Stmt* gibt. Viele wichtige AST-Knoten leiten sich von den vorgenannten Knotentypen ab, wobei einige Klassen sowohl von *Decl* als auch von *DeclContext* abgeleitet sind. Da die Top-Level-Entitäten einer VP Module und globale Funktionen sind, besteht der erste Einstiegspunkt für die Extraktion der Designstruktur darin, den Knoten zu finden, der die Informationen der vorgenannten Entitäten enthält.

Sobald der AST von Clang generiert wurde, muss er also ordnungsgemäß durchlaufen werden, um auf die relevanten Knoten zuzugreifen, die die Strukturinformationen der VP beschreiben. Der erste Schritt dieser Analyse besteht darin, die Knotentypen des AST zu identifizieren und darauf zuzugreifen, die den Top-Level-Entitäten der SystemC-VP entsprechen. Der primäre Knotenbesucher *RecursiveASTVisitor* von Clang bietet Designern einen rekursiven Mechanismus auf dem gesamten AST, um jeden Knoten basierend auf dem *Depth-First Search* (DFS) Algorithmus zu besuchen. Daher ist es möglich, von einem bestimmten Knotentyp auszugehen, der sich auf die Top-Level-Entität (z. B. ein SystemC-Modul) der SystemC VP bezieht,

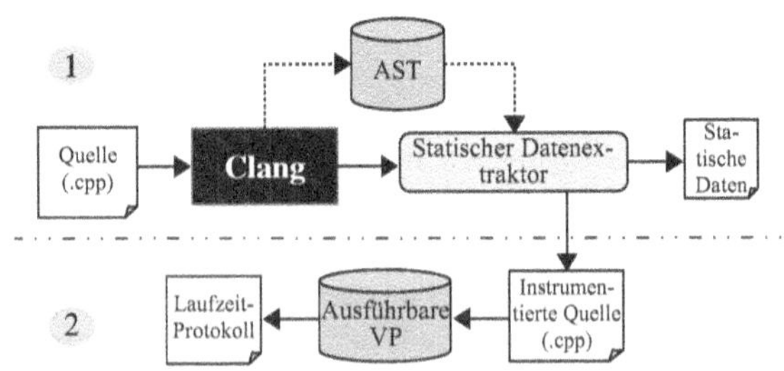


**Abb. 3.10** Überblick über den vorgeschlagenen compilerbasierten Ansatz zur Informationsextraktion

und dann rekursiv die Kindknoten des Elternknotens zu durchlaufen, um die anderen Konstrukte (wie Signale und Ports) zu erreichen, die in der Top-Level-Entität definiert sind.

Zum Beispiel wird die Klassenreferenz *CXXRecordDecl* des Clang verwendet, um die C++ *Klasse*, *Struktur* oder *Union* zu repräsentieren. Daher repräsentieren alle Knoten im AST, die durch diesen Typ tokenisiert sind, die oben genannten C++-Konstrukte. Da ein SystemC-Modul entweder über das SC_MODULE-Makro oder direkt über C++ *struct* definiert werden kann, wird der Knotentyp *CXXRecordDecl* für den Zugriff auf das SystemC-Modul im AST verwendet. Auf die gleiche Weise kann der Knotentyp *FunctionDecl* verwendet werden, um die mit den Funktionen der VPs (global oder lokal) verbundenen Verzögerungsknoten im AST zu finden.

Nach der Extraktion der Top-Level-Entitäten besteht der nächste Schritt darin, die untergeordneten Elemente abzurufen. Die Informationen über die Attribute der Module (z. B. Sockets, Ports oder Signale) und ihre Mitgliedsfunktionen werden ebenfalls durch den Besuch der entsprechenden Knoten im AST abgerufen. Auf erstere kann über den Knotentyp *FieldDecl* zugegriffen werden, auf letztere über *CXXMethodDecl*. Im Fall von globalen und lokalen Funktionen werden die Referenzklassen *ParamDecl* und *VarDecl* von Clang verwendet, um Funktionsargumente bzw. lokale Variablen von Funktionen zu definieren. Um auf die Kindelemente von Funktionen zuzugreifen, müssen also die Knotentypen *ParamDecl* und *VarDecl* im AST besucht werden. Anhand der motivierenden Beispiele zeigen wir, wie die strukturelle Information durch Analyse des AST von SystemC-basierten VPs extrahiert werden kann.

Was die TLM-Konstrukte betrifft, so zeigt Abb. 3.11 einen Teil des generierten AST der *LT_AT_BUS* VP. Die Top-Level-Entität dieses AST ist ein Knoten vom Typ *CXXRecordDecl*, der ein SystemC-Modul repräsentiert (Zeilen 1 und 2), das *Initiator_A* ist. Die Analyse der untergeordneten Elemente dieser Knoten auf weist, dass das Modul nur einen Knoten vom Typ *FieldDecl* hat, der sich auf einen einfachen Initiator-Socket bezieht, der *Socket* heißt und eine 32-Bit-Bandbreite hat (Zeile 4). Es weist auch auf, dass *Initiator_A* ein SystemC TLM-2.0 Initiatormodul ist, da es nur einen Initiatorsockel hat.

Was die Analyse von zyklusgenauen SystemC-Modellen betrifft, so betrachten wir die *2-stufige Rohrleitung* VP. Abb. 3.12 weist einen Teil des von Clang generier-

```
1  CXXRecordDecl 0x5c9ce00 <...> line:101:8 struct Initiator_A
       definition
2  |-public 'class sc_core::sc_module'
3  |-CXXRecordDecl 0x5c9cf50 <col:1, col:8> col:8 implicit
       referenced struct Initiator_A
4  |-FieldDecl 0x5d226e8 <line:104:3, col:43> col:43 referenced
        socket 'tlm_utils::simple_initiator_socket<Initiator_A
       >':'class tlm_utils::simple_initiator_socket<struct
       Initiator_A, 32, struct tlm::tlm_base_protocol_types>'
5  ...
```

**Abb. 3.11** Ein Teil des von Clang generierten AST der *LT_AT_BUS* VP

```
1  CXXRecordDecl 0x...20 <...> line:39:8 struct M1 definition
2  |-public 'class sc_core::sc_module'
3  |-CXXRecordDecl ... col:8 implicit referenced struct M1
4  |-FieldDecl ... col:16 in1 'sc_in<double>':'sc_core::sc_in<
       double>'
5  |-FieldDecl ... col:16 in2 'sc_in<double>':'sc_core::sc_in<
       double>'
6  |-FieldDecl ... col:17 out1 'sc_out<double>':'sc_core::
       sc_out<double>'
7  |-FieldDecl ... col:17 out2 'sc_out<double>':'sc_core::
       sc_out<double>'
8  ...
9  |-FieldDecl ... clk 'sc_in<_Bool>':'class sc_core::sc_in<
       _Bool>'
10 |-CXXMethodDecl ... col:10 used func1 'void (void)'
11 ...
```

**Abb. 3.12** Ein Teil des AST der von Clang erzeugten *2-stufigen Pipe* VP

ten AST der VP auf. Wie im vorigen Beispiel ist auch in diesem AST die Top-Level-Entität ein Knoten vom Typ *CXXRecordDecl*, der auf das SystemC-Modul *M1* verweist (Zeilen 1 und 2). Die Unterknoten dieses Knotens stellen die Attribute und Mitgliedsfunktionen des Moduls dar (Zeilen 4–9). Die Eingangs- und Ausgangsanschlüsse des Moduls sind durch den Knotentyp *FieldDecl* tokenisiert und lauten *in1*, *in2*, *out1*, *out2* und *clk*. Die Mitgliedsfunktion des Moduls ist *func1*, die durch den Knotentyp *CXXMethodDecl* identifiziert wird.

Die in dieser Phase extrahierten Informationen werden in einer internen Datenstruktur gespeichert, die als Grundlage für die Extraktion von Laufzeitdaten (d. h. die Verfolgung von Transaktionen oder Variablenwerten) und die Definition der Entwurfsstruktur dient.

#### 3.4.2.2 Phase 2: Extraktion von Laufzeitinformationen

Um Laufzeitinformationen einer bestimmten VP zu extrahieren, wird automatisch eine instrumentierte Version des vorhandenen Quellcodes aus dem AST einschließlich der *abrufbaren* Anweisungen generiert. Die Anweisungen werden auf der Grundlage einer hierarchischen Struktur definiert, wobei für die Nachverfolgung z. B. einer Transaktion der Wert der Transaktionsattribute und der zugehörigen Parameter wie Zeitangabe, Phase (z. B. BEGIN_REQ) und Rückgabestatus der Funktionen (z. B. TLM_COMPLETED) – für das AT-Modell – während der Ausführung abgerufen werden. Darüber hinaus wird die Simulationszeit extrahiert, um den genauen Zeitpunkt der Transaktions- oder Variablenwertänderungen zu ermitteln. Um eine Transaktion (oder Variable) nach jeder möglichen Änderung zu verfolgen, definieren wir zwei Speicherorte DEF und USED.

Die DEF-Position bezieht sich auf die Codezeile, in der die Transaktion (oder Variable) definiert oder deklariert ist (z. B. als Funktionsargumente oder lokale Variablen innerhalb des Funktionskörpers). Sie wird extrahiert, indem der Knotentyp *DeclStmt* und sein untergeordneter Knoten vom Typ *VarDecl* im AST erkannt werden.

Die Abb. 3.13 und 3.14 zeigen zum Beispiel einen Teil des AST, der sich auf die LT_AT_BUS- bzw. *2-stufigen* Pipe-VPs bezieht. Der Wurzelknoten beider AST hat den Knotentyp *CompoundStmt*, der sich auf den Körper der Funktionen *thread_process* (Abb. 3.15, Zeile 4) und *func1* der Module *Initiator_A* und *M1* bezieht. In der

```
CompoundStmt 0x4d13bf8
...
|-DeclStmt 0x4d0bb68
| '-VarDecl ... used status ... 'enum tlm::tlm_sync_enum'
|-BinaryOperator ... 'enum tlm::tlm_sync_enum' lvalue '='
| |-DeclRefExpr ... 'enum tlm::tlm_sync_enum'... 'status'
...
| '-CXXMemberCallExpr 0x4d0e818 'enum tlm::tlm_sync_enum'
|   |-MemberExpr ... '<bound member function type>' ->
    nb_transport_fw
    ...
|   |-UnaryOperator ... 'class tlm::tlm_generic_payload'...
     prefix '*'
|   | '-ImplicitCastExpr 0x4..0 'tlm::tlm_generic_payload *'
|   |   '-DeclRefExpr ... 'trans' 'tlm::tlm_gen...d *'
|   |-DeclRefExpr ... 'class tlm::tlm_phase' ... 'phase'
|   '-DeclRefExpr ... 'class sc_core::sc_time' lvalue Var
    ... 'delay'
...
```

**Abb. 3.13** Ein Teil des AST des *LT_AT_BUS* VP in Bezug auf einen nicht blockierenden Transport im Modul *Initiator_A*

```
CompoundStmt 0x7f2fbe625448
|-DeclStmt 0x7f2fbe624d60
| '-VarDecl 0x7f2fbe624d00 used a 'double'
   ...
|-BinaryOperator ... 'double' lvalue '='
| |-DeclRefExpr ... 'double' lvalue Var 0x7...0 'temp3' '
    double'
| '-ImplicitCastExpr ... 'double' <IntegralToFloating>
|   '-ImplicitCastExpr ... 'data_type':'double' <
    LValueToRValue>
|     '-CXXMemberCallExpr ... 'const data_type':'const double
    ' lvalue
|       '-MemberExpr ... '<bound member function type>' .read
|         '-ImplicitCastExpr ... sc_core::sc_in<double>'
    lvalue
|           '-MemberExpr ... sc_core::sc_in<double>' lvalue
    ->in2
|             '-CXXThisExpr ... 'struct M1 *' this
...
```

**Abb. 3.14** Ein Teil des AST der *zweistufigen Rohrleitung* VP in Verbindung mit Zeile 30 von Abb. 3.1

```
struct Initiator_A: sc_module{
 tlm_utils::simple_initiator_socket<Initiator_A , 32> socket;
 ...
 void thread_process(){
  tlm::tlm_generic_payload* trans;
  tlm::tlm_phase phase;
  sc_time delay;
  ...
  status = socket->nb_transport_fw(*trans , phase, delay);
  Fout<<"Initiator_A::thread_process::trans.ID="<<trans<<"
      DATA="<<trans->get_data_ptr()<<"CMD="<<trans->
      get_command()<<"ADR="<<trans->get_address()<<"RSP="<<
      trans->get_response_status()<<"DL="<<trans->
      get_data_length()<<"delay="<<delay<<"phase="<<phase<<"
      instance_name_module="<<this->name()<<"ST="<<
      sc_time_stamp()<<endl;
  ...}
```

**Abb. 3.15** Ein Teil des instrumentierten Quellcodes des Moduls *Initiator_A* des *LT_AT_BUS* VP

ersten Abbildung (Zeilen 1 und 2) ist der Verzögerungsknoten für die Variable *status* vom Typ *tlm_sync_enum* dargestellt. Da dieser Knoten ein untergeordnetes Element des Knotens *CompoundStmt* ist, handelt es sich um eine lokale Variable der Funktion *thread_process*. Aufgrund ihres Typs wird die Variable verwendet, um den Rückgabestatus der TLM-Schnittstellenaufrufe zu speichern. Daher ist es wichtig, ihren Wert zu extrahieren und zurückzuverfolgen, da sie den Ablauf und den Typ der Transaktion angeben muss. Die zweite Abbildung (Zeilen 2 und 3) zeigt den Verzögerungsknoten in Bezug auf die Variable *temp3* mit dem Typ *double*, die eine lokale Variable der Funktion *func1* des Moduls *M1* ist. Da wir für ein zyklusgenaues SystemC-Modell alle Variablen auch der lokalen Funktionen verfolgen wollen, muss der Wert dieser Variablen extrahiert werden.

Im Falle von TLM-2.0-Entwürfen bezieht sich die USED-Stelle auf Funktionsaufrufe (z. B. Transportschnittstellen *b_transport* oder *nb_transport*), bei denen das Transaktionsobjekt als Eingangsargument verwendet wird. Im Falle von SystemC-Entwürfen verweist USED auf zwei Stellen im Quellcode. Erstens verweist die USED-Stelle für den Zugriff auf den Wert lokaler und globaler Variablen, die keine SystemC-Schnittstellen zum Lesen oder Schreiben von Daten benötigen, auf die Codezeile, in der die Variable auf der linken Seite einer Zuweisungsanweisung (z. B. eines Ausdrucks oder Funktionsaufrufs) verwendet wird. Zweitens verweist die USED-Position bei Modul-Ports (z. B. Signale vom Typ *sc_in* oder *sc_out*), die die *read()*- oder *write()*-Schnittstellen für den Zugriff auf oder die Änderung von Daten verwenden, auf die Codezeile, in der ein Modul-Port Daten liest oder schreibt. Die Abrufanweisungen werden also nach den oben genannten Stellen in den Quellcode eingefügt. Die folgenden Beispiele zeigen, wie dieser Prozess durchgeführt wird und die oben genannten Stellen aus der AST-Darstellung einer gegebenen SystemC-basierten VP extrahiert werden.

**Beispiel 3**
Betrachten wir einen Teil des Quellcodes, der sich auf das Modul *Initiator_A* der *LT_AT_BUS* VP bezieht (Abb. 3.15). Zeile 10 ist zunächst nicht verfügbar. Nehmen wir an, dass wir alle von der Funktion *thread_process* des Moduls *Initiator_A* erzeugten Transaktionen verfolgen wollen. Zu diesem Zweck wird die AST der VP vom Modul *Static Data Extractor* (Abb. 3.10, Phase 1) analysiert, um DEF- und USED-Stellen im Quellcode zu finden. Betrachten wir zum Beispiel eine USED-Stelle (Zeile 9 in Abb. 3.15), an der die Transaktion *trans* als Funktionsargument der Schnittstelle *nb_transport_fw* verwendet wird. Um die Transaktionen richtig zu verfolgen, müssen alle Informationen über den Ablauf, die Daten und den Typ der Transaktionen extrahiert werden. Dazu gehören

1. den Modulnamen (*Initiator_A*) und die übergeordnete Funktion (*thread_process*), zu der diese Transaktion gehört, sowie die Referenzadresse der Transaktion,
2. alle Attribute der Transaktionen, d. h. Daten, Adresse, Antwortstatus, Datenlänge und
3. transaktionsbezogene Parameter, d. h. die Phasen- und Verzögerungsargumente der Schnittstelle *nb_transport_fw* und ihr in der Statusvariablen gespeicherter Rückgabestatus.

Wie in Abb. 3.13 (Zeile 7) dargestellt, ist der entsprechende Knoten im AST der VP für diese USED-Stelle der Knoten vom Typ *CXXMemberCallExpr*. Er zeigt, dass die Kommunikationsschnittstelle *nb_transport_fw* aufgerufen wird, die den Rückgabetyp *tlm_sync_enum* und drei Eingangsargumente *trans* (Zeile 12), *phase* (Zeile 13) und *delay* (Zeile 14) mit den Typen *tlm_generic_payload*, *tlm_phase* bzw. *sc_time* hat. Die Eingangsargumente des *nb_transport_fw* sind die Kindelemente des Knotens *CXXMemberCallExpr*, der den Knotentyp *DeclRefExpr* hat. Das andere wichtige Element, das für diese USED-Stelle extrahiert werden muss, um die Abrufanweisung ordnungsgemäß zu generieren, ist die Extraktion des Rückgabewerts der Schnittstelle *nb_transport_fw*. Da der Knoten *CXXMemberCallExpr* das untergeordnete Element auf der rechten Seite des *Binärer Operator* „=“ ist (Zeile 5), müssen wir das untergeordnete Element auf der linken Seite dieses Knotens mit dem Typ *DeclRefExpr* finden, das sich auf eine Variable vom Typ *tlm_sync_enum bezieht* (Zeile 6).

Aus den extrahierten Informationen wird automatisch die Abrufanweisung *Fout* (Zeile 10, Abb. 3.15) generiert und hinter der USED-Stelle in den neuen Quellcode eingefügt. Die Anweisungen *this->name()* und *sc_time_stamp()* werden ebenfalls in die Abrufanweisung eingefügt, um festzustellen, zu welcher Instanz des Moduls *Initiator_A* die Transaktion *trans* gehört, bzw. um den Simulationszeitpunkt zu bestimmen, zu dem die Transaktion über den Initiator-Socket gesendet wird.

**Beispiel 4**
Betrachten wir das Modul *M1* der *2-stufigen Pipe* VP (Abb. 3.2). Nehmen wir an, dass wir die lokale Variable *temp3* der Funktion *func1* verfolgen wollen. Zu diesem Zweck wird der AST des Entwurfs vom Modul *Static Data Extractor* analysiert, um DEF- und USED-Stellen im Quellcode zu finden. Betrachten wir zum Beispiel eine USED-Stelle (Zeile 30, in Abb. 3.2), an der die Variable *temp3* auf der linken Seite eines Zuweisungsausdrucks verwendet wird. Der Ausdruck der linken Seite dieses Knotens ist die Variable *temp3*. Die übergeordnete Funktion (*func1*) und das Modul (*M1*), zu dem diese Variable gehört, werden ebenfalls abgerufen.

Die oben genannte Stelle fällt in die erste Kategorie der USED-Stelle für das zyklusgenaue Modell von SystemC, wo das Ziel darin besteht, die Zuweisungsanweisungen zu finden. Dies geschieht durch das Auffinden des Knotens vom Typ *BinaryOperator*, der auf einen Zuweisungsoperator „=“ (Abb. 3.14, Zeile 5). Der nächste Schritt besteht darin, den linken untergeordneten Knoten vom Typ *DeclRefExpr zu* finden, der sich auf die lokale Variable *temp3* bezieht (Abb. 3.14, Zeile 6). Aus den extrahierten Informationen wird automatisch die Abrufanweisung *Fout* (Abb. 3.16, Zeile 5) generiert und hinter der USED-Stelle in den neuen Quellcode eingefügt. Die Anweisungen *this->name()* und *sc_time_stamp()* werden der Abrufanweisung hinzugefügt, um festzustellen, zu welcher Instanz des Moduls *M1* die Variable gehört, bzw. um den Simulationszeitpunkt zu bestimmen, wenn einer Variablen ein neuer Wert zugewiesen wird.

Für die beiden vorgenannten Beispiele wird die Rewriter-Schnittstelle von Clang verwendet, um die *abrufenden* Anweisungen in die Codezeilen des entsprechenden Entwurfs (DEF- oder USED-Stellen) einzufügen und dessen neue instrumentierte Version zu erzeugen.

Zusammenfassend sind die wichtigsten Clang-Konstrukte, die für unsere Analyse in diesem Abschnitt verwendet werden, in Tab. 3.1 dargestellt. Diese Konstrukte wurden verwendet, um das *Static Data* Extractor-Modul des vorgeschlagenen Ansatzes zu erstellen. Tab. 3.1 stellt auch eine Verbindung zwischen verschiedenen Knotentypen im AST einer gegebenen VP und den entsprechenden SystemC-Konstrukten her, die für den vorgeschlagenen SystemC VP-Analyseansatz extrahiert werden müssen.

```
1  void M1::func1(){
2   double temp1, temp2, temp3;
3   ...
4   temp3 = genA + in2.read()*genB;
5   Fout<<"M1::func1::temp3 = "<<temp3<<" instance_name_module:
         "<<this->name()<<" simulation_time: "<< sc_time_stamp()
        <<endl;
6  ...}
```

**Abb. 3.16** Ein Teil des instrumentierten Quellcodes der Funktion *func1* des *2-stufigen Rohres* VP

**Tab. 3.1** Die Beziehung zwischen verschiedenen Knotentypen im AST und den entsprechenden SystemC-Konstrukten für eine bestimmte VP

| AST-Knotentyp | SystemC-Konstrukte |
|---|---|
| CXXMethodDecl | SystemC-Prozess |
| FeldDecl | SystemC-Ports und -Sockel |
| CXXMemberCallExpr | SystemC-Schnittstelle (z. B. nb_transport) |
| DeclRefExpr | Lokale und globale Variable |
| FuncDecl | Lokale und globale Funktion |
| CXXRecordDecl | SystemC-Modul |

### *3.4.3 Designer-Interaktion für optimierte Informationsextraktion*

Um Designern die Möglichkeit zu geben, die vorgeschlagenen Ansätze interaktiv an ihre spezifischen Anwendungsfälle oder Anwendungen (z. B. Designverständnis oder Verifikationsaufgaben) anzupassen, enthalten die vorgeschlagenen Ansätze in der ersten Phase ihrer Analyse eine Reihe von Konfigurationsoptionen und Parametern. Auf diese Weise kann die *GDB-Befehlsdatei* (GCF-Skript) oder der instrumentierte Quellcode einer bestimmten VP auf der Grundlage der Optimierungen der Designer generiert werden. Diese interaktiven Optionen sind wie folgt:

- einige Elemente des Entwurfs zu filtern, z. B. nur bestimmte Module (und ihre Signale) zu verfolgen,
- Filterung auf der Grundlage der Informationstiefe, z. B. nur Module (und ihre Mitgliedsfunktionen und Variablen) zu verfolgen,
- bestimmte Arten von Funktionen, Variablen oder Signalen zu filtern, z. B. keine globalen Funktionen, lokalen Variablen oder Signale des Typs *sc_in* zu verfolgen.

Auf diese Weise können die Designer die Informationen herausfiltern, die für ihre Analyse nicht erforderlich sind, und sich auf die Punkte konzentrieren, die von Interesse sind.

## 3.5 Visualisierung

Nachdem die erforderlichen Informationen aus einer gegebenen SystemC-basierten VP extrahiert wurden, besteht der nächste Schritt darin, diese Informationen so darzustellen, dass Designer die verschiedenen Aspekte der Struktur und des Verhaltens der VP schnell erfassen können. Dieser Schritt nach der Ausführung wird als Visualisierung bezeichnet, die für verschiedene Aufgaben während des Entwurfsprozesses von Bedeutung ist. Sie kann z. B. Designern helfen, die Komplexität eines Systems zu verstehen, Fehler in laufenden Systemen zu lokalisieren oder die Projektdokumentation zu veranschaulichen. Die Hauptschwierigkeit, die es in diesem Abschnitt zu überwinden gilt, ist daher die Frage, wie die extrahierten Informationen visualisiert und präsentiert werden sollten, damit die Designer in die Lage versetzt werden, auf einfache Weise

- sowohl die Struktur als auch das Verhalten der VP und
- für Debugging-, Validierungs- und Verifizierungsaufgaben sofort oder mit minimalem Übersetzungsaufwand in die gewünschte Form zu bringen.

Konventionelle Ansätze (wie in Kap. 2 beschrieben) konzentrieren sich meist auf die Darstellung der extrahierten Informationen in einem IR-Modell wie XML oder AST. Obwohl es eine gute Lösung sein kann, die Struktur einer VP darzustellen, um ihr Verhalten zu beschreiben, können die Ergebnisse sehr komplex werden; Insbesondere, wenn die Komplexität der VP zunimmt. Auf der RT-Ebene ist die gängige Lösung zur Überwachung des Verhaltens eines zyklusgenauen Modells (implementiert mit Verilog oder VHDL) die Verwendung der *Value Change Dump* (VCD)-Datei. Damit steht dem Entwickler eine Wellenform zur Verfügung, die z. B. den Zustand einer einzelnen Variablen während der Simulationszeit des Entwurfs verfolgt. Diese Option wird auch von der Standard-SystemC-API bereitgestellt (d. h. unter Verwendung von *sc_trace*). Obwohl diese Methode für SystemC-Datentypen, die als Signale von Modulen definiert sind, gut funktioniert, hat sie einige Nachteile, wie z. B. die folgenden.

- Es mangelt an Präzision für Variablen vom Basistyp (z. B. C++ Datentyp), die sich während eines einzigen SystemC-$\delta$-Zyklus (die kleinste Zeitspanne, die in Bezug auf den Simulationskern vergehen kann) mehrmals ändern können.
- Sie schlägt bei benutzerdefinierten Datentypen fehl, die überhaupt nicht unterstützt werden, es sei denn, die Entwickler ändern ihren Code.
- Sie kann die Werte lokaler Variablen von Modulen und Funktionen nicht verfolgen.
- Es erfordert weiteren Programmieraufwand für die Entwickler, den Quellcode manuell zu ändern und alle Signale, die verfolgt werden müssen, einzubeziehen.

Um das Verhalten von zyklusgenauen SystemC-VPs darzustellen, müssen daher die oben genannten Nachteile bei der Erzeugung von VCD-Dateien überwunden werden.

Im Fall von SystemC TLM-2.0 VPs bietet eine einfache Wellenform den Entwicklern keine umfassende Darstellung des Verhaltens der VPs. Der Hauptgrund dafür ist, dass eine Transaktion ein komplexer Typ ist (keine einfache Variable) und es sehr schwierig ist, die extrahierten Informationen in Bezug auf ihren Fluss, ihre Daten und ihren Typ in Form einer Wellenform zu beschreiben. Eine weitere wichtige Herausforderung im Zusammenhang mit dem Verständnis des Verhaltens der TLM-2.0-Modelle ist die Kommunikationsschnittstelle. Die VP-Modelle kommunizieren über Tausende von TLM-2.0-Transaktionen, die schwer nachvollziehbar, redundant und aus Sicht des Designverständnisses unnötig sind. Eine übersichtliche Visualisierung des zugrundeliegenden VP-Transaktionsflusses kann die Revisionen und Ergänzungen beschleunigen und gleichzeitig das Verständnis des Entwurfs erheblich verbessern. Das TLM-2.0-Referenzhandbuch in [5] schlägt für die Darstellung des Transaktionsverhaltens ein UML-Nachrichtensequenzdiagramm vor. Es zeigt jedoch nur den Transaktionsfluss und nicht die Daten und den Typ der Transaktion. Daher stellen wir das Verhalten von VPs in Form eines UML-Diagramms dar, das sich an [5] orientiert und neben dem Transaktionsfluss auch die Daten und den Typ abdeckt.

### 3.5.1 Präsentation der VP-Struktur

Das bevorzugte Format für die Darstellung der Struktur der VPs hängt vom Zweck der Designer oder der Back-End-Tools ab, die die Ergebnisse für weitere Analysen verwenden können. Da wir eine generische Darstellung dieser Informationen wünschen, haben wir uns dafür entschieden, alle aus dem Modell extrahierten Informationen in einem XML-Dokument zu speichern. Das XML-Format kann von zukünftigen Werkzeugen, die das Ergebnis unserer Analyse verwenden können, leicht gelesen und geparst werden, während es gleichzeitig den Designern eine strukturelle Darstellung der Designarchitektur bietet.

Die Struktur eines gegebenen VP-Modells wird in zwei Schritten extrahiert: (1) während der statischen Analyse in der ersten Phase der vorgeschlagenen Ansätze (Abb. 3.5 und 3.10) einschließlich

- den Stammnamen und den Typ jedes Moduls (gemäß dem TLM-2.0-Referenzhandbuch für TLM-Module kann der Typ eines Moduls Initiator, Interconnect oder Target sein. Dies wird durch die Analyse des Sockeltyps festgestellt),
- den Namen und den Typ der einzelnen Funktionen,
- die Variablen der einzelnen Module und
- lokale Variablen der einzelnen Funktionen

und (2) in der zweiten Phase der vorgeschlagenen Ansätze (Abb. 3.5 und 3.10) während der Ausführung der VP einschließlich

- den Instanznamen jedes Moduls und
- Bindungsinformationen von Signalen und Steckdosen.

Die aus beiden Schritten extrahierten Informationen werden miteinander verbunden, um eine vollständige Struktur des Entwurfs zu erstellen. Wie in Abb. 3.17 dargestellt, wird dies durch das Modul *Static Data Analyzer* durchgeführt. Das Wurzelelement des generierten XML-Dokuments ist der Name des VP-Modells. Die Struktur der VP selbst ist hierarchisch, wobei die ersten Kindelemente Module und globale Funktionen sind. Deren untergeordnete Elemente sind die jeweiligen Mitgliedsfunktionen und Attribute. Abb. 3.18 zeigt zum Beispiel einen Teil des generierten XML-Dokuments der *LT_AT_BUS* VP. Das Wurzelelement dieses XML-Dokuments ist der Name der VP (Zeile 1). Die Struktur der VP wird durch eine Reihe von Kindelementen des Wurzelelements identifiziert, die Module oder glo-

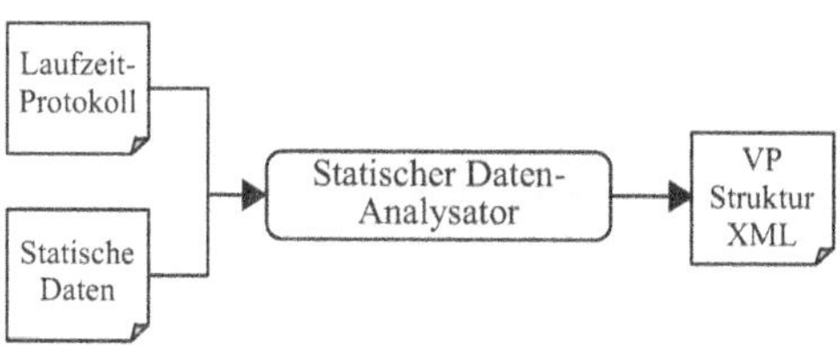


**Abb. 3.17** Überblick über den Ansatz der Strukturdarstellung der VPs

```
1 <TLM_Design_Architecture Design_name = "LT_AT_BUS">
2  ...
3  <Module_name name = "Target_A" type = "target">
4   <Function name = "send_response" type="void">
5    <Local_var name = "trans" type = "tlm_generic_payload"/>
6    <Local_var name = "status" type = "tlm::tlm_sync_enum"/>
7    <Local_var name = "bw_phase" type = "tlm_phase"/>
8    <Local_var name = "delay" type = "sc_time"/>
9   </Function_name>
10   ...
11   <Global_var name = "response_in_progress" type = "bool"/>
12   <Global_var name = "n_trans" type = "int"/>
13   <Global_var name = "socket" \
14   type="tlm_utils::simple_target_socket"/>
15  ...
16 </TLM_Design_Architecture>
```

**Abb. 3.18** Ein Teil der strukturellen Darstellung des *LT_AT_BUS* VP

bale Funktionen sind (Zeile 3). Die untergeordneten Elemente jedes Moduls oder jeder globalen Funktion sind ihre jeweiligen Mitgliedsfunktionen und Attribute (Zeilen 4–14).

### *3.5.2 Präsentation des VP-Verhaltens*

Die von den Ansätzen zur Informationsextraktion (entweder debugger- oder compilerbasiert) erzeugte Laufzeitprotokolldatei (Abb. 3.19) enthält ungeordnete Informationen über das Verhalten der VPs. Da die Informationen in der Reihenfolge der Ausführung gespeichert werden, überschneiden sich Transaktionen (oder Werte von Signalen und Variablen) in dieser Protokolldatei, da Methoden- oder Funktionsaufrufe im Zusammenhang mit einer bestimmten Aufgabe zu verschiedenen Zeitpunkten ausgeführt werden können. Um das Verhalten jeder einzelnen Transaktion (oder des Wertes einer Variablen) darzustellen, muss dieser große Datensatz in Sätze aufgeteilt werden, die sich jeweils auf eine einzige bestimmte Transaktion (oder Variable) beziehen.

#### 3.5.2.1 Darstellung des Verhaltens für SystemC-Entwürfe

Eine der gängigen Lösungen zur Verfolgung des Simulationsverhaltens von zyklusgenauen Designs (z. B. Systeme, die auf der RTL-Ebene mit Verilog oder VHDL modelliert wurden) ist die Verwendung von VCD-Dateien. Um den Wert von SystemC-Signalen darzustellen, verwendet die Standard-SystemC-API das VCD-Format für die zyklusgenauen Modelle. Die SystemC-API verwendet die SystemC δ-Zyklusvorstellung als kleinsten Zeitschritt, um Änderungen an jedem Signal in der VCD-Datei zu unterscheiden. Dies kann zu einer geringeren Präzi-

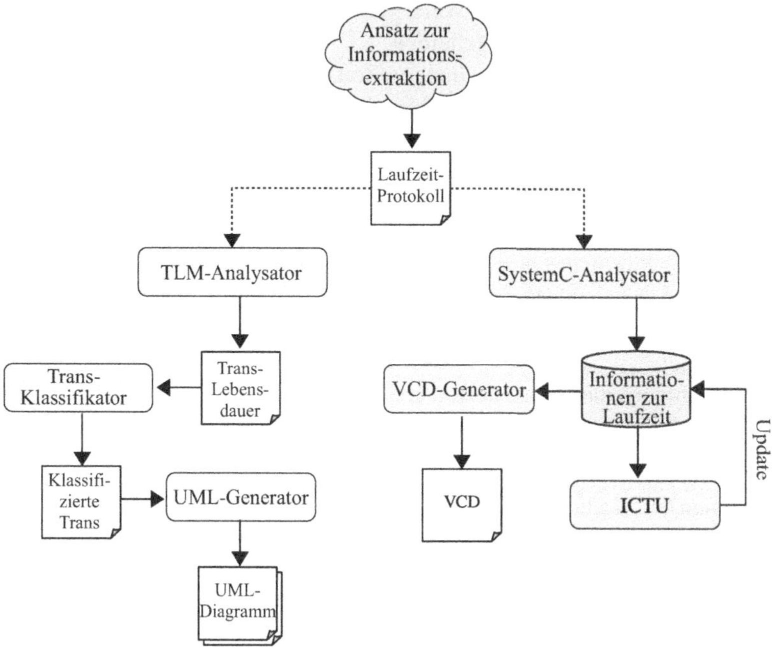


**Abb. 3.19** Überblick über den Ansatz der Verhaltenspräsentation der VPs

sion für Variablen des Basistyps führen. Da wir in den vorgeschlagenen Ansätzen GDB als Ausführungsumgebung oder Clang zur Änderung des Quellcodes nutzen, ist die Genauigkeit der Informationsextraktion C++ Anweisungen (nicht nur SystemC-Primitive). Somit ist der kleinste Zeitschritt zur Unterscheidung von Zuweisungen eine C++-Anweisung. Dies erhöht (potenziell) die Genauigkeit der Verfolgung von Wertänderungen in der Reihenfolge ihres Auftretens, während sie immer noch in den Kontext der aktuellen Simulationszeit gesetzt werden. Wir nennen dieses Verhalten von Werten innerhalb eines einzigen δ-Zyklus das *Intra-Zyklus-Verhalten*.

Die Intra-Cycle-Verhaltensanalyse kann den Entwurfsprozess erleichtern, z. B. bei der Fehlersuche, wenn ein C++-Datentyp durch einige falsche Berechnungen geändert und dann auf der rechten Seite verwendet wird, um einem SystemC-Signal zugewiesen zu werden. Während die herkömmliche VCD-Datei nur den Endwert des Signals in jedem δ-Zyklus anzeigt, ermöglicht die Intra-Cycle-Verhaltensanalyse den Entwicklern, alle zwischenzeitlichen Änderungen der lokalen Variablen innerhalb des δ-Zyklus zu verfolgen. Dies kann den Entwicklern helfen, den genauen Punkt des Fehlers zu erkennen.

Wie in Abb. 3.19 dargestellt, werden die abgerufenen Informationen zunächst vom Modul *SystemC Analyzer* in einer internen Datenstruktur gespeichert, wobei jeder Simulationszeitstempel als Zeiteinheit betrachtet wird, in der der Zustand der Variablen, der zu diesem Zeitpunkt extrahiert wurde, gespeichert wird. Zweitens werden die *Laufzeitinformationen* durch das Modul *Intra-Cycle Time*

*Unit (ICTU)* verarbeitet, um die Werte der Variablen innerhalb eines einzelnen Simulationszeitpunkts zu unterscheiden.

Um alle Ereignisse auf einer einzigen Zeitachse darzustellen, werden die Zuweisungen jedes einzelnen Zeitpunkts in der Simulationszeit nach ihrer Ausführungsreihenfolge $o$ sortiert und der Wert $o \cdot \mu_t$ zu ihren ursprünglichen Zeitstempeln hinzugefügt. Der Wert $\mu_t$ wird also zur Unterscheidung der einzelnen Aufgaben verwendet. Er sollte viel kleiner sein als der kleinste Schritt in der Simulationszeit, damit alle Aufgaben vor dem nächsten „großen" Simulationszeitschritt angezeigt werden. Der Parameter $\mu_t$ bezieht sich daher auf die maximale Summe der Anzahl der Wertänderungen von Variablen in einer Zeiteinheit unter allen Zeiteinheiten, wie in Algorithmus 3.1 dargestellt, und wird automatisch berechnet.

Schließlich wird die aktualisierte Version der *Laufzeitinformationen* verwendet, um mit dem Modul *Generate VCD* eine VCD-Datei mit dem Verhalten des Entwurfs zu erzeugen. Die generierte Datei enthält:

- die Namen der Module, ihrer Instanzen und der globalen Funktionen in Form des *Signal Search Tree* (SST),
- den Zustand der Variablen des Entwurfs nach der Simulation und
- der Wert jeder Variablen, der während der Laufzeit in Form einer Wellenform im Verhältnis zur Simulationszeit zugewiesen wird.

```
Data: Design specification VP_fs
Result: Functional properties FP to validate connection paths in SAP
L_trg ← extracting all target modules of VP from VP_fs;
i ← 0;
FP ← ∅;
foreach target TM of initiator module IM in VP_fs do
    FTL_IM ← L_trg − TM;
    foreach target T in FTL_IM do
        foreach transaction type TT in L_TT do
            p_i ← (IM, T, TT);
            add(FP, p_i);
            i ← i + 1;
        end
    end
    FTT_IM ← L_TT − TT_IM;
    foreach target TM in TL do
        foreach transaction type tt in FTT_IM do
            p_i ← (IM, TM, tt);
            add(FP, p_i);
            i ← i + 1;
        end
    end
end
```

**Algorithmus 3.1** ICTU-Aktualisierungsprozess

#### 3.5.2.2 Verhaltenspräsentation für TLM-Entwürfe

Da die extrahierten Informationen zu jeder Transaktion über die Laufzeitprotokolldatei verstreut sind, ist ein Informationsanalyseansatz erforderlich, um die Komplexität des Verständnisses der extrahierten Informationen zu reduzieren.

Der erste Schritt dieser Analyse besteht darin, jede extrahierte Transaktion anhand ihres Ablaufs, ihrer Daten und ihres Typs während ihrer Lebensdauer zu beschreiben. Dies erfordert eine Isolierung jeder einzelnen Transaktion und ihrer entsprechenden Informationen von anderen Transaktionen. Um eine einzelne Transaktion in der Laufzeitprotokolldatei verfolgen zu können, werden die Transaktionen anhand einiger eindeutiger Elemente getrennt. Das Schlüsselelement für diese Isolierung ist die Transaktionsreferenzadresse. Wir machen uns die TLM-2.0-Regel aus [5] zunutze: Ein Transaktionsobjekt wird als Funktionsargument an eine Methode übergeben, die eine der vorgegebenen Kommunikationsschnittstellen (*b-transport* oder *nb-transport*) mit einer Referenzadresse implementiert (call by reference). Die Referenzadresse eines Transaktionsobjekts bleibt von seiner Erzeugung bis zu seiner Zerstörung (d. h. während seiner Lebensdauer) konstant. Bei Transaktionen, die von verschiedenen TLM-Initiatormodulen generiert werden, kann die Referenzadresse von Transaktionen dazu verwendet werden, Informationen zu isolieren, die sich auf jede dieser Transaktionen beziehen. Daher wird diese Referenzadresse als *Transaktions-ID* verwendet, die der Hauptschlüssel ist, um eine Transaktion (und damit verbundene Informationen zum Aufbau ihrer Lebensdauer) unter anderen Transaktionen im Simulationsprotokoll eines TLM-Designs zu verfolgen.

Neben der Transaktionsreferenzadresse (die als *Transaktions-ID* betrachtet wird) werden einige Attribute eines Transaktionsobjekts (z. B. Antwortstatus) sowie andere damit zusammenhängende Elemente (z. B. der Wert des Phasenarguments beim Aufruf und bei der Rückkehr aus der nb-transport-Funktion sowie der Rückgabewert der Funktion) genutzt, um den Start- und Endpunkt der Transaktion zu bestimmen. Das Phasenargument stellt den aktuellen Zustand eines Moduls in Bezug auf den TLM-2.0-Basisprotokoll-Zustandsautomaten des Phasenübergangs dar. Diese Information wird als *transaktionsbezogene Information* bezeichnet.

Wie in Abb. 3.19 dargestellt, erhält das *TLM* Analyzer-Modul das *Laufzeitprotokoll* als Eingabe. Es extrahiert die erforderlichen Informationen für jede einzelne Transaktion, um die Aktivität innerhalb ihrer Lebensdauer zu beschreiben, und speichert sie in der Datei *Trans lifetime*. Diese Daten sind eine genaue Nachverfolgung des Verhaltens jeder Transaktion, die alle Änderungen der Transaktionsdaten während der Ausführung des Modells umfasst. Abb. 3.20 zeigt einen Teil der generierten *Trans-Lifetime* des LT_AT_BUS-Designs.

Da es möglich ist, dass viele der extrahierten Transaktionen in *Trans Lifetime* den gleichen Ablauf und Typ haben (nur ihre Daten sind unterschiedlich), ist ein weiterer Analyseschritt erforderlich, um nur diejenigen zu visualisieren, die ein eindeutiges Verhalten aufweisen. Auf diese Weise wird die Anzahl der generierten UML-Diagramme effektiv reduziert, so dass Designer das Verhalten eines bestimmten TLM-2.0-Designs schnell verstehen können.

```
transID_number :0x7054f0_1
...
([Target_A::nb_transport_fw, trgA\
,target_a.cpp:74, 0 ns, 0x7054f0\
,target], [0x6bc660, 100, tlm::TLM_READ_COMMAND\
,4, tlm::TLM_OK_RESPONSE, BEGIN_REQ, 4565 ps\
,NULL], [])
...
transID_number :0x7078f0_1
...
([LT_AT_BUS::nb_transport_fw, bus_0\
,LT_AT_BUS.cpp:196, 6397 ns, 0x7078f0\
,interconnect], [0x6c9dc4, 232, tlm::TLM_WRITE_COMMAND\
,4, tlm::TLM_OK_RESPONSE, END_RESP, 243 ps\
,tlm::TLM_COMPLETED], [])
...
```

**Abb. 3.20** Ein Teil der *Trans Lifetime* des *LT_AT_BUS* VP

**Klassifizierung von Transaktionen**
Die Klassifizierung der Transaktionen erfolgt auf zwei Ebenen:

- Erstens, auf der Grundlage des Transaktionsflusses, der den Entwicklern eine abstrakte Sichtweise bietet. Im Wesentlichen werden Transaktionen auf der Grundlage unterschiedlicher Kommunikationsmuster in Bezug auf die TLM-Module, die an ihrer Lebensdauer beteiligt sind, unterschieden.
- Zweitens, basierend auf dem Transaktionstyp, der den Entwicklern eine genaue Analyse des Transaktionstyps bietet, den verschiedene TLM-Module zur Kommunikation verwenden.

Um die Transaktionen auf der Grundlage ihres Ablaufs zu klassifizieren, wird die *Trans* Lifetime-Datei vom Modul *Trans Classifier* analysiert. Diese Analyse erfolgt durch die Erstellung eines *Communication Pattern String* (CPS) für jede in der *Trans Lifetime* gespeicherte Transaktionsdauer. Für eine bestimmte Transaktion ist der CPS eine Zeichenkette, die durch Verkettung der Stamm- und Instanznamen aller Module, die an der Transaktionsdauer beteiligt sind, erzeugt wird. Beispielsweise lautet das CPS für die Transaktionen, die vom *Initiator_A* (Abb. 3.1) für den Zugriff auf den *Speicher_A* über den *LT_AT_BUS* erzeugt werden, „*Initiator_A:init_0 + LT_AT_BUS:bus_0 + Speicher_A:trgA*“. Auf diese Weise werden die Transaktionen während der *Trans-Lebensdauer* in mehrere Untergruppen eingeteilt, die als *Unique Flow Group* (UFG) bezeichnet werden, wobei jede Gruppe einen eindeutigen Fluss (Kommunikationsmuster) aufweist.

Der nächste Schritt bei der Klassifizierung der Transaktionen ist die Durchführung einer Analyse des Transaktionstyps in jeder UFG. Für jede Transaktion einer UFG wird zunächst der Typ des Zeitmodells (LT oder AT) auf der Grundlage des Typs der Kommunikationsschnittstelle ermittelt. Durch die Identifizierung der Arten von Kommunikationsschnittstellen (blockierend oder nicht-blockierend) in jeder Transaktionslebensdauer wird der Typ des Zeitmodells extrahiert, der entweder LT, AT oder eine Kombination aus beiden ist. Während das LT-Modell aufgrund des

TLM-2.0-Basisprotokolls nur auf eine Weise implementiert werden kann, erfordert das AT-Modell eine weitere Analyse, da es auf 13 verschiedene Arten implementiert werden kann (siehe Tab. 2.1).

Im Falle des AT-Modells nutzen wir die transaktionsbezogenen Parameter, um verschiedene Arten von Basisprotokolltransaktionen in jeder Gruppe zu unterscheiden. Zu diesem Zweck wird für die Lebensdauer jeder Transaktion des AT-Modells in einer eindeutigen Kommunikationsgruppe ein *Transaction Type String* (TTS) erzeugt. Der TTS enthält eine Verkettung der Kommunikationsschnittstelle(n), des/der Rückgabestatus(s) und der Übergangsphase(n) einer AT-Modelltransaktion. Beispielsweise lautet das TTS des Transaktionstyps $T_2$ (Tab. 2.1), der vom Modul *Initiator_A* (Abb. 3.1) erzeugt wird, „*fw + TU/TC + BRQ/BRP/ERP*“. Daher wird jede UFG in mehrere Untergruppen unterteilt, wobei jede Gruppe der Transaktionen den gleichen TTS hat. Die endgültigen Klassifizierungsergebnisse werden vom Modul „*Trans Classifier*“ in der „*Classified Trans*“ gespeichert.

Um schließlich die Komplexität des Verständnisses der extrahierten und in der *Classified Trans* gespeicherten Informationen zu verringern, wird das UML-Diagramm mit dem Modul *Generate UML* für eine Transaktion in jeder UFG generiert, die einen eindeutigen Typ hat. Bei dem generierten UML-Diagramm handelt es sich um ein Nachrichtensequenzdiagramm, das im OSCI TLM-2.0 Referenzhandbuch in [5] vorgestellt wird, jedoch detailliertere Informationen liefert. Es beschreibt den Transaktionsfluss zwischen der Kommunikation der Module für jede einzelne Transaktion innerhalb des Entwurfs. Es umfasst auch die Transaktionsdaten (d. h. die letzten Änderungen der Transaktionsdaten und nicht alle temporären Änderungen), die zwischen den Modulen während ihrer Interaktionen weitergegeben werden. Das UML-Modell enthält insbesondere eine Reihe von Sequenznummern, die sowohl den Transaktionsfluss als auch die Transaktionsdaten während ihrer Lebensdauer angeben, wie zumBeispiel Tab. 3.2, in der die Ergebnisse der Transaktionsklassifizierung in Bezug auf die VP *LT_AT_BUS* dargestellt werden. Sie zeigt, dass die VP sechs verschiedene Kommunikationsflüsse, vier verschiedene Transaktionstypen und insgesamt sieben eindeutige Fluss- und Typmuster aufweist. Daher werden sieben UML-Diagramme erstellt, um das Simulationsverhalten der VP darzustellen. Abb. 3.21 zeigt das UML-Diagramm einer extrahierten Transaktion vom Typ $T_0$, die vom Initiatormodul *Initiator_A* erzeugt wurde. Die schwarzen Formen stellen die Stamm- und Instanznamen der Module innerhalb des Entwurfs

**Tab. 3.2** Die Ergebnisse der Transaktionsklassifizierung des *LT_AT_BUS* VP

| Nummer | Durchfluss | Module | Art des Vorgangs |
|---|---|---|---|
| 1 | $F_1$ | Initiator_A→LT_AT_BUS→Speicher_A | $T_0$ |
| 2 | $F_1$ | Initiator_A→LT_AT_BUS→Speicher_A | $T_4$ |
| 3 | $F_2$ | Initiator_A→LT_AT_BUS→Speicher_B | $T_1$ |
| 4 | $F_3$ | Initiator_A→LT_AT_BUS→Speicher_C | $T_2$ |
| 5 | $F_4$ | Initiator_B→LT_AT_BUS→Speicher_A | $T_3$ |
| 6 | $F_5$ | Initiator_B→LT_AT_BUS→Speicher_B | $T_3$ |
| 7 | $F_6$ | Initiator_B→LT_AT_BUS→Speicher_C | $T_3$ |

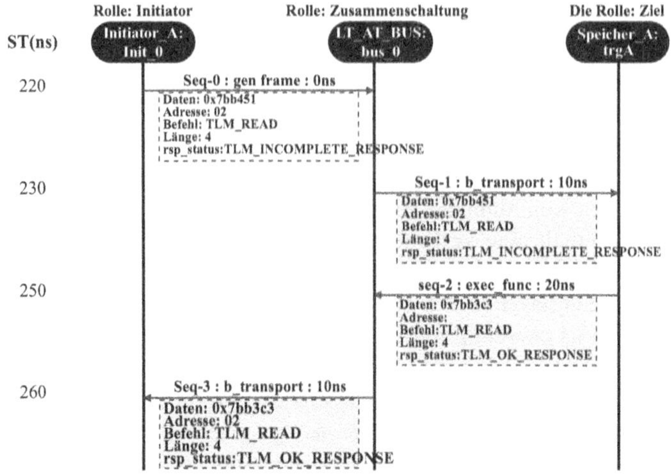


**Abb. 3.21** UML-Diagramm zu einer Transaktion des Typen $T_0$ des *LT_AT_BUS* VP

dar. Die Rolle (Typ) jedes Moduls wird über dem Namen des Moduls angezeigt. Die Informationen auf jedem Pfeil zeigen die Interaktion zwischen zwei Modulen, die vom Aufrufer zum Aufrufer im Laufe der Simulationszeit gezogen werden. Insbesondere werden für einen Aufruf von einer Instanz eines TLM-Moduls die Nummer der Sequenz, der Name der aufrufenden Funktion und eine Zeitangabe angezeigt. Außerdem enthält das generierte UML-Modell detaillierte Transaktionsdaten. Das Kästchen unter jedem Pfeil weist die Attribute der Transaktion auf, die als Argument vom Aufrufer an den Aufrufer weitergegeben werden. Die weißen Kästchen stellen ein lokales Transaktionsobjekt dar, während die blauen Kästchen ein Transaktionsobjekt zeigen, das den Aufrufer über einen Funktionsaufruf erreicht. *Seq-2* in Abb. 3.21 enthält zum Beispiel die Informationen über die Antwort des Zielmoduls *Memory_A*. Bei diesen Informationen handelt es sich um den Namen der aufgerufenen Funktion (*exec_func*) und die Zeitangabe (*20 ns*). Sie enthält auch die Transaktionsdaten, die an das aufgerufene Modul (*LT_AT_BUS*) übergeben wurden, einschließlich der Referenzadresse der Transaktion (*0x7bb3c3*), Adresse (*Ox09*), Befehl (*tlm::TLM_READ*), Länge (*4*) und Antwortstatus (*tlm::TLM_OK_RESPONSE*).

## 3.5.3 Designer-Interaktion für optimierte Übersetzung

Um einen besseren Überblick über das Verhalten und die Struktur eines gegebenen ESL-Entwurfs zu erhalten, bietet die aktuelle Implementierung mehrere Konfigurationsoptionen für Designer. Die extrahierten Informationen des Entwurfs können anhand der folgenden Parameter gefiltert werden:

- Arten von Variablen: Die erzeugte VCD-Datei ist nur für die Anzeige von Signalen von Modulen, lokalen Variablen von Modulfunktionen oder Variablen von globalen Funktionen optimiert,
- Informationstiefe: Die generierte VCD-Datei kann das *Intra-Cycle-Verhalten* ausschließen (was zu einer eher „klassischen" SystemC-Spur führt, die nur Werte verfolgt, wenn die Simulationszeit fortschreitet),
- Zeitfenster: Die erzeugte VCD zeigt nur die Informationen aus einem bestimmten Simulationszeitraum, und
- Hierarchietiefe: Das generierte XML-Modell ist so optimiert, dass es nur die Informationen der Module (und auch deren Mitgliedsfunktionen und Variablen) enthält.

Im Falle von SystemC TLM-2.0-Entwürfen kann das generierte UML-Modell nur die Abfolge der Aktivitäten bestimmter Module zeigen oder auch die Daten der Transaktionen enthalten. Diese Funktion ermöglicht es Designern, sich nur auf die interessanten Punkte im Entwurf zu konzentrieren, indem sie alle irrelevanten Informationen herausfiltern. Außerdem wird durch die Reduzierung der übersetzten Informationen die Lesbarkeit der generierten UML-, VCD- oder XML-Dateien verbessert.

## 3.6 Experimentelle Auswertung

In diesem Abschnitt werden die experimentellen Ergebnisse vorgestellt, die mit den beiden in diesem Kapitel vorgeschlagenen Ansätzen erzielt wurden. Mehrere Standard-ESL-VPs aus verschiedenen Bereichen wurden verwendet, um die Qualität der vorgeschlagenen Ansätze zu bewerten. Die experimentelle Bewertung erfolgt in zwei Schritten, die im Folgenden dargestellt werden. Zunächst wird die Qualität der vorgeschlagenen Ansätze zur Extraktion der erforderlichen Informationen aus den zyklusgenauen SystemC- und TLM-2.0-VP-Modellen in Abschn. 3.6.1 dargestellt. Um zu demonstrieren, wie die Struktur und das Verhalten von SystemC VPs basierend auf den extrahierten Informationen visualisiert werden, werden zwei Fallstudien, *RISC-CPU* (implementiert in SystemC zyklusgenauem Modell) [1] und *AT-Beispiel* (implementiert in SystemC TLM-2.0) [6], detailliert diskutiert. Zweitens geben wir eine kurze Diskussion auf der Grundlage der erzielten Ergebnisse zur Bewertung der Eigenschaften, der Leistung und des Speicherverbrauchs der vorgeschlagenen Ansätze in Abschn. 3.6.2.

Die Experimente werden auf einem PC durchgeführt, der mit 8 GB RAM und einer Intel Core i7 CPU mit 2,4 GHz ausgestattet ist.

### 3.6.1 Fallstudien

Dieser Abschnitt zeigt die experimentellen Ergebnisse der Anwendung der vorgeschlagenen Ansätze für jeden Typ von SystemC-VPs. Die detaillierte Analyse der zyklusgenauen SystemC- und TLM-2.0-VP-Modelle wird in den Abschn. 3.6.1.1 bzw. 3.6.1.2 dargestellt.

#### 3.6.1.1 SystemC zyklusgenaue VPs

Die in Tab. 3.3 dargestellten SystemC VPs sind den Standarddesigns entnommen, die von OSCI [1], S2CBench [97], GitHub [30, 86] und der University of Edinburgh [54] bereitgestellt werden. In dieser Tabelle veranschaulicht die Spalte *Testgröße* die Größe der Anwendung, die auf jedem Design läuft. Die Spalten *SystemC Model*, *LoC*, *Comp* und *Test* zeigen die Namen der Entwürfe, die Codezeilen, die Anzahl der Module und die Anzahl der Tests, die für jeden Entwurf gelten. Wir haben die Ergebnisse unserer vorgeschlagenen Ansätze mit der SystemC Trace API in Bezug auf zwei wichtige Parameter verglichen, die für die Analyse von zyklusgenauen VP-Modellen in SystemC erforderlich sind. Diese Parameter sind die Anzahl der Variablen #Variable, die während der Ausführungszeit verfolgt werden, und die Anzahl der extrahierten Zeiteinheiten #TimeUnit.

Wie in Tab. 3.3 zu sehen ist, ist die Anzahl der getrackten Variablen und Zeiteinheiten für alle Fallstudien der vorgeschlagenen Ansätze gleich oder viel höher als die, die über die SystemC-Trace-API getrackt werden. Der Parameter #TimeUnit repräsentiert Wertänderungen von Variablen. Diese Parameter veranschaulichen die Genauigkeit unserer Ansätze zur Extraktion des detaillierten Verhaltens eines SystemC-Designs. Dieser Unterschied in der Menge der aufgezeichneten Daten spiegelt einen bedeutenden Vorteil der vorgeschlagenen Ansätze wider, da sie es Designern ermöglichen, Wertänderungen sowohl für globale als auch für lokale native Variablen (die die primitiven Datentypen von SystemC haben) oder zusammengesetzte Datentypen (die unter Verwendung der primitiven Datentypen der Programmiersprache konstruiert werden können) aufzuzeichnen. Die vorgeschlagenen Ansätze können Variablen verfolgen, unabhängig davon, ob sie auf dem Stack oder dem Heap platziert sind – nicht nur wenn die Simulationszeit fortschreitet, sondern auch bei allen Zuweisungen dazwischen. Darüber hinaus ist die Verwendung der SystemC-Trace-API zur Analyse des Verhaltens eines gegebenen SystemC-Modells eine intrusive Lösung. Sie erfordert weiteren Programmieraufwand für die Entwickler, um den Quellcode so zu ändern, dass er alle Variablen enthält, die verfolgt werden müssen. Für ein komplexes Design mit vielen Variablen kann dies eine zeitraubende Aufgabe sein.

Im Folgenden wird stellvertretend für die Analyse eines zyklusgenauen SystemC-Modells das Ergebnis der Analyse der RISC-CPU-VP, die mit beiden vorgeschlagenen Ansätzen gewonnen wurde, im Detail vorgestellt. Dies beinhaltet die Visualisierung der Struktur und des Laufzeitverhaltens der VP mit der Präzision des Intra-Zyklus-Verhaltens.

**Tab. 3.3** Experimentelle Ergebnisse in Bezug auf die Menge der extrahierten Informationen für alle zyklusgenauen SystemC-VP-Modelle

| | | | | | SystemC-Trace-API | | Compiler-basierter Ansatz | | Debugger-basierter Ansatz | |
|---|---|---|---|---|---|---|---|---|---|---|
| Testgröße | SystemC-Modell | LoC | #Komp | *Test | #Variable | #ZeitEinheit | #Variable | #ZeitEinheit | #Variable | #ZeitEinheit |
| Klein | 4-Bit-Schieberegister[a] | 135 | 2 | 50 | 3 | 29 | 12 | 54 | 12 | 54 |
| | FIR-Filter[b] | 233 | 5 | 30 | 6 | 24 | 23 | 504 | 23 | 504 |
| | 3-Stufen-Rohr[b] | 290 | 5 | 10 | 8 | 23 | 25 | 34 | 25 | 34 |
| | FFT_flpt[b] | 484 | 3 | 10 | 8 | 81 | 34 | 129 | 34 | 129 |
| | Cholesky[c] | 522 | 2 | 27 | 4 | 11 | 28 | 46 | 28 | 46 |
| | Hamming-Code[d] | 563 | 6 | 16 | 13 | 32 | 55 | 64 | 55 | 64 |
| | Interpolation[c] | 596 | 2 | 10 | 10 | 21 | 32 | 30 | 32 | 30 |
| | IDCT[c] | 815 | 2 | 100 | 9 | 205 | 27 | 206 | 27 | 206 |
| | VGA[c] | 856 | 6 | 100 | 9 | 59 | 37 | 239 | 37 | 239 |
| | Dezimierung[c] | 883 | 2 | 20 | 10 | 47 | 35 | 48 | 35 | 48 |
| | pkt-umschaltung[b] | 1020 | 10 | 50 | 14 | 93 | 332 | 5606 | 332 | 5606 |
| | MD5-Hash[c] | 1111 | 2 | 5 | 18 | 23 | 33 | 115 | 33 | 115 |
| | RISC-CPU[b] | 1960 | 10 | 10 | 89 | 37 | 299 | 121 | 299 | 121 |
| | Einfach-Bus[b] | 2100 | 7 | 10 | 10 | 359 | 32 | 852 | 32 | 852 |
| | AES128niedriger Bereich[c] | 3280 | 13 | 5 | 10 | 18 | 86 | 89 | 86 | 89 |
| | LZW-Encoder[c] | 5132 | 22 | 5 | 20 | 30 | 398 | 139 | 398 | 139 |
| Groß | 4-Bit-Schieberegister[a] | 135 | 2 | 150 | 3 | 78 | 12 | 142 | 12 | 142 |
| | FIR-Filter[b] | 233 | 5 | 150 | 6 | 66 | 23 | 2291 | 23 | 2291 |
| | 3-Stufen-Rohr[b] | 290 | 5 | 150 | 8 | 300 | 25 | 341 | 25 | 341 |
| | FFT_flpt[b] | 484 | 3 | 150 | 8 | 1465 | 34 | 5841 | 34 | 5841 |
| | Cholesky[c] | 522 | 2 | 108 | 4 | 29 | 28 | 429 | 28 | 429 |
| | Hamming-Code[d] | 563 | 6 | 128 | 13 | 256 | 55 | 512 | 55 | 512 |
| | Interpolation[c] | 596 | 2 | 104 | 10 | 205 | 32 | 295 | 32 | 295 |

(Fortsetzung)

**Tab. 3.3** (Fortsetzung)

| | | | | | SystemC-Trace-API | | Compiler-basierter Ansatz | | Debugger-basierter Ansatz | |
|---|---|---|---|---|---|---|---|---|---|---|
| Testgröße | SystemC-Modell | LoC | #Komp | *Test | #Variable | #ZeitEinheit | #Variable | #ZeitEinheit | #Variable | #ZeitEinheit |
| | IDCT[c] | 815 | 2 | 996 | 9 | 1997 | 27 | 1998 | 27 | 1998 |
| | VGA[c] | 856 | 6 | 1000 | 9 | 619 | 37 | 2005 | 37 | 2005 |
| | Dezimierung[c] | 883 | 2 | 215 | 10 | 437 | 35 | 438 | 35 | 438 |
| | pkt-umschaltung[b] | 1020 | 10 | 350 | 55 | 1723 | 332 | 19.559 | 332 | 19.559 |
| | MD5-Hash[d] | 1111 | 2 | 50 | 18 | 66 | 33 | 307 | 33 | 307 |
| | RISC-CPU[b] | 1960 | 10 | 150 | 89 | 137 | 299 | 368 | 299 | 368 |
| | Einfach-Bus[b] | 2100 | 7 | 100 | 10 | 4506 | 32 | 9767 | 32 | 9767 |
| | AES128niedrigerBereich[c] | 3280 | 13 | 50 | 10 | 110 | 86 | 397 | 86 | 397 |
| | LZW-Encoder[e] | 5132 | 22 | 50 | 20 | 290 | 398 | 529 | 398 | 529 |

*LoC* Codezeile, *#Comp* Anzahl der Komponenten
[a]Zur Verfügung gestellt von der Universität von Edinburgh [54]
[b]Zur Verfügung gestellt von OSCI [1]
[c]Zur Verfügung gestellt von Schafer und Mahapatra [97]
[d]Zur Verfügung gestellt von GitHub [30]
[e]Zur Verfügung gestellt von orahyn [86]

**RISC-CPU**

Der RISC-CPU-Entwurf ist ein Standard-OSCI-Beispiel für die Implementierung einer CPU in SystemC mit zehn verschiedenen Modulen. Der Befehlssatz basiert auf kommerziellen RISC-Prozessoren zusammen mit MMX-ähnlichen Befehlen für DSP-Programme. Er besteht aus mehr als 39 Befehlen, wie z. B. Arithmetik, Logik, Verzweigung, Gleitkomma und SIMD (MMX-ähnlich). Um das Intra-Zyklus-Verhalten zu zeigen, haben wir das exec-Modul durch Hinzufügen einer kombinatorischen Funktion zur Berechnung der *Fakultät* der dina-Eingabe modifiziert. Die faktorielle Funktion wurde als beispielhafter Hardware-Beschleuniger hinzugefügt, der die faktorielle Berechnung in einem einzigen Taktzyklus durchführt. Die Integration solcher Beschleuniger ist ein gängiger Ansatz, um die Leistung für eine bestimmte Aufgabe zu steigern. Abb. 3.22 zeigt einen Teil der generierten VCD-Datei des RISC-CPU-Systems. Die abgerufenen Struktur- und Verhaltensinformationen des Entwurfs sind in dieser Abbildung in vier Teilen dargestellt.

1. Es zeigt eine grundlegende Hierarchie des RISC-CPU-Entwurfs in Form des *Signal Search Tree* (SST). Er enthält die Namen der Module und ihrer Instanzen sowie die globalen Funktionen (z. B. die scmain-Funktion in diesem Beispiel). So hat z. B. das exec-Modul nur eine Instanz im RISC-CPU-Entwurf, nämlich *EXEC_BLOCK*.
2. Sie veranschaulicht den Zustand der Variablen des Entwurfs nach der Simulation. Jede Variable wird anhand ihrer hierarchischen Struktur identifiziert, die aus dem Namen des Stammmoduls, dem Namen der Funktion (für lokale Variablen), dem Namen der Variablen und dem Instanznamen des Stammmoduls besteht. Der Ausdruck *exec_-_dina.read()_-_EXEC_BLOCK* zeigt, dass die Instanz *EXEC_BLOCK* des Moduls *exec* ein Signal *dina* hat. Auf den Wert dieses Signals (hier: acht) wird mit der Memberfunktion *read()* des Typs zugegriffen. Der Ausdruck *exec.factorial_-_factor_tmp_-_EXEC_BLOCK* veranschaulicht, dass die Funktion *factorial* der Instanz *EXEC_BLOCK* des Moduls *exec* eine lokale Variable *factor_tmp* besitzt. Der Wert dieses Signals ist 40.320.

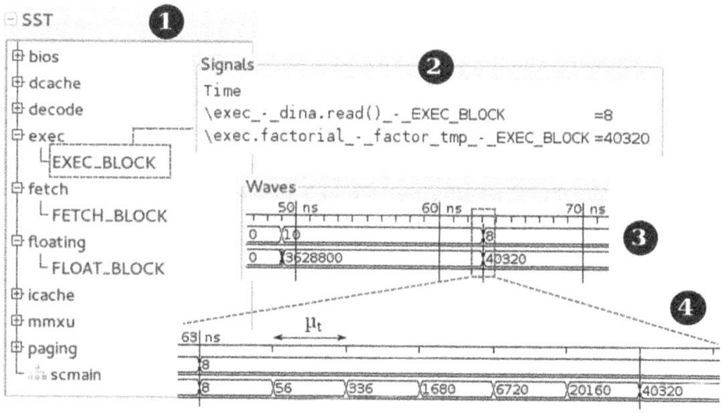


**Abb. 3.22** Ein Teil der generierten VCD-Datei der RISC-CPU VP

3. Sie zeigt den Wert jeder Variablen in Form einer Wellenform in Abhängigkeit von der Simulationszeit.
4. Es wird die intrazyklische Information aufgezeigt, indem dargestellt wird, wie neue, kleine Zeitschritte die Erhöhung einer Variablen innerhalb eines einzelnen SystemC-δ-Zyklus veranschaulichen. In diesem Beispiel wird dem Eingangssignal *dina* zur Zeiteinheit $t = 63$ ns der Wert 8 zugewiesen, so dass die kombinatorische Funktion *factorial* zur Berechnung von 8! Aufgerufen wird. Die Berechnung erfolgt durch eine *for-Schleife*, in der die lokale Variable *factor_tmp* definiert ist, um die Teilwerte der Fakultät des Eingangssignals *dina* in jeder Iteration zu speichern. Da die gesamte Berechnung in einem einzigen SystemC-δ-Zyklus durchgeführt wird, werden diese temporären Änderungen durch die Analyse des Verhaltens innerhalb eines Zyklus erfasst. Die *dynamische Information* wird vom ICTU-Modul auf der Grundlage von Algorithmus 3.1 analysiert, um alle temporären Änderungen in einer einzigen Zeiteinheit zu erfassen. Da die maximale Anzahl von Zuweisungen innerhalb jedes Simulationszeitschritts $max = 100$ und die Simulationszeitskala $ts = 1$ ns beträgt, ist der kleinste Schritt innerhalb einer einzelnen Zeiteinheit $\mu_t = \frac{ts}{max} = 10$ ps. Dies ermöglicht es den vorgeschlagenen Ansätzen, alle Wertänderungen (auch temporäre) zu speichern.

#### 3.6.1.2 SystemC TLM-2.0 VPs

Die SystemC TLM-2.0 VPs in Tab. 3.4 sind das Standarddesign von Doulos [6] und [101]. Die Spalten *Test size* und *TLM Model* zeigen die Größe der Anwendung, die auf jedem VP läuft, bzw. den Namen des jeweiligen SystemC TLM-2.0-Designs. Die Spalten *LoC*, *#Comp* und *#TM* zeigen die Komplexität und den Unterschied der einzelnen Entwürfe in Bezug auf die Codezeilen, die Anzahl der Komponenten bzw. das Timing-Modell. Die Spalte *#Trans* zeigt die Anzahl der Transaktionen, die in jedem Entwurf extrahiert werden. Für beide vorgeschlagenen Ansätze zeigen die Spalten *#Uflow*, *#Utype* und *#UML* die Anzahl der eindeutigen Flüsse, den Typ der Transaktionen (*T*) bzw. die generierten UML-Diagramme (*UML*). Wie in der Tabelle zu sehen ist, liefern sowohl die Debugger- als auch die Compiler-basierten Ansätze den Designern die gleiche Anzahl von extrahierten Transaktionsflüssen und -typen. Außerdem erzeugt die Visualisierungsphase bei beiden Ansätzen die gleiche Anzahl von UML-Diagrammen. Das bedeutet, dass die vorgeschlagenen Ansätze die gleiche Genauigkeit bei der Verfolgung des detaillierten Verhaltens von TLM-VPs haben und die Komplexität des Verständnisses dieses Verhaltens durch die Erzeugung der gleichen Anzahl von UML-Diagrammen reduzieren. Ein weiterer wichtiger Punkt, der berücksichtigt werden muss, ist die Tatsache, dass die Anzahl der generierten UML-Diagramme mit den vorgeschlagenen Ansätzen sowohl für eine kleine als auch für eine große Anzahl von Transaktionen die gleiche ist. Das bedeutet, dass sie in der Lage sind, die redundanten Transaktionen herauszufiltern und nur diejenigen zu behalten, die für die Darstellung des einzigartigen Verhaltens einer bestimmten VP erforderlich sind. Dies kann den Aufwand der Designer, die Komplexität der VP zu verstehen, effektiv reduzieren. Um jedoch das vollständige

**Tab. 3.4** Experimentelle Ergebnisse in Bezug auf die Menge der extrahierten Informationen für alle SystemC TLM-2.0 VP Modelle

| | | | | | | Compiler-basierter Ansatz | | | Debugger-basierter Ansatz | | |
|---|---|---|---|---|---|---|---|---|---|---|---|
| Testgröße | TLM-Modell[a] | LoC | #Komps | TM | #Trans | #Uflow | #Utype | #DAS WAR'S. | #Uflow | #Utype | #DAS WAR'S. |
| Klein | LT-Beispiel[1] | 175 | 2 | LT | 16 | 1 | 1 | 1 | 1 | 1 | 1 |
| | Routing-Modell[1] | 456 | 6 | LT | 10 | 4 | 1 | 4 | 4 | 1 | 4 |
| | Beispiel-4[1] | 547 | 2 | AT | 10 | 1 | 4 | 4 | 1 | 4 | 4 |
| | Beispiel-5[1] | 650 | 7 | LT | 10 | 7 | 1 | 7 | 7 | 1 | 7 |
| | Beispiel-6[1] | 713 | 9 | AT | 20 | 16 | 2 | 16 | 16 | 2 | 16 |
| | AT-Beispiel[1] | 3410 | 19 | AT | 20 | 12 | 9 | 14 | 12 | 9 | 14 |
| | Verriegelung-zwei[1] | 4690 | 23 | LT/AT | 20 | 14 | 10 | 16 | 14 | 10 | 16 |
| | SoCRocket[2] | 50.000 | 20 | LT/AT | 100 | 19 | 8 | 21 | 19 | 8 | 21 |
| Groß | LT-Beispiel[1] | 175 | 2 | LT | 160 | 1 | 1 | 1 | 1 | 1 | 1 |
| | Routing-Modell[1] | 456 | 6 | LT | 100 | 4 | 1 | 4 | 4 | 1 | 4 |
| | Beispiel-4[1] | 547 | 2 | AT | 348 | 1 | 4 | 4 | 1 | 4 | 4 |
| | Beispiel-5[1] | 650 | 7 | LT | 69 | 7 | 1 | 7 | 7 | 1 | 7 |
| | Beispiel-6[1] | 713 | 9 | AT | 245 | 16 | 2 | 16 | 16 | 2 | 16 |
| | AT-Beispiel[1] | 3410 | 19 | A T | 49 | 12 | 9 | 14 | 12 | 9 | 14 |
| | Verriegelung-zwei[1] | 4690 | 23 | L T/AT | 371 | 14 | 10 | 16 | 14 | 10 | 16 |
| | SoCRocket[2] | 50.000 | 20 | L T/AT | 1000 | 19 | 8 | 21 | 19 | 8 | 21 |

*LoC* Codezeile, *TM* Zeitmodell, *#Trans*, Anzahl der Transaktionen, *#Uflow* Anzahl des eindeutigen Transaktionsflusses, *#Utype* Anzahl des eindeutigen Transaktionstyps, *#UML* Anzahl des generierten UML-Diagramms

[a]Bitte beachten Sie, dass die VP-Modelle geändert wurden, um eine größere Vielfalt an Transaktionsarten und -abläufen zu unterstützen als die ursprünglichen Modelle

[1]Zur Verfügung gestellt von Aynsley [6]

[2]Zur Verfügung gestellt von Schuster et al. [101]

Verhalten der VP (verschiedene Kommunikationsmuster und Transaktionstypen) genau zu visualisieren, muss die laufende Anwendung (Benchmark oder Software) verschiedene Module der VP ordnungsgemäß aktivieren, um alle Transaktionsflüsse und -typen abzudecken. Der obere Teil von Tab. 3.4 enthält beispielsweise einen kleinen Benchmark für jede VP, um die Mindestanzahl von Transaktionen zu generieren, die alle verschiedenen Kommunikationsmuster und Transaktionsarten der Module aktivieren.

Im Folgenden wird stellvertretend für die Analyse einer SystemC TLM-2.0 VP das Ergebnis der Analyse der AT-Beispiel-VP, die mit beiden vorgeschlagenen Ansätzen gewonnen wurde, im Detail vorgestellt.

**AT-Beispiel**

Die AT-Beispiel-VP verwendet acht der 13 im TLM-2.0-Basisprotokoll spezifizierten Transaktionsprotokolle. Die VP umfasst mehrere annähernd zeitgesteuerte (daher der Name des Modells) Initiatoren und Ziele sowie eine AT-Verbindung. Die Architektur des AT-Beispielentwurfs ist in Abb. 3.23 dargestellt. Es umfasst neunzehn Module: vier Initiatoren, eine Verbindung, fünf Ziele und neun Prüfer. Es besteht aus zwei verschiedenen Arten von Initiatoren, *AT-TypA-Initiator* und *AT-TypB-Initiator*, und fünf verschiedenen Zielen, *AT-TypA-Ziel* bis *AT-TypE-Ziel*. Initiatoren (Typ *A* und *B*) und Ziele (Typ *A*-*E*) implementieren jeweils verschiedene Fälle von Phasenübergängen einer TLM-Kommunikation (aus dem TLM-2.0-Standard). Für jede Kommunikation, die von jedem TLM-Modul durchgeführt wird, wird das Transaktionspaket von den Prüfmodulen (*BP-chkr-init0* bis *BP-chkr-trgt4*) geprüft.

Tab. 3.5 veranschaulicht das Ergebnis der Analyse des *AT-Beispiels* anhand der vorgeschlagenen Ansätze. Sie zeigt, dass die VP 12 verschiedene Kommunikationsflüsse, acht verschiedene Transaktionstypen und insgesamt 14 eindeutige Fluss- und Typmuster aufweist. Es werden also 14 UML-Diagramme erstellt, um das Simulationsverhalten der VP darzustellen. Dies hilft den Entwicklern zu verstehen, wie verschiedene Module miteinander kommunizieren und welcher Typ von Basisprotokolltransaktionen in einem bestimmten TLM-2.0-Modell implementiert ist. Anstatt mehr als 3000 Zeilen Code der VP, verteilt auf 11 Dateien, zu lesen, kann ein einfacher Blick auf die schnell generierten UML-Diagramme das Verständnis des Designs und den Analyseprozess erheblich erleichtern.

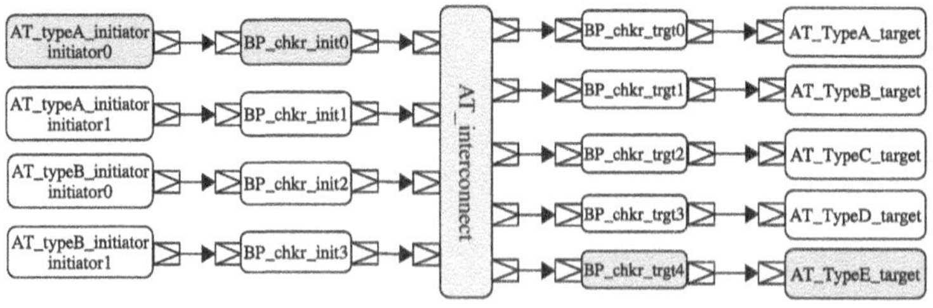


**Abb. 3.23** Die Architektur des *AT_example* VP

**Tab. 3.5** Das Ergebnis der Transaktionsklassifizierung des *AT_example* VP

| Nummer | Durchfluss | Module | Art des Vorgangs |
|---|---|---|---|
| 1 | $F_1$ | initA-init0→AT_intc→trgE-ins0 | $T_1$ |
| 2 | $F_1$ | initA-init0→AT_intc→trgE-ins0 | $T_2$ |
| 3 | $F_2$ | initA-init0→AT_intc→trgD-ins0 | $T_2$ |
| 4 | $F_3$ | initA-init1→AT_intc→trgC-ins0 | $T_9$ |
| 5 | $F_4$ | initA-init1→AT_intc→trgE-ins0 | $T_1$ |
| 6 | $F_5$ | initA-init1→AT_intc→trgD-ins0 | $T_2$ |
| 7 | $F_6$ | initB-init0→AT_intc→trgE-ins0 | $T_8$ |
| 8 | $F_7$ | initB-init0→AT_intc→trgB-ins0 | $T_5$ |
| 9 | $F_7$ | initB-init0→AT_intc→trgB-ins0 | $T_6$ |
| 10 | $F_8$ | initB-init1→AT_intc→trgA-ins0 | $T_{11}$ |
| 11 | $F_9$ | initB-init1→AT_intc→trgD-ins0 | $T_{13}$ |
| 12 | $F_{10}$ | initB-init1→AT_intc→trgE-ins0 | $T_8$ |
| 13 | $F_{11}$ | initB-init1→AT_intc→trgB-ins0 | $T_5$ |
| 14 | $F_{11}$ | initB-init1→AT_intc→trgB-ins0 | $T_6$ |

*initA-init0* AT_typeA_initiator-initiator0, *AT_intc* AT_interconnect, *trgE-ins0* AT_typeE_target-instance0

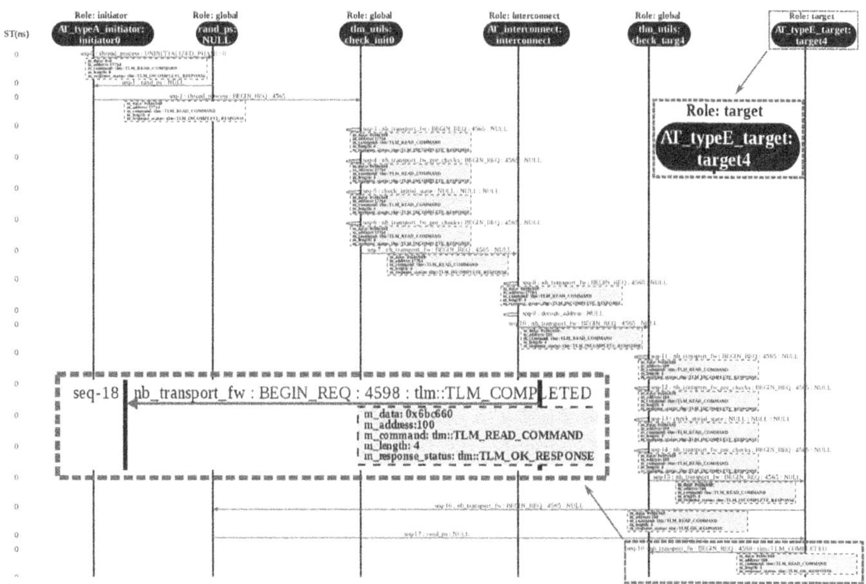


**Abb. 3.24** Ein Teil des generierten UML-Modells für das AT-Beispielverhalten mit detaillierten Transaktionsdaten

In Abb. 3.24 ist beispielsweise ein Teil der Verhaltensinformationen des *AT-Beispiels* (d. h. die graue Komponente in Abb. 3.23) für eine einzelne Transaktion in Form eines UML-Modells dargestellt. Für jede Interaktion zwischen zwei Modulen zeigt der entsprechende Pfeil beide an:

- Operationen, die auf einer Modulinstanz aufgerufen werden und
- Transaktionsdaten.

In dieser Abbildung veranschaulichen die schwarzen Stadienformen den Stammnamen und den Instanznamen von Modulen und globalen Funktionen innerhalb des Entwurfs. Bei globalen Funktionen ist der Instanzname *NULL*. Die Rolle jeder Komponente wird über dem Namen der Komponente dargestellt. Sie trennt TLM-Module von globalen Funktionen oder Modulen (z. B. zur Überwachung einer Transaktion), die nicht als Hauptbestandteil des Transaktionsflusses in Bezug auf das TLM-2.0-Basisprotokoll gedacht sind, aber dennoch notwendig sind, um das Verhalten des Modells zu beschreiben. Für jede Interaktion zwischen zwei Modulen zeigen die Informationen auf jedem Pfeil die Operationen an, die auf einer Instanz aufgerufen werden, und werden vom Aufrufer zum Aufrufenden in Bezug auf die Simulationszeit gezogen. Insbesondere werden für einen Aufruf von einem TLM-Modul oder verwandten Modulen (z. B. zur Überwachung einer Transaktion) die Nummer der Sequenz, der Name der aufrufenden Funktion, die Zeitphase, die Verzögerungszeit in Bezug auf den Phasenübergang und der Rückgabewert des aufrufenden Moduls (falls verfügbar) angezeigt. Bei einem Aufruf aus einer globalen Funktion werden die Sequenznummer und der Name der aufrufenden Funktion angezeigt.

Neben dem Transaktionsablauf zeigt das generierte UML-Modell auch detaillierte Transaktionsdaten. Das Kästchen unter jedem Pfeil enthält die Attribute der Transaktion, die als Argument vom Aufrufer an den Aufrufer weitergegeben werden. Die weißen Kästchen zeigen ein Transaktionsobjekt an, das lokal von einem Initiatormodul erstellt und als Funktionsargument übergeben wurde, während die blauen Kästchen ein Transaktionsobjekt zeigen, das den Aufrufer durch einen Funktionsaufruf erreicht hat. Als Beispiel zeigt *seq-18* in Abb. 3.24 die Informationen über die Antwort des Zielmoduls *AT-typeE-target*. Sie enthält den Namen der aufgerufenen Funktion (*nb_transport_fw*), die Zeitphase des Übergangs (*BEGIN_ REQ*), die Zeitangabe (*4598 ps*) und den Rückgabewert von *nb_transport_fw* (*tlm::TLM_COMPLETED*). Es zeigt auch die Transaktionsdaten, die an das aufrufende Modul übergeben wurden, einschließlich des Verweises auf die Transaktionsdaten (*0x6bc660*), Adresse (*100*), Befehl (*tlm::TLM_READ_COMMAND*), Länge (*4*) und Antwortstatus (*tlm::TLM_OK_RESPONSE*). Das Ergebnis in diesem Beispiel zeigt auch, dass die Zeitangabe, die für den internen Prozess verwendet wird, die Simulationszeit beeinflusst, wie es von TLM-Transaktionen zu erwarten ist. Beachten Sie, dass die Informationen sowohl Klassennamen als auch Instanznamen für die gegebenen Module enthalten, wie in Abb. 3.24 oben dargestellt.

### 3.6.2 Integration und Diskussion

In diesem Abschnitt werden die Eigenschaften und die Anwendbarkeit der beiden vorgeschlagenen Ansätze dahingehend bewertet, inwieweit sie die geforderten Kriterien (die in den Kap. 1 und 2 erörtert werden) erfüllen, von denen wir erwarten, dass ein Ansatz zum Designverständnis von ESL VPs sie erfüllt.

#### 3.6.2.1 Bewertung der Merkmale

Wie in den Kap. 1 und 2 (Abschn. 2.3.4) erläutert, muss ein Ansatz zum Designverständnis (oder zur Analyse) die folgenden Kriterien erfüllen, um Designern eine umfassende Lösung zu bieten:

1. Vermeidung jeglicher Vorbedingungen in Bezug auf den Quellcode oder den Arbeitsablauf, um so kompatibel wie möglich zu sein.
2. So wenig wie möglich in die bestehenden Quellen und Arbeitsabläufe eingreifen.
3. Extrahieren detaillierter Informationen über ein Muster, die dessen Struktur und Verhalten widerspiegeln.
4. Unterstützende TLM-Konstrukte.

Daher bewerten wir die Merkmale und die Anwendbarkeit der vorgeschlagenen Ansätze danach, wie sie die oben genannten Kriterien erfüllen.

**Zum ersten und zweiten Kriterium**
Im Vergleich zu Ansätzen, die sich auf die Manipulation oder Änderung der SystemC-Bibliothek, der Schnittstellen oder des Kompilierungs-Workflows stützen, um die Laufzeitinformationen zu extrahieren, extrahieren die beiden vorgeschlagenen Ansätze die detaillierten Laufzeitinformationen ohne jegliche Änderung des vorgenannten Standard-Workflows. Im Falle des Debugger-basierten Ansatzes kann der Informationsextraktionsprozess sogar ohne den verfügbaren Quellcode durchgeführt werden, da er nur das binäre ausführbare Modell des Entwurfs und seine Debugsymbole benötigt. Das bedeutet, dass die vorgeschlagene Methode ein nicht-intrusiver und Code-unabhängiger Ansatz ist. Im Falle des compilerbasierten Ansatzes wird zwar der Quellcode einer bestimmten VP instrumentiert, die eingefügten Befehle sind jedoch einfache C++-Befehle vom Typ „*Fout*“, die während des Entwurfsprozesses kaum Kompatibilitätsprobleme verursachen können. Außerdem wird der Änderungsprozess automatisch durchgeführt, so dass kein manueller Aufwand erforderlich ist. Daher hat der vorgeschlagene compilerbasierte Ansatz nicht die Hauptnachteile der traditionellen eingreifenden Techniken, die folgende Probleme im Entwurfsprozess verursachen können.

- Kompatibilitätsprobleme mit anderen Anwendungen, die während des Entwurfsprozesses parallel laufen und durch die Änderung der SystemC-Bibliothek oder ihrer Schnittstellen entstehen.
- Die Reduzierung des Automatisierungsgrades durch aufwendige manuelle Prozesse zur Manipulation des Quellcodes.
- Eine negative Auswirkung auf das zeitliche Verhalten oder die Funktionalität eines bestimmten SystemC VP im Vergleich zum ursprünglichen Modell aufgrund der SystemC-Kernel-Modifikation.

Die vorgeschlagenen Ansätze können mit Setups kombiniert werden, die bereits auf einer modifizierten SystemC-Bibliothek basieren, wodurch der Ansatz für eine breite Palette von ESL-Designs anwendbar ist.

**Zum dritten und vierten Kriterium**

Im Gegensatz zu den Methoden, die sich auf die Extraktion des statischen Aspekts einer ESL-Implementierung konzentrieren, extrahieren die vorgeschlagenen Ansätze sowohl das Verhalten der VP-Modelle als auch ihre Struktur. Beide vorgeschlagenen Ansätze können automatisch eine große Menge an Informationen abrufen, um die Struktur und das Verhalten einer bestimmten ESL-Implementierung zu beschreiben. Sie präsentieren die abgerufenen Informationen eines gegebenen ESL-Modells in zwei verschiedenen Kategorien, nämlich

- ein XML-Modell der Entwurfsarchitektur,
- eine strukturierte Trace-Datei mit Informationen zur Laufzeit des Entwurfs, einschließlich
  - Intra-Zyklus-Analyse des Verhaltens von SystemC-Entwürfen im Standard-VCD-Format,
  - detaillierte Informationen über die Transaktionsdaten und den Ablauf der Ausführung des Entwurfs, und
  - Transaktionsklassifizierung, um redundante Transaktionen zu eliminieren und herauszufiltern und eine UML-Darstellung für alle eindeutigen Transaktionen in Bezug auf ihre Lebensdauer zu erstellen.

#### 3.6.2.2 Leistungsbewertung

Die Tab. 3.6 und 3.7 veranschaulichen die Ausführungszeit der beiden vorgeschlagenen Ansätze zur Analyse eines gegebenen zyklusgenauen SystemC- bzw. TLM-2.0-VP-Modells. In beiden Tabellen zeigt die Spalte *Compiler-basierter Ansatz* die benötigte Zeit für die Analyse von SystemC-VPs mit dem Compiler-basierten Ansatz, während die Spalte *Debugger-basierter Ansatz* die Ausführungszeit des Debugger-basierten Ansatzes darstellt. Für beide Spalten zeigen *Phase1*, *Phase2* und *VisT* die Ausführungszeit der ersten Phase, der zweiten Phase bzw. der Visualisierungsphase der beiden vorgeschlagenen Ansätze. Die Spalte *Gesamt* weist die gesamte Ausführungszeit auf, einschließlich aller oben genannten Phasen. Die Spalte *CET* zeigt die Gesamtzeit (Spalte *Total*) für die Kompilierung (Spalte *Cmp*) und die Ausführung (Spalte *Exe*) jeder VP ohne jegliche Instrumentierung. Im Falle von SystemC TLM-2.0 VPs haben wir die benötigte Zeit für die Analyse einer VP mit den vorgeschlagenen Ansätzen mit der reinen Kompilierungs- und Ausführungszeit der VP (Spalte *CET)* verglichen. Im Fall der zyklusgenauen SystemC-VPs wurde zusätzlich zur reinen Kompilierungs- und Ausführungszeit der VP die Ausführungszeit der vorgeschlagenen Ansätze auch mit der SystemC-Trace-API (Spalte *SC_API*) verglichen. Wie in Tab. 3.6 gezeigt, ist die SystemC-Trace-API der schnellste Ansatz zur Analyse des VP-Verhaltens und hat den geringsten Ausführungsaufwand im Vergleich zur reinen Kompilierungszeit des VP. Allerdings ist die Menge der mit der SystemC-Trace-API extrahierten Informationen viel geringer als bei den compilerbasierten und debuggerbasierten Ansätzen (wie in Tab. 3.3 gezeigt). Außerdem müssen die Entwickler die erforderlichen Anweisungen manuell in den Quellcode einfügen, was die Einrichtungszeit erhöht.

**Tab. 3.6** Experimentelle Ergebnisse in Bezug auf die erforderliche Analysezeit für alle zyklusgenauen SystemC-VP-Modelle

| | | | | | | Compiler-basierter Ansatz (s) | | | | Debugger-basierter Ansatz (s) | | | | CET (s) | | |
|---|---|---|---|---|---|---|---|---|---|---|---|---|---|---|---|---|
| Test-größe | SystemC-Modell | LoC | #Komp | *Test | SC_API[f] (s) | Phase1 | Phase2[f] | VisT | Insgesamt | Phase1[f] | Phase2 | VisT | Insgesamt | Cmp | Exe | Insgesamt |
| Klein | 4-Bit-Schieberegister[a] | 135 | 2 | 50 | 0,01 | 1,46 | 0,02 | 0,11 | 1,59 | 1,26 | 1,41 | 0,21 | 2,88 | 2,18 | 0,01 | 2,19 |
| | FIR-Filter[b] | 233 | 5 | 30 | 0,01 | 1,77 | 0,02 | 0,24 | 2,03 | 1,59 | 2,92 | 0,42 | 4,93 | 4,08 | 0,01 | 4,09 |
| | 3-Stufen-Rohr[b] | 290 | 5 | 10 | 0,01 | 1,81 | 0,02 | 0,26 | 2,09 | 1,73 | 3,66 | 0,41 | 5,80 | 4,81 | 0,01 | 4,82 |
| | FFT_flpt[b] | 484 | 3 | 10 | 0,01 | 2,73 | 0,02 | 0,58 | 3,33 | 3,11 | 46,15 | 1,16 | 50,52 | 3,86 | 0,01 | 3,87 |
| | Cholesky[c] | 522 | 2 | 27 | 0,01 | 2,82 | 0,02 | 0,81 | 3,65 | 3,96 | 11,49 | 1,24 | 16,79 | 4,32 | 0,01 | 4,33 |
| | Hamming-Code[d] | 563 | 6 | 16 | 0,02 | 2,89 | 0,03 | 0,92 | 3,84 | 4,21 | 62,71 | 2,05 | 68,97 | 6,85 | 0,02 | 6,87 |
| | Interpolation[c] | 596 | 2 | 10 | 0,02 | 2,93 | 0,03 | 0,59 | 3,55 | 4,74 | 40,29 | 1,44 | 46,47 | 6,04 | 0,02 | 6,06 |
| | IDCT[c] | 815 | 2 | 100 | 0,02 | 3,11 | 0,03 | 1,24 | 4,38 | 4,32 | 26,37 | 2,19 | 32,88 | 3,51 | 0,02 | 3,53 |
| | VGA[c] | 856 | 6 | 100 | 0,02 | 4,72 | 0,03 | 3,90 | 8,65 | 6,90 | 249,21 | 7,52 | 263,63 | 3,74 | 0,02 | 3,76 |
| | Dezimierung[c] | 883 | 2 | 20 | 0,02 | 3,20 | 0,03 | 0,68 | 3,91 | 3,91 | 27,06 | 1,67 | 32,64 | 4,33 | 0,02 | 5,35 |
| | pkt-umschaltung[b] | 1020 | 10 | 50 | 0,05 | 5,71 | 0,07 | 1,02 | 6,80 | 5,96 | 14,04 | 2,19 | 22,19 | 8,32 | 0,05 | 8,37 |
| | MD5-Hash[c] | 1111 | 2 | 5 | 0,06 | 6,33 | 0,07 | 6,08 | 12,48 | 11,03 | 576,30 | 21,08 | 608,41 | 6,20 | 0,06 | 6,26 |
| | RISC-CPU[b] | 1960 | 10 | 10 | 0,03 | 7,59 | 0,05 | 0,52 | 8,16 | 6,03 | 6,30 | 1,05 | 13,38 | 11,05 | 0,03 | 11,08 |
| | Einfach-Bus[b] | 2100 | 7 | 10 | 0,01 | 4,92 | 0,02 | 5,06 | 10,00 | 4,17 | 205,08 | 14,71 | 223,96 | 5,02 | 0,01 | 5,03 |
| | AES128niedriger Bereich[c] | 3280 | 13 | 5 | 1,40 | 12,23 | 1,47 | 14,37 | 28,07 | 16,01 | 694,19 | 32,08 | 742,28 | 16,03 | 1,39 | 17,42 |
| | LZW-Encoder[e] | 5132 | 22 | 5 | 2,44 | 19,92 | 2,53 | 25,06 | 47,51 | 29,83 | 2683,20 | 46,11 | 2759,14 | 19,47 | 2,42 | 21,89 |
| Groß | 4-Bit-Schieberegister[a] | 135 | 2 | 150 | 0,02 | 1,46 | 0,03 | 0,19 | 1,68 | 1,26 | 4,69 | 0,39 | 6,34 | 2,18 | 0,02 | 2,20 |

(Fortsetzung)

**Tab. 3.6** (Fortsetzung)

| | | | | | | Compiler-basierter Ansatz (s) | | | | Debugger-basierter Ansatz (s) | | | | CET (s) | | |
|---|---|---|---|---|---|---|---|---|---|---|---|---|---|---|---|---|
| Test-größe | SystemC-Modell | LoC | #Komp | *Test | SC_API[f] (s) | Phase1 | Phase2[f] | VisT | Insgesamt | Phase1[f] | Phase2 | VisT | Insgesamt | Cmp | Exe | Insgesamt |
| | FIR-Filter[b] | 233 | 5 | 150 | 0,02 | 1,77 | 0,03 | 0,81 | 2,61 | 1,59 | 15,92 | 0,93 | 18,44 | 4,08 | 0,02 | 4,10 |
| | 3-Stufen-Rohr[b] | 290 | 5 | 150 | 0,02 | 1,81 | 0,03 | 3,45 | 5,29 | 1,73 | 15,05 | 4,16 | 20,94 | 4,81 | 0,02 | 4,83 |
| | FFT_flpt[b] | 484 | 3 | 150 | 0,02 | 2,73 | 0,03 | 6,2 | 8,96 | 3,11 | 233,18 | 13,02 | 249,31 | 3,86 | 0,02 | 3,88 |
| | Cholesky[c] | 522 | 2 | 108 | 0,02 | 2,82 | 0,03 | 1,52 | 4,37 | 3,96 | 103,06 | 4,03 | 111,05 | 4,32 | 0,02 | 4,34 |
| | Hamming-Code[d] | 563 | 6 | 128 | 0,03 | 2,89 | 0,04 | 4,81 | 7,74 | 4,21 | 295,10 | 6,62 | 305,93 | 6,85 | 0,03 | 6,88 |
| | Interpolation[c] | 596 | 2 | 104 | 0,03 | 2,93 | 0,04 | 4,69 | 7,66 | 4,74 | 191,01 | 15,39 | 211,14 | 6,04 | 0,03 | 6,07 |
| | IDCT[c] | 815 | 2 | 996 | 0,04 | 3,11 | 0,05 | 5,42 | 8,58 | 4,32 | 228,00 | 19,05 | 251,37 | 3,51 | 0,04 | 3,55 |
| | VGA[c] | 856 | 6 | 1000 | 0,04 | 4,72 | 0,05 | 11,12 | 15,89 | 6,90 | 877,05 | 44,71 | 927,66 | 3,74 | 0,04 | 3,78 |
| | Dezimierung[c] | 883 | 2 | 215 | 0,03 | 3,20 | 0,04 | 3,72 | 6,96 | 3,91 | 345,92 | 15,22 | 365,05 | 4,33 | 0,03 | 5, 36 |
| | pkt-umschaltung[b] | 1020 | 10 | 350 | 0,07 | 5,71 | 0,09 | 5,81 | 11,61 | 5,96 | 197,55 | 15,31 | 218,82 | 8,32 | 0,07 | 8,39 |
| | MD5-Hash[d] | 1111 | 2 | 50 | 0,07 | 6,33 | 0,07 | 16,17 | 22,57 | 11,03 | 2417,90 | 51,39 | 2480,32 | 6,20 | 0,08 | 6,27 |
| | RISC-CPU[b] | 1960 | 10 | 150 | 0,04 | 7,59 | 0,05 | 5,39 | 13,03 | 6,03 | 576,02 | 9,22 | 591,27 | 11,05 | 0,04 | 11,09 |
| | Einfach-Bus[b] | 2100 | 7 | 100 | 0,02 | 4,92 | 0,03 | 11,59 | 16,54 | 4,17 | 1399,09 | 43,29 | 1444,55 | 5,02 | 0,02 | 5,04 |
| | AES128niedri-gerBereich[c] | 3280 | 13 | 50 | 3,41 | 12,23 | 3,49 | 22,33 | 38,05 | 16,01 | 3018,04 | 64,82 | 3098,87 | 16,03 | 3,39 | 19,42 |
| | LZW-Encoder[e] | 5132 | 22 | 50 | 5,18 | 19,92 | 5,41 | 31,44 | 56,77 | 29,83 | 11.498,30 | 93,51 | 11.621,64 | 19,47 | 5,16 | 24,63 |

*LoC* line of code, *#Comp* number of components, *SC_API* SystemC trace API, *VisT* visualization time, *CET* compilation and execution time, *Cmp* compile, *Exe* execution

[a]Zur Verfügung gestellt von der Universität von Edinburgh [54]

[b]Zur Verfügung gestellt von OSCI [1]

[c]Zur Verfügung gestellt von Schafer und Mahapatra [97]

[d]Zur Verfügung gestellt von GitHub [30]s

[e]Zur Verfügung gestellt von [86]

[f]Bitte beachten Sie, dass die angegebene Zeit nur die reine Analyse umfasst und die Kompilierungszeit ausgeschlossen ist

**Tab. 3.7** Experimentelle Ergebnisse in Bezug auf die erforderliche Analysezeit für alle SystemC TLM-2.0 VP-Modelle

| | | | | | | Compiler-basierter Ansatz (s) | | | | Debugger-basierter Ansatz (s) | | | | CET (s) | | |
|---|---|---|---|---|---|---|---|---|---|---|---|---|---|---|---|---|
| Test-größe | TLM-Modell[a] | LoC | #Komps | TM | #Trans | Phase1 | Phase2[b] | VisT | Insgesamt | Phase1[b] | Phase2 | VisT | Insgesamt | Cmp | Exe | Insgesamt |
| Klein | LT-Beispiel[a] | 175 | 2 | LT | 16 | 1,12 | 0,06 | 0,11 | 1,29 | 1,93 | 5,91 | 0,29 | 8,13 | 1,02 | 0,06 | 1,08 |
| | Routing-Modell[a] | 456 | 6 | LT | 10 | 2,11 | 0,08 | 0,08 | 2,27 | 2,76 | 17,33 | 1,21 | 21,30 | 1,42 | 0,08 | 1,50 |
| | Beispiel-4[a] | 547 | 2 | AT | 10 | 2,17 | 0,12 | 0,14 | 2,43 | 5,81 | 81,20 | 1,39 | 88,40 | 1,33 | 0,08 | 1,41 |
| | Beispiel-5[a] | 650 | 7 | LT | 10 | 3,21 | 0,08 | 0,12 | 3,41 | 6,11 | 89,24 | 1,28 | 96,63 | 2,01 | 0,08 | 2,09 |
| | Beispiel-6[a] | 713 | 9 | AT | 20 | 4,79 | 0,13 | 0,19 | 5,11 | 7,59 | 131,17 | 1,72 | 140,48 | 2,02 | 0,13 | 2,15 |
| | AT-Beispiel[a] | 3410 | 19 | AT | 20 | 19,05 | 0,16 | 0,26 | 19,47 | 22,41 | 452,53 | 1,81 | 476,75 | 20,03 | 0,16 | 17,19 |
| | Verriege-lung-zwei[a] | 4690 | 23 | LT/AT | 20 | 25,62 | 0,20 | 0,33 | 26,15 | 29,08 | 582,11 | 1,94 | 613,13 | 22,32 | 0,20 | 22,52 |
| | SoCRocket[b] | 50.000 | 20 | LT/AT | 100 | 52,82 | 0,64 | 0,95 | 54,41 | 146,39 | 2799,38 | 3,82 | 2949,59 | 26,72 | 0,64 | 27,36 |
| Groß | LT-Beispiel[a] | 175 | 2 | LT | 160 | 1,12 | 0,11 | 0,39 | 1,62 | 1,93 | 122,18 | 1,66 | 125,17 | 1,02 | 0,10 | 1,12 |
| | Routing-Modell[a] | 456 | 6 | LT | 100 | 2,11 | 0,12 | 0,31 | 2,54 | 2,76 | 207,29 | 2,81 | 212,86 | 1,42 | 0,01 | 1,53 |
| | Beispiel-4[a] | 547 | 2 | AT | 348 | 2,17 | 0,21 | 0,52 | 2,90 | 5,81 | 3439,08 | 16,63 | 3461,52 | 1,33 | 0,18 | 1,51 |
| | Beispiel-5[a] | 650 | 7 | LT | 69 | 3,21 | 0,10 | 0,19 | 3,50 | 6,11 | 1718,92 | 2,69 | 1727,72 | 2,01 | 0,09 | 2,09 |
| | Beispiel-6[a] | 713 | 9 | AT | 245 | 4,79 | 0,41 | 0,63 | 5,83 | 7,59 | 2903,72 | 11,09 | 2922,40 | 2,02 | 0,33 | 2,55 |
| | AT-Beispiel[a] | 3410 | 19 | AT | 49 | 19,05 | 0,24 | 0,39 | 19,68 | 22,41 | 1591,07 | 4,96 | 1618,44 | 20,03 | 0,34 | 17,19 |
| | Verriege-lung-zwei[a] | 4690 | 23 | LT/AT | 371 | 25,62 | 0,79 | 0,76 | 27,17 | 29,08 | 4639,83 | 17,24 | 4686,15 | 22,32 | 0,66 | 22,98 |
| | SoCRocket[c] | 50.000 | 20 | LT/AT | 1000 | 52,82 | 1,21 | 1,63 | 55,66 | 146,39 | 17.446,19 | 29,12 | 17.621,70 | 26,72 | 1,08 | 27,80 |

*LoC* Codezeile, *TM* Zeitmodell, *#Trans* Anzahl der Transaktionen

[a]Bitte beachten Sie, dass die VP-Modelle geändert wurden, um eine größere Vielfalt an Transaktionsarten und -abläufen zu unterstützen als die ursprünglichen Modelle

[b]Bitte beachten Sie, dass die angegebene Zeit nur die reine Analyse umfasst und die Kompilierungszeit ausgeschlossen ist

**Compiler-basierter Ansatz**
Wie in Tab. 3.6 dargestellt, ist die für die Analyse einer VP benötigte Gesamtzeit fast gleich oder sehr nahe an der Gesamtzeit für ihre Kompilierung und Ausführung. Der zeitaufwändigste Teil dieses Ansatzes ist die erste Phase, in der die AST der VP analysiert und die instrumentierte Version der VP erzeugt wird. Diese Zeit ist jedoch in den meisten Fällen immer noch kürzer als die reine Kompilierung der VP. Wie in der Tabelle dargestellt, hängt diese Zeit nur von der Komplexität der VP und nicht von der Größe der laufenden Anwendung (Testfälle) ab. Die Ausführungszeit der zweiten Phase des compilerbasierten Ansatzes für jede VP liegt sehr nahe an ihrer reinen Ausführungszeit. Dies zeigt, dass das in der zweiten Phase des compilerbasierten Ansatzes generierte instrumentierte VP-Modell zwar mehr Anweisungen enthält als das ursprüngliche Modell, der Overhead für die Ausführung der eingefügten Anweisungen jedoch vernachlässigbar ist. Die erforderliche Zeit für die Visualisierungsphase hängt sowohl von der Größe der laufenden Anwendung als auch von der Komplexität der VP ab. Wie in der Tabelle zu sehen ist, steigt mit zunehmender Komplexität des Entwurfs und der Anzahl der Testfälle auch die extrahierte Information, so dass die erforderliche Zeit für die Visualisierung dieser Information ebenfalls zunimmt. Dies ist im unteren Teil der Tabelle zu sehen, wo eine große Anzahl von Testfällen auf jede VP angewendet wird. Für komplexe VPs wie *AES128lowarea* und *LZW-Encoder* gilt die oben beschriebene Tatsache auch bei einer geringen Anzahl von Testfällen, die auf die VPs angewendet werden.

Im Fall der SystemC TLM-2.0 VPs ist, wie in Tab. 3.7 gezeigt, die erste Phase der Analyse für alle VPs (unabhängig von der Größe der laufenden Anwendungen) der zeitaufwändigste Teil der Gesamtausführungszeit. Der Hauptgrund dafür ist, dass die Größe der erzeugten Protokolldatei in diesem Fall geringer ist als beim zyklusgenauen Modell, da nur ein begrenzter Satz von Variablen (Transaktionsobjekten) verfolgt wird und nicht alle. Für beide Arten von VPs (zyklusgenau oder TLM) gilt jedoch, dass eine Erhöhung der Designkomplexität und der Größe der laufenden Anwendung (Anzahl der Testfälle oder Transaktionen), die extrahiert werden muss, direkte Auswirkungen auf die Gesamtausführungszeit hat. Wie aus der Tabelle hervorgeht, steigt mit zunehmender Anzahl der Transaktionen (von einer kleinen Testgröße zu einer großen) auch die Ausführungszeit. Die erste Hälfte der Tabelle (mit kleinem Testumfang) zeigt, dass Entwürfe mit mehr Codezeilen und AT-Zeitmodell (einschließlich komplexerer Basisprotokolltransaktionen) eine längere Ausführungszeit haben.

**Debugger-basierter Ansatz**
Wie aus den Tab. 3.6 und 3.7 hervorgeht, liegt die Gesamtausführungszeit für die Analyse einer VP in den meisten Fällen einer kleinen und in einigen Fällen einer umfangreichen Anwendung immer noch in einem vernünftigen Rahmen im Vergleich zur Gesamtzeit für ihre Kompilierung und Ausführung. Der zeitaufwändigste Teil dieses Ansatzes ist die zweite Phase, in der die Laufzeitinformationen der VP unter der Kontrolle von GDB extrahiert werden.

Die Zeit, die für die Extraktion der Laufzeitinformationen benötigt wird, hängt von den drei folgenden Parametern ab:

1. Die Komplexität der einzelnen ESL-Designs.
2. Die Menge der Informationen, die extrahiert werden müssen.
3. Die Größe der laufenden Anwendung (Testfälle).

Was den ersten Parameter betrifft, so muss die Ausführung wiederholt angehalten werden, da das Programm auf GDB ausgeführt wird, um den Programmzustand während der Simulationszeit zu speichern. Die Anzahl und Dauer der Programmunterbrechungen hängt stark von den Anweisungstypen wie Schleifen, Warteanweisungen und Funktionsaufrufen ab. Je komplexer ein Programm ist, desto länger dauert seine Ausführung.

Um zu zeigen, wie die Leistung des vorgeschlagenen Ansatzes mit dem zweiten und dritten Parameter zusammenhängt, bewerten wir ihn, indem wir zwei Tiefen der Datenextraktion definieren, die durch *Abstrakt* und *Detailliert* spezifiziert werden, und zwei Größen von Anwendungen, die auf jedem Entwurf ausgeführt werden, nämlich *Klein* und *Groß*. Die *abstrakte* Datenextraktionstiefe umfasst alle Strukturinformationen und die Reihenfolge der Aktivierung aller Komponenten. Zusätzlich zu den auf der *abstrakten* Ebene abgerufenen Informationen enthält die *detaillierte* Datenextraktionstiefe alle Wertänderungen von Modulen und Funktionsvariablen während der Ausführung (d. h. umfassende Informationen über das Verhalten einer bestimmten VP, wie in den Tab. 3.3 und 3.4 dargestellt). Die oben erwähnte Tiefe der Datenextraktion kann in der ersten Phase des Debugger-basierten Ansatzes mit Hilfe der in Abschn. 3.4.3 dieses Kapitels vorgestellten Designer-Interaktionsoptionen festgelegt werden. Abschn. 3.4.3 dieses Kapitels vorgestellt wurden.

Durch die Kombination der Informationsextraktionstiefe und der Größe der laufenden Anwendungen ergeben sich für die Designer vier Eckfälle der ESL-Designanalyse. Wie in Abb. 3.25 dargestellt, sind diese Eckfälle *Small-Abstract* (SA), *Small-Details* (SD), *Large-Abstract* (LA) und *Large-Details* (LD). Die SA-Ecke zeigt die schnellste Analyse und die geringste Menge an Informationen über den Entwurf, während die LD-Ecke die langsamste und präziseste Analyse für einen bestimmten ESL-Entwurf darstellt. Die Abb. 3.26 und 3.27 veranschaulichen die Ausführungszeit des Debugger-basierten Ansatzes für zwei Tiefen der Datenextraktion jedes Entwurfs, auf den ein kleiner bzw. ein großer Satz von Tests angewandt wird, am Beispiel der

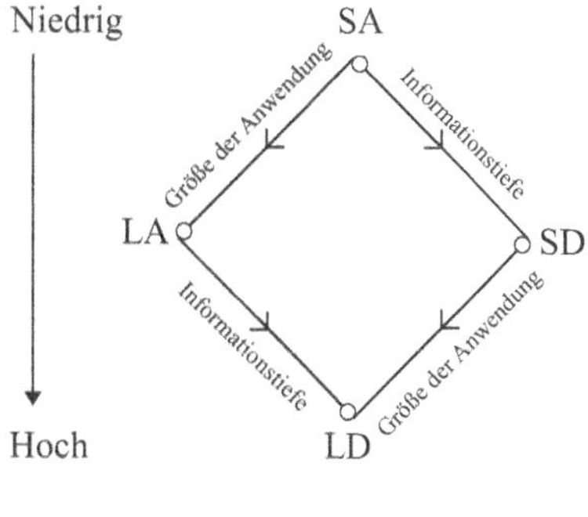


**Abb. 3.25** Eckfälle der Informationsextraktion

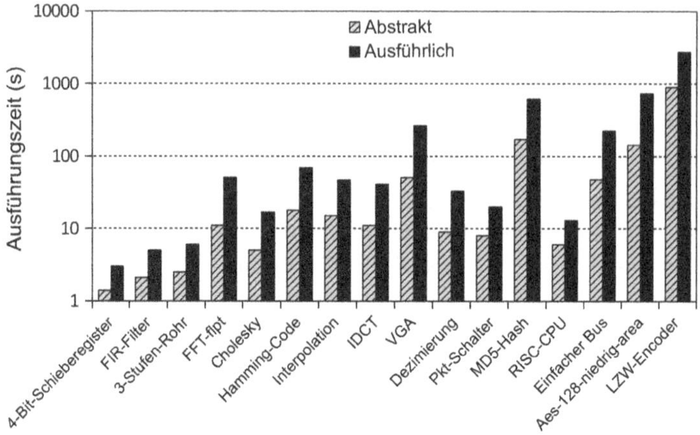


**Abb. 3.26** Laufzeitanalyse des vorgeschlagenen Debugger-basierten Ansatzes in Bezug auf zwei Tiefen der Informationsextraktion für kleine Anwendungen, die auf jedem SystemC-Design laufen

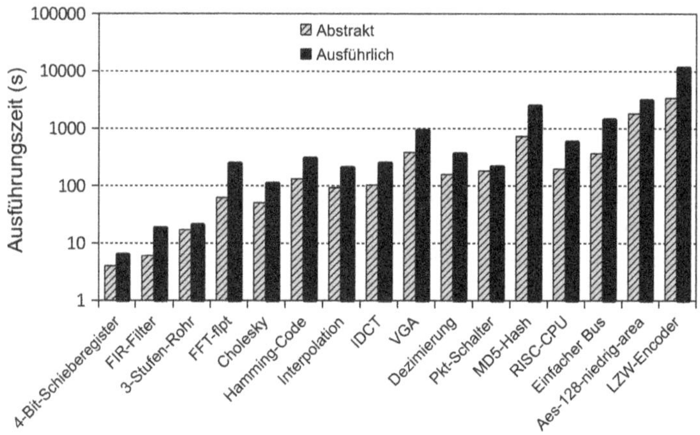


**Abb. 3.27** Laufzeitanalyse des vorgeschlagenen Debugger-basierten Ansatzes in Bezug auf zwei Tiefen der Informationsextraktion für große Anwendungen, die auf jedem SystemC-Design laufen

zyklusgenauen VP-Modelle von SystemC. Diese Abbildungen zeigen, dass die benötigte Zeit für die Analyse von SystemC-VPs mit dem vorgeschlagenen Ansatz in der SA-, SD- und den meisten Fällen der SL-Ecke innerhalb eines angemessenen Zeitrahmens (in der Größenordnung von Minuten) liegt und im Vergleich zur reinen Kompilierungs- und Ausführungszeit begrenzt ist. Für einige Fälle in der LD-Ecke (komplizierte Designs wie LZW-Encoder, bei denen eine große Menge an Informationen extrahiert werden muss) zeigen die Ergebnisse in den Tab. 3.6 und 3.7 jedoch, dass die Ausführungszeit in der Größenordnung von Stunden liegt.

Im Folgenden werden zwei Lösungen zur Überwindung des vorgenannten Problems vorgestellt, nämlich die Zwischenspeicherung von Daten im Hauptspeicher anstatt auf der Festplatte und die Parallelisierung. Da der größte Engpass des debuggerbasierten Ansatzes die zweite Phase der Analyse ist, in der die Laufzeitinformationen unter Kontrolle von GDB extrahiert werden, sollten diese Implementierungstechniken zu einer Verkürzung der Ausführungszeit führen.

**Zwischenspeicherung von Daten im Hauptspeicher**

Diese Lösung reduziert die erforderliche Zeit für die Speicherung der Programmzustände bei der Ausführung auf GDB. Wir haben die Ausführungszeit für die Analyse von zyklusgenauen SystemC- und TLM-2.0-VPs unter Verwendung des Debugger-basierten Ansatzes für die LD-Ecke bewertet. Wie in Abb. 3.28 und 3.29 zu sehen ist, bietet die Speicherung von Daten im Speicher statt auf der Festplatte den Entwicklern im Durchschnitt einen Leistungsgewinn von 21 % für zyklusgenaue SystemC- und 19 % für TLM-2.0-VPs. Es zeigt sich auch, dass die Leistung des vorgeschlagenen Ansatzes

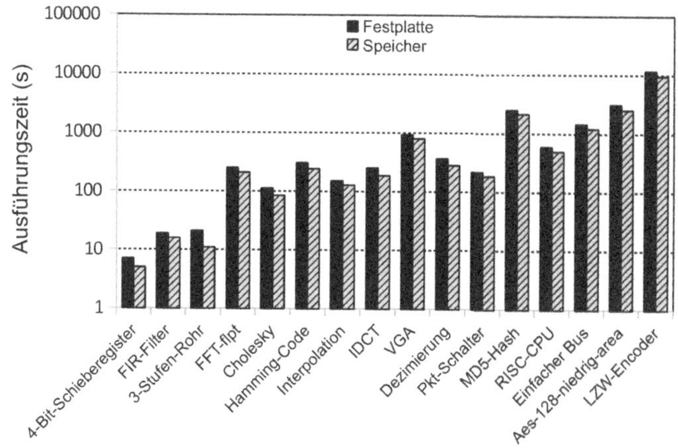


**Abb. 3.28** Die Ausführungszeit des Debugger-basierten Ansatzes für die Analyse von zyklusgenauen SystemC-VPs für die LD-Ecke auf der Festplatte im Vergleich zum Speicher

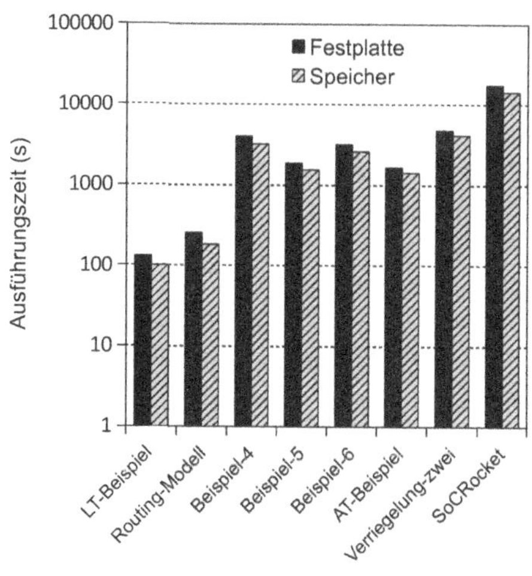


**Abb. 3.29** Die Ausführungszeit des vorgeschlagenen Debugger-basierten Ansatzes zur Analyse von SystemC TLM-2.0 VPs für die LD-Ecke, die auf der Festplatte und im Speicher läuft

hauptsächlich von der Komplexität des jeweiligen Entwurfs abhängt. Bei Entwürfen (z. B. *3-Stage-Pipe*) mit einfachen Strukturen (d. h. Befehlstyp) führt die Zwischenspeicherung von Daten im Speicher jedoch zu einer Leistungssteigerung von 50 %.

**Parallelisierung**
Diese Lösung beruht auf der Idee, dass eine Ausführungsaufgabe in mehrere (gleichartige) Teilaufgaben zerlegt und unabhängig voneinander bearbeitet werden kann. Die erhaltenen Ergebnisse werden anschließend kombiniert, wenn die Ausführung aller Aufgaben abgeschlossen ist. In unserem Fall besteht die Aufgabe darin, Informationen über jedes Modul des Entwurfs zu extrahieren, während das Programm auf GDB läuft. Im typischen Fall wird in der ersten Phase des debuggerbasierten Ansatzes eine Skriptdatei erstellt, um GDB so zu programmieren, dass es während der Simulationszeit in einem einzigen Thread Informationen zu allen Modulen des Entwurfs extrahiert (da GDB zum Debuggen eines Programms kein Multithreading unterstützt). Um Parallelisierung zu ermöglichen, muss die erste Phase des vorgeschlagenen Ansatzes daher geändert werden. Anstatt ein einziges Skript zur Programmierung von GDB zu erstellen, wird für jedes Modul des Entwurfs eine Skriptdatei generiert. Auf diese Weise kann die Aufgabe der Informationsextraktion parallel auf verschiedenen Threads ausgeführt werden, wobei in jedem Thread die Informationen zu einem einzelnen Modul extrahiert werden. Die extrahierten Laufzeitinformationen werden in einer einzigen Protokolldatei zusammengeführt, sobald die Ausführung aller parallelen Aufgaben abgeschlossen ist.

In der aktuellen Implementierung betrachten wir acht Threads als den maximalen Grad der Gleichzeitigkeit, was bedeutet, dass gleichzeitig acht Threads auf einem System ausgeführt werden können. Daher wird bei einem Entwurf mit mehr als acht Modulen die Aufgabe der Informationsextraktion so verteilt, dass alle Threads die gleiche Arbeitslast haben. Dazu wird die Komplexität der Module (z. B. in Bezug auf die Anzahl der Funktionen und Variablen) berechnet und den Threads zugewiesen, die am Ende alle (fast) die gleiche Arbeitslast haben.

Wie in den Abb. 3.30 und 3.31 zu sehen ist, bietet die Parallelisierungstechnik den Entwicklern im Durchschnitt einen Leistungsgewinn von 61 % bzw. 64 % für zyklusgenaue SystemC- und TLM-2.0-VPs. Die Parallelisierungsaufgabe wird von zwei Parametern beeinflusst, und zwar von der Anzahl der VP-Module und der Komplexität der Module. Bei einem Entwurf mit weniger Modulen als der maximalen Anzahl von Threads ist die Parallelisierung sehr vorteilhaft. Der Grund dafür ist, dass bei einem Entwurf mit mehr als acht Modulen ein Thread die Informationsextraktionsaufgabe von mehr als einem Modul ausführen muss. In diesem Fall kann die Wirkung der Parallelisierung verringert werden, da die erforderliche Ausführungszeit für diesen Thread größer sein kann als für die anderen sieben Threads. Der Leistungsgewinn kann bis zu (Anzahl der Threads)X betragen, da keine Threads auf die Fertigstellung der anderen warten müssen. Beispielsweise führte die Parallelisierung der 3-Stufen-Rohr- und der Routing-Modell-VPs zu einer Reduzierung der Ausführungszeit um 74 % bzw. 79 %.

Insgesamt kann die Parallelisierungstechnik die benötigte Ausführungszeit des Debugger-basierten Ansatzes für beide Arten von VP (zyklusgenau und TLM-2.0) effektiv reduzieren. Dabei liegt die Ausführungszeit selbst in der LD-Ecke für beide Arten von VP in der Größenordnung von Minuten. Die benötigte Ausführungszeit

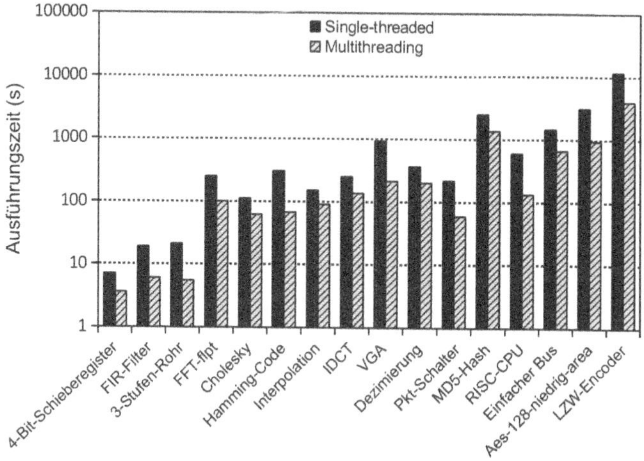


**Abb. 3.30** Die Ausführungszeit des vorgeschlagenen Debugger-basierten Ansatzes zur Analyse von zyklusgenauen SystemC-VPs für die LD-Ecke mit und ohne Parallelisierungstechnik

**Abb. 3.31** Die Ausführungszeit des vorgeschlagenen Debugger-basierten Ansatzes zur Analyse von SystemC TLM-2.0 VPs für die LD-Ecke mit und ohne Parallelisierungstechnik

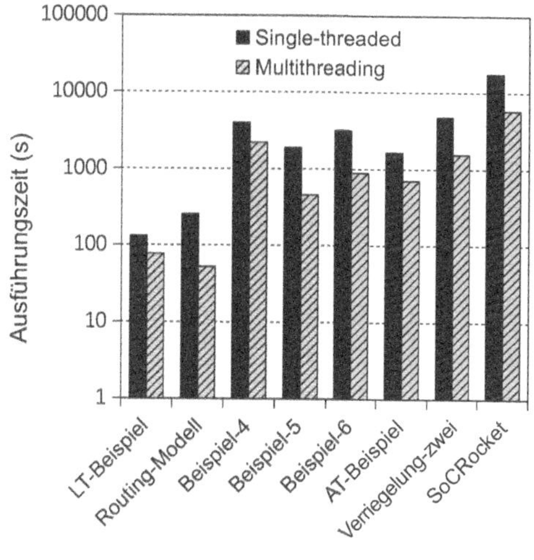


kann sogar noch weiter reduziert werden, z. B. durch Erhöhung der Anzahl der Threads oder durch Aufteilung der Parallelisierungsaufgabe auf jede Funktion eines Moduls (statt auf jedes Modul). Darüber hinaus kann auch eine Kombination der beiden oben genannten Techniken (Zwischenspeicherung von Daten im Speicher und Parallelisierung) zu einem besseren Leistungsgewinn führen.

#### 3.6.2.3 Auswertung des Speicherverbrauchs

Die Tab. 3.8 und 3.9 zeigen die Größe der extrahierten Informationen und der generierten Ausgabedatensätze. In beiden Tabellen veranschaulichen die Spalten *Runtime Log* und *XML* die Größe der generierten Protokolldatei bzw. der extrahierten

**Tab. 3.8** Experimentelle Ergebnisse in Bezug auf den Umfang der extrahierten Informationen und der generierten Ausgabedaten für alle zyklusgenauen SystemC-VP-Modelle

| | | | | | Laufzeitprotokoll (MB) | | | |
|---|---|---|---|---|---|---|---|---|
| Testgröße | SystemC-Modell | LoC | #Komp | *Test | Debugger-bA | Compiler-bA | VCD (MB) | XML (MB) |
| Klein | 4-Bit-Schieberegister[a] | 135 | 2 | 50 | 0,271 | 0,110 | 0,012 | 0,004 |
| | FIR-Filter[b] | 233 | 5 | 30 | 1,412 | 0,593 | 0,063 | 0,007 |
| | 3-Stufen-Rohr[b] | 290 | 5 | 10 | 1,174 | 0,464 | 0,022 | 0,007 |
| | FFT_flpt[b] | 484 | 3 | 10 | 1,533 | 0,649 | 0,041 | 0,011 |
| | Cholesky[c] | 522 | 2 | 27 | 1,704 | 0,739 | 0,032 | 0,010 |
| | Hamming-Code[d] | 563 | 6 | 16 | 2,130 | 0,854 | 0,045 | 0,016 |
| | Interpolation[c] | 596 | 2 | 10 | 1,557 | 0,619 | 0,039 | 0,006 |
| | IDCT[c] | 815 | 2 | 100 | 4,722 | 1,941 | 0,058 | 0,004 |
| | VGA[c] | 856 | 6 | 100 | 12,251 | 5,339 | 0,072 | 0,010 |
| | Dezimierung[c] | 883 | 2 | 20 | 14,53 | 0,329 | 0,054 | 0,008 |
| | pkt-umschaltung[b] | 1020 | 10 | 50 | 4,117 | 1,708 | 0,651 | 0,036 |
| | MD5-Hash[c] | 1111 | 2 | 5 | 18,431 | 8,319 | 0,041 | 0,011 |
| | RISC-CPU[b] | 1960 | 10 | 10 | 1,069 | 0,441 | 0,103 | 0,026 |
| | Einfach-Bus[b] | 2100 | 7 | 10 | 13,493 | 4,820 | 0,213 | 0,011 |
| | AES128niedrigerBereich[c] | 3280 | 13 | 5 | 42,678 | 15,129 | 0,061 | 0,021 |
| | LZW-Encoder[c] | 5132 | 22 | 5 | 91,711 | 33,109 | 0,239 | 0,052 |
| Groß | 4-Bit-Schieberegister[a] | 135 | 2 | 150 | 0,762 | 0,309 | 0,031 | 0,004 |
| | FIR-Filter[b] | 233 | 5 | 150 | 6,233 | 2,870 | 0,257 | 0,007 |
| | 3-Stufen-Rohr[b] | 290 | 5 | 150 | 16,260 | 6,188 | 0,314 | 0,007 |
| | FFT_flpt[b] | 484 | 3 | 150 | 20,127 | 8,409 | 0,542 | 0,011 |
| | Cholesky[c] | 522 | 2 | 108 | 6,175 | 2,105 | 0,102 | 0,010 |
| | Hamming-Code[d] | 563 | 6 | 128 | 16,719 | 5,331 | 0,311 | 0,016 |
| | Interpolation[c] | 596 | 2 | 104 | 15,108 | 6,772 | 0,345 | 0,006 |

| | | | | | | | | |
|---|---|---|---|---|---|---|---|---|
| | IDCT[c] | 815 | 2 | 996 | 43,400 | 16,019 | 0,513 | 0,004 |
| | VGA[c] | 856 | 6 | 1000 | 110,376 | 37,004 | 0,640 | 0,010 |
| | Dezimierung[c] | 883 | 2 | 215 | 12,173 | 5,190 | 0,409 | 0,008 |
| | pkt-umschaltung[b] | 1020 | 10 | 350 | 26,056 | 15,141 | 3,620 | 0,036 |
| | MD5-Hash[d] | 1111 | 2 | 50 | 165,279 | 61,093 | 0,192 | 0,011 |
| | RISC-CPU[b] | 1960 | 10 | 150 | 13,390 | 5081 | 0,268 | 0,026 |
| | Einfach-Bus[b] | 2100 | 7 | 100 | 129,960 | 49,705 | 2,039 | 0,011 |
| | AES128niedriger Bereich[c] | 3280 | 13 | 50 | 419,117 | 171,902 | 0,219 | 0,021 |
| | LZW-Encoder[e] | 5132 | 22 | 50 | 904,270 | 318,083 | 0,722 | 0,052 |

*LoC* line of code, *#Comp* number of components, *SC_API* SystemC trace API, *VisT* visualization time, *CET* compilation and execution time, *Cmp* compile, *Exe* execution

[a]Zur Verfügung gestellt von der Universität von Edinburgh [54]
[b]Zur Verfügung gestellt von OSCI [1]
[c]Zur Verfügung gestellt von Schafer und Mahapatra [97]
[d]Zur Verfügung gestellt von GitHub [30]
[e]Zur Verfügung gestellt von orahyn [86]

**Tab. 3.9** Experimentelle Ergebnisse in Bezug auf die Größe der extrahierten Informationen und generierten Ausgabedaten für alle SystemC TLM-2.0 VP-Modelle

| | | | | | | Laufzeitprotokoll (MB) | | | |
|---|---|---|---|---|---|---|---|---|---|
| Testgröße | TLM-Modell[a] | LoC | #Komps | TM | #Trans | Debugger-bA | Compiler-bA | UML (MB) | XML (MB) |
| Klein | LT-Beispiel[1] | 175 | 2 | LT | 16 | 0,724 | 0,330 | 0,007 | 0,002 |
| | Routing-Modell[1] | 456 | 6 | LT | 10 | 5,108 | 2,419 | 0,014 | 0,004 |
| | Beispiel-4[1] | 547 | 2 | AT | 10 | 8,690 | 3,461 | 0,019 | 0,003 |
| | Beispiel-5[1] | 650 | 7 | LT | 10 | 6,119 | 2,344 | 0,014 | 0,005 |
| | Beispiel-6[1] | 713 | 9 | AT | 20 | 15,114 | 6,931 | 0,038 | 0,017 |
| | AT-Beispiel[1] | 3410 | 19 | AT | 20 | 17,075 | 7,203 | 0,042 | 0,036 |
| | Verriegelung-zwei[1] | 4690 | 23 | LT/AT | 20 | 19,323 | 9,601 | 0,038 | 0,047 |
| | SoCRocket[2] | 50.000 | 20 | LT/AT | 100 | 186,650 | 70,226 | 0,055 | 0,345 |
| Groß | LT-Beispiel[1] | 175 | 2 | LT | 160 | 6,390 | 2,830 | 0,007 | 0,002 |
| | Routing-Modell[1] | 456 | 6 | LT | 100 | 61,420 | 29,537 | 0,014 | 0,004 |
| | Beispiel-4[1] | 547 | 2 | AT | 348 | 406,220 | 101,098 | 0,019 | 0,003 |
| | Beispiel-5[1] | 650 | 7 | LT | 69 | 57,140 | 24,077 | 0,014 | 0,005 |
| | Beispiel-6[1] | 713 | 9 | AT | 245 | 213,278 | 87,650 | 0,038 | 0,017 |
| | AT-Beispiel[1] | 3410 | 19 | AT | 49 | 51,635 | 23,019 | 0,042 | 0,036 |
| | Verriegelung-zwei[1] | 4690 | 23 | LT/AT | 371 | 379,404 | 105,618 | 0,038 | 0,047 |
| | SoCRocket[2] | 50.000 | 20 | LT/AT | 1000 | 1602,011 | 394,176 | 0,055 | 0,345 |

*LoC* Codezeile, *TM* Zeitmodell, *#Trans* Nummer der Transaktion, *#UFlow* Nummer des eindeutigen Transaktionsflusses, *#UType* Nummer des eindeutigen Transaktionstyps, *#UML* Nummer des generierten UML-Diagramms

[a]Bitte beachten Sie, dass die VP-Modelle geändert wurden, um eine größere Vielfalt an Transaktionsarten und -abläufen zu unterstützen als die ursprünglichen Modelle

[1]Zur Verfügung gestellt von Aynsley [6]

[2]Zur Verfügung gestellt von Schuster et al. [101]

VP-Struktur. Die Spalte *VCD* in Tab. 3.8 zeigt die Größe der generierten VCD für jede zyklusgenaue SystemC-VP. Die in Tab. 3.9 angegebene UML-Größe ist die durchschnittliche Größe der generierten UML-Diagramme für jedes TLM-Design. In beiden Tabellen ist die größte Ausgabedatei das *Laufzeitprotokoll* (das in der zweiten Phase der vorgeschlagenen Ansätze generiert wird), da es die detaillierten Daten und den vollständigen Verlauf der Ausführung enthält. Der Debugger-basierte Ansatz hat eine größere Protokolldatei als der Compiler-basierte Ansatz, und zwar aus den folgenden zwei Hauptgründen.

Erstens muss der debuggerbasierte Ansatz jede Codezeile durchlaufen, um die erforderlichen Informationen zu extrahieren, während der compilerbasierte Ansatz nur vordefinierte spezifische Punkte besucht. Zweitens werden im Falle des debuggerbasierten Ansatzes auch einige weitere Informationen über den Ausführungszustand (z. B. Informationen über Haltepunkte) protokolliert, während beim compilerbasierten Ansatz nur die Daten der *abrufenden* Anweisungen (die Fout-Anweisungen sind) extrahiert werden.

Ein großer Teil der Informationen im *Laufzeitprotokoll* wird dazu verwendet, die nützlichen Daten in Bezug auf das Verhalten und die Struktur des Entwurfs zu verfolgen und daher während des Übersetzungsprozesses (in der dritten Phase) herausgefiltert. Die XML- und UML-Dateien für alle Fallstudien bleiben in der Größenordnung von KB. Durch die Verwendung der Filteroptionen kann die Größe der Ausgabedatensätze (VCD, UML und XML) noch weiter reduziert werden, was dem Designer eine bessere Lesbarkeit ermöglicht, indem er sich auf die resultierenden Protokolle konzentriert, egal um welches Thema es sich gerade handelt.

Im Falle des Debugger-basierten Ansatzes liegt die gemeldete Größe für alle Fallstudien in der Größenordnung von MB, wobei der ungünstigste Fall mit *LZW-Encoder* und *SoCRocket* in der LD-Ecke etwa ein bzw. zwei GB beträgt. Dies ermöglicht es den Entwicklern, die extrahierten Daten in der ersten Phase dieses Ansatzes (Erstellung des *Laufzeitprotokolls*) im Hauptspeicher (statt auf der Festplatte) zu speichern, um den E/A-Overhead zu reduzieren und die Leistung zu verbessern.

#### 3.6.2.4 Beschränkungen

Da beide vorgeschlagenen Ansätze auf der Laufzeitanalyse für die Aufgabe der Informationsextraktion beruhen, unterliegen sie denselben Einschränkungen. Die Informationsextraktion zur Laufzeit und die anschließenden Visualisierungsaufgaben stehen in engem Zusammenhang mit der laufenden Software oder Anwendung, um verschiedene Merkmale und Funktionalitäten einer bestimmten VP zu aktivieren. Es ist jedoch gängige Praxis im Entwurfsprozess, die Entwurfsabdeckung (z. B. funktional oder anweisungsbezogen) zu überwachen und hochzuhalten, um sicherzustellen, dass der Entwurf wie vorgesehen funktioniert. Daher enthält ein Entwurf meist eine Testbench mit hoher Abdeckung (mindestens ein Test zur Aktivierung jeder einzelnen Funktionalität der VP). Dies wird in der Regel von den Entwicklern entweder manuell oder durch den Einsatz eines automatischen Testgenerators erreicht.

Was den compilerbasierten Ansatz betrifft, so ist die einzige Voraussetzung des vorgeschlagenen Ansatzes die Verfügbarkeit des Quellcodes. Im Falle des debuggerbasierten Ansatzes ist die einzige Voraussetzung des vorgeschlagenen Ansatzes, dass die ausführbaren VPs Debugging-Informationen enthalten müssen, die mit GDB kompatibel sind. Während GCC und Clang-LLVM unterstützt werden, ist Microsoft Visual Studio derzeit nicht kompatibel. Obwohl es sich bei unserem Ansatz um eine insgesamt solide Analyse handelt, weist es inhärente Leistungseinschränkungen auf, die bei den meisten anderen Laufzeitanalyse-Tools, die auf GDB aufbauen, auftreten. Mit den in diesem Abschnitt vorgestellten Implementierungstechniken (d. h. Zwischenspeicherung von Daten im Hauptspeicher oder Parallelisierung) kann der Leistungsverlust jedoch wirksam verringert werden.

### *3.6.3 Zusammenfassung*

Insgesamt sind die vorgestellten Ansätze in der Lage, detaillierte Informationen über die Struktur und das Verhalten einer bestimmten ESL-VP zu extrahieren. Die Leistungsbewertung beider Ansätze zeigt, dass der compilerbasierte Ansatz eine schnelle Lösung ist, die sehr gut mit der beliebigen Komplexität einer gegebenen VP und der Größe ihrer laufenden Anwendung skaliert. Für alle Fallstudien in den Tab. 3.6 und 3.7 beträgt die benötigte Zeit für die Analyse der VP weniger als eine Minute. Der Debugger-basierte Ansatz hat eine angemessene Ausführungszeit für die Analyse von VPs mit einer kleinen Größe der darauf laufenden Anwendung (in den meisten Fälle liegt die Größenordnung in Sekunden) im Vergleich zu ihrer reinen Kompilierungs- und Ausführungszeit. Obwohl die Leistungsauswirkungen des Ansatzes bei der Analyse eines großen ESL-Designs (z. B. LZW-Encoder oder SoCRoket) spürbar sein können, gibt es eine Vielzahl von Anwendungsfällen, welche die Anwendung des vorgeschlagenen Ansatzes rechtfertigen.

- In erster Linie ist die erforderliche Einrichtungszeit vernachlässigbar. Die in Kap. 2 vorgestellten Ansätze erfordern oft einen erheblichen Arbeitsaufwand, bis sie korrekt funktionieren. Alle Methoden, die den Kompilierungs-Workflow verändern, benötigen oft Stunden (wenn nicht Tage), bis sie richtig funktionieren. Die AOP-Lösung, auf die verwiesen wurde, scheint eine einfache Möglichkeit zu sein, den Quellcode zu instrumentieren, ohne die ursprüngliche Codebasis zu verändern, indem sie auf dem automatischen Neuschreiben in einem zusätzlichen Schritt beruht, der vor der Kompilierung automatisch ausgeführt wird. In der Praxis kann die Einrichtung einer funktionierenden AOP-Umgebung für bestehende, umfangreichere Projekte jedoch schnell zu einem erheblichen Arbeitsaufwand werden, da der Aspect Weaver zunächst das gesamte Projekt parsen muss (was vor allem ein Problem ist, sobald Bibliotheken involviert sind) und der daraus resultierende Code oft neue Probleme für eine bestimmte Compiler-Einstellung verursacht. Die vorgestellte Lösung zielt auf einen einfachen Fire-and-Forget-Ansatz ab, der nur eine ausführbare Datei mit den angehängten

Debug-Symbolen benötigt (die für alle Projekte verfügbar sein sollte). Da man sich auf diesen Standard-Workflow verlässt, bleiben die Setup-Kosten niedrig und problematische Eckfälle können aufgespürt werden, bevor andere Setups überhaupt ausgeführt werden.

- Die erstellte Pipeline bleibt unangetastet. Dies hält die Einrichtungszeit gering und ermöglicht es den Entwicklern, insbesondere kurze und fragwürdige Testfälle schnell zu bewerten. Außerdem sind die Ergebnisse, die mit dieser Methode erzielt werden, mit denen des Produktionssystems identisch.
- Im Falle von 3PIP, für das nur eine ausführbare Binärdatei verfügbar ist, bleibt der vorgeschlagene Ansatz funktionsfähig. Es ist die einzige Lösung, die mit einem ausführbaren Modell des Entwurfs arbeitet, ohne dass der Quellcode verfügbar ist. Dabei werden die Informationen, die über Debugsymbole verfügbar sind, abgerufen und die nicht verfügbaren Daten ohne weitere Einstellungen weggelassen.

Zwei Implementierungstechniken (d. h. Zwischenspeicherung von Daten im Speicher und Parallelisierung), die in diesem Kapitel vorgestellt wurden, können von Entwicklern eingesetzt werden, um bei der Verwendung des debuggerbasierten Ansatzes eine bessere Leistung zu erzielen. Die vorgeschlagenen Techniken können die erforderliche Analysezeit für die LD-Ecke selbst für komplexe VPs auf eine Größenordnung von Minuten reduzieren.

## 3.7 Schlussfolgerung

In diesem Kapitel wurden zunächst zwei motivierende Beispiele vorgestellt, um die Notwendigkeit des SystemC-basierten VP-Analyseansatzes und des Entwurfsverständnisses am ESL zu verdeutlichen. Diese Beispiele veranschaulichen, dass das Designverständnis der erste Schritt ist, bevor eine Modifikation auf eine gegebene VP angewendet werden kann, und hilfreich für andere Aufgaben wie das Debugging im Designprozess ist.

Zweitens wiesen wir darauf hin, dass für das richtige Verständnis einer bestimmten VP, welche Arten von Informationen extrahiert werden und wie sie visualisiert werden müssen, die Designer die Komplexität der VP schnell erfassen können.

In diesem Zusammenhang wurde eine umfassende Methodik zum Verständnis des Entwurfs eingeführt. Diese umfasst (1) zwei neue, einfach zu bedienende Ansätze zur Extraktion und Analyse von ESL-VP-Informationen, die auf dem Debugger (d. h. GDB) und dem Compiler (d. h. Clang) basieren, sowie (2) eine Analyse der extrahierten Daten nach der Ausführung. Das Ziel ist es, den Entwicklern ein IR des Verhaltens (basierend auf Simulation) und der Struktur der VPs zu liefern und diese Informationen so zu visualisieren, dass die Entwickler die Komplexität der VPs schnell erfassen können. Beide Ansätze zur Extraktion von VP-Informationen können strukturelle und verhaltensbezogene Informationen von VPs abrufen, die entweder mit zyklusgenauen SystemC- oder SystemC TLM-2.0-Modellen implementiert wurden.

Der Debugger-basierte Ansatz benötigt nur die ausführbare Version der VP, so dass der ursprüngliche Quellcode und Arbeitsablauf (z. B. SystemC-Bibliothek oder Compiler) unangetastet bleiben. Das Hauptproblem bei eingreifenden Ansätzen, die auf Änderungen (z. B. der SystemC-Bibliothek), den Schnittstellen, dem SystemC-Simulationskerns oder dem Compiler beruhen, besteht darin, dass diese Änderungen ein Problem für die Anwendung mehrerer Ansätze bei parallelen, zukünftigen Updates oder restriktiven Umgebungen darstellen können. Außerdem verringern sie meist den Automatisierungsgrad, da sie einen Aufwand für den Entwickler bedeuten. Der Zeitaufwand für diese Analyse kann jedoch bei steigender VP-Komplexität sehr hoch sein.

Andererseits ist der compilerbasierte Ansatz sehr schnell und skaliert gut mit einer beliebigen Komplexität von VPs. Er erfordert jedoch die Verfügbarkeit des Original-Quellcodes der VP. Er basiert auf der Analyse des AST der VP, um eine instrumentierte Version der VP zum Zweck der Datenextraktion zu erzeugen. Da der vorgeschlagene Ansatz weder die SystemC-Bibliothek noch den SystemC-Simulationskern noch den Compiler verändert, sollten alle mit dem Ansatz erzielten Ergebnisse im Hinblick auf das Zeitverhalten und die Funktionalität der VP mit den Referenzergebnissen identisch sein.

Je nach Anliegen und Anforderungen des Entwicklers hat dieser die Möglichkeit, entweder einen Debugger- oder einen Compiler-basierten Ansatz zu wählen. Die mit den beiden vorgeschlagenen Ansätzen gewonnenen Informationen können effektiv für die Verifizierung und Validierung von ESL-Entwürfen und die Erforschung des Entwurfsraums genutzt werden.

# Kapitel 4
# Anwendung I: Verifizierung

Im vorangegangenen Kapitel wurden zwei neuartige SystemC-basierte VP-Analyseansätze vorgestellt, die es Designern ermöglichen, detaillierte Informationen sowohl über die Struktur als auch das Verhalten einer bestimmten VP zu erhalten. Neben dem Ziel des Entwurfsverständnisses (eines der Hauptziele dieses Buches) können die Ergebnisse dieser Phase auch als Grundlage für verschiedene Anwendungen im Entwurfsprozess verwendet werden. Diese Nutzung ist das zweite Hauptziel dieses Buches, das zeigen soll, wie die extrahierten Informationen verwendet werden können, um die Durchführung anderer Aufgaben im Entwurfsprozess zu erleichtern.

In diesem Kapitel zeigen wir eine Anwendung des Entwurfsverständnisses im Entwurfsprozess, nämlich die Verifikation von SystemC-basierten VPs, die mit dem SystemC TLM-2.0 Framework implementiert wurden.

## 4.1 Einleitung

Die viel frühere Verfügbarkeit und die wesentlich schnellere Simulationsgeschwindigkeit der VP im Vergleich zum RTL-Hardwaremodell sind die Hauptgründe dafür, dass VP als Referenzmodell für eine frühe Systemverifikation im Entwurfsprozess verwendet werden. Daher ist die Sicherstellung der Korrektheit von VP von größter Bedeutung, da sich unentdeckte Fehler auf niedrigere Abstraktionsebenen ausbreiten und deren Behebung sehr kostspielig werden kann.

Für den ESL-Entwurf bietet TLM-2.0 (als aktueller Standard) Entwicklern eine Reihe von Standardschnittstellen und -regeln (TLM-2.0-Basisprotokoll) zur Modellierung einer VP auf der Grundlage abstrakter Kommunikation (d. h. Transaktionen). Wie bereits erwähnt, ermöglicht es den Entwicklern, von den Implementie-

 
M. Goli, R. Drechsler, *Automatisierte Analyse von virtuellen Prototypen auf der Ebene elektronischer Systeme*, https://doi.org/10.1007/978-3-031-36997-1_4

rungsdetails im Zusammenhang mit der Berechnung von IPs zu abstrahieren und sich nur auf die Kommunikation zu konzentrieren. Daher ist die Kommunikation (zwischen verschiedenen IP-Cores) der Hauptteil eines VP-Modells, der verifiziert werden muss. Der erste Schritt zur Verifizierung der Kommunikation in einer gegebenen VP besteht darin zu prüfen, ob sie den TLM-2.0-Regeln entspricht oder nicht. Der TLM-2.0-Standard enthält mehr als 150 Regeln, die bei der Implementierung eines TLM-Modells beachtet werden müssen [5] und die das erwartete Verhalten eines TLM-2.0-konformen Modells definieren. Ein kleiner Teil dieser Regeln spezifiziert Einschränkungen bezüglich der Struktur von TLM-Modellen (z. B. muss ein Initiator-Socket mit einem Target-Socket verbunden sein). Dieser Satz wird als *statische Regeln* bezeichnet und während der Kompilierung überprüft. Ein großer Teil dieser Regeln (die *dynamischen Regeln*) legt Beschränkungen der TLM-Kommunikations- und Transaktionsattribute fest und definiert damit eine Reihe von Protokollen, die TLM-Designs einhalten müssen. Weder der SystemC-Compiler noch die TLM-Bibliothek erkennen TLM-Protokollverletzungen, die während der Ausführung auftreten. Die manuelle Verifikation aller Regeln und die Erkennung der Fehlerquellen ist selbst bei einfachen Modellen fehleranfällig und teuer und daher bei komplexen Designs praktisch unmöglich. Daher werden automatisierte Verifikationstechniken benötigt, die die Konformität eines gegebenen ESL-Modells zumindest mit dem Basisprotokoll verifizieren.

Da eine VP das erste ausführbare Modell der Entwurfsspezifikationen ist, das ihre Funktionalität und ihr zeitliches Verhalten im Sinne einer abstrakten Kommunikation beschreibt, ist eine funktionale Absicherung der VP gegenüber ihren Spezifikationen zwingend erforderlich, insbesondere wenn die zu entwickelnde VP ein sicherheitskritisches System darstellt. Um die Korrektheit der Kommunikation in einer gegebenen VP sicherzustellen, muss daher neben der Validierung der VP gegen TLM-2.0-Regeln (Protokollvalidierung) auch die Funktionalität und das Zeitverhalten der VP verifiziert werden.

Im Allgemeinen kann die Korrektheit der SystemC-basierten VP durch zwei verschiedene Ansätze sichergestellt werden: formale Verifikation und simulationsbasierte Verifikation (auch Validierung genannt). Formale Ansätze erfordern in der Regel die Spezifikation des Modells in formaler Semantik wie abstrakte Zustandsautomaten [18, 45, 48, 51] oder IR-Modelle [66]. Aufgrund der objektorientierten Natur und der ereignisgesteuerten Simulationssemantik von SystemC ist es jedoch sehr schwierig, eine gegebene SystemC VP formal zu verifizieren. Darüber hinaus ist die Zustandsraumexplosion ein weiteres bekanntes Problem in dieser Kategorie. Aufgrund dieser Einschränkungen sind formale Ansätze nicht in der Lage, komplexe Systeme zu verifizieren, da einer gegebenen VP verschiedene Annahmen auferlegt werden müssen (z. B. können Funktionszeiger, Rekursion oder Templates nicht einfach formal beschrieben werden).

Im Gegensatz dazu sind simulationsbasierte Verifikationsansätze [28, 38, 39, 58, 89, 104, 110] immer noch die vorherrschenden Techniken zur Verifikation von Systemen an der ESL, da sie sehr gut mit einer beliebigen Komplexität von VPs skalieren. Bei der simulationsbasierten Verifikation wird das Verhalten von SystemC-

Modellen während der Simulation verifiziert. In diesem Bereich sind assertionbasierte Techniken [24, 28, 89, 104, 109] besonders gut für Validierungszwecke geeignet. Sie haben jedoch einige wesentliche Nachteile wie die folgenden. Erstens erfordert die Ableitung von Assertions (d. h. Eigenschaften) aus TLM-2.0-Regeln oder den Entwurfsspezifikationen in der Regel manuellen Aufwand für die Entwickler. Zweitens müssen die generierten Assertions meist manuell in die VP eingefügt werden. Drittens muss in vielen Fällen der SystemC-Kernel [109] oder die SystemC-Bibliothek [104] modifiziert werden, um Transaktionen genau zu verfolgen. Dies erfordert entweder teure manuelle Prozesse oder verursacht Kompatibilitätsprobleme, die den Automatisierungsgrad insgesamt verringern.

In diesem Kapitel schlagen wir einen simulationsbasierten Verifikationsansatz vor, der eine gegebene SystemC-VP automatisch sowohl gegen die TLM-2.0-Regeln als auch gegen ihre Spezifikationen validiert. Wir nutzen die in Kap. 3 vorgestellten Ansätze zur Informationsextraktion, um auf die Laufzeitinformationen der VP zuzugreifen. Eine Post-Execution-Analyse wird auf die extrahierten Informationen angewendet, um das Simulationsverhalten der VP zu erstellen und es in Form von abstrakter Kommunikation (d. h. Transaktionen) zu beschreiben. Das Simulationsverhalten wird in einen endlichen Zustandsautomaten transformiert und die Eigenschaften werden automatisch aus den Entwurfsspezifikationen und TLM-2.0-Regeln generiert. Schließlich wird das übersetzte Modell (das das Simulationsverhalten der VP formal beschreibt) mit Hilfe eines Modellprüfers gegen die generierten Eigenschaften geprüft. Die verletzten Eigenschaften und die entsprechenden Transaktionen werden zur weiteren Analyse an die Entwickler zurückgemeldet.

Der Schwerpunkt des vorgeschlagenen Ansatzes liegt auf der Erkennung von Fehlern im Zusammenhang mit den häufigsten und wichtigsten Fehlertypen der Kommunikation in einer VP am ESL, d. h. dynamische Regeln (die nicht statisch geprüft werden können, z. B. während der Kompilierung), die mit den TLM-2.0-Basisprotokolltransaktionen (und ihren Attributen), der Funktionalität und dem Zeitverhalten zusammenhängen. Der Ansatz wird auf mehrere Fallstudien angewandt, darunter eine reale VP, um seine Präzision, Skalierbarkeit und Vorteile zu demonstrieren.

Der Rest dieses Kapitels ist wie folgt aufgebaut. In Abschn. 4.2 werden die verwandten Arbeiten zur VP-Verifikation an der ESL erläutert. Abschn. 4.3 stellt die Fehlertypen vor, die wir in diesem Kapitel anhand eines motivierenden Beispiels verifizieren wollen. Abschn. 4.4 beschäftigt sich mit den wichtigsten Beiträgen dieses Kapitels. Es wird die vorgeschlagene Verifikationsmethodik vorgestellt, einschließlich der Übersetzung des Simulationsverhaltens einer gegebenen VP in einen Satz von Zustandsautomaten und der TLM-2.0-Regeln sowie der Spezifikationen der VP in einen Satz von Eigenschaften. Darüber hinaus wird gezeigt, wie der Validierungsprozess auf die transformierten Modelle angewendet wird. Die Evaluierung und die experimentellen Ergebnisse werden in Abschn. 4.5. beleuchtet. Schließlich wird das Kapitel in Abschn. 4.6 abgeschlossen.

## 4.2 Verwandte Arbeiten

Wie im vorherigen Abschnitt erwähnt, werden die Methoden zur Verifikation von SystemC-Modellen meist in zwei Hauptkategorien unterteilt: formale und simulationsbasierte Methoden.

### 4.2.1 *Formale Methoden*

Es wurden viele Ansätze [45, 48, 51, 52] zur formalen Verifikation von SystemC-Modellen vorgestellt. Sie basieren auf der Übersetzung der Modelle in eine formale Semantik, wie z. B. Zustandsautomaten, und deren Verifikation durch die Überprüfung von Sicherheitseigenschaften. In [48] werden SystemC-Modelle in die *Abstract State Machine Language* (AsmL) transformiert und Eigenschaften mit der *Property Specification Language* (PSL) formuliert. Das übersetzte Modell wird mit Hilfe eines Modellprüfers verifiziert. In [45] wird ein SystemC-TLM-Entwurf in ein sequentielles C-Modell übersetzt und die Eigenschaften werden mit PSL definiert. Anschließend wird eine Überwachungslogik, die auf C-Assertions und endlichen Zustandsautomaten basiert, zur Verifizierung der Eigenschaften verwendet. In [51, 52] wird eine Transformation eines gegebenen SystemC-Entwurfs in ein zeitgesteuertes Automatenmodell erstellt. Das übersetzte Modell wird mit Modellprüfprogrammen wie UPPAAL und BLAST überprüft. Die in [18] vorgeschlagene Methode formalisiert die Semantik von SystemC-Entwürfen in Form von Kripke-Strukturen und verifiziert sie durch symbolische Modellprüfung. Die Autoren von [66] präsentieren einen Ansatz zur Übersetzung von SystemC-Modellen in eine *Intermediate Verification Language* (IVL). Anschließend bieten sie einen symbolischen Simulator zur Verifikation der IVL an.

Für alle vorgenannten Methoden ist die Übersetzung von SystemC-Entwürfen in formale Semantik die größte Herausforderung, so dass sie nur eine Teilmenge von SystemC-Modellen verifizieren können.

### 4.2.2 *Auf Simulation basierende Methoden*

Mehrere Arbeiten [25, 58, 110] wurden vorgeschlagen, um SystemC-Modelle mit Hilfe der AOP-Technik zu verifizieren. Die Idee von AOP basiert auf einer Quelltext-zu-Quelltext-Übersetzung, die es Entwicklern ermöglicht, einen zusätzlichen Code (Aspekte) an bestimmten Stellen des Quelltextes hinzuzufügen. In [58] wird die AOP-Technik eingesetzt, um den Quellcode von SystemC-TLM-Modellen zu instrumentieren und seine Simulation zu verfolgen. Die verfolgten Informationen werden mit den als C++ Klasse implementierten Eigenschaften abgeglichen. In [25] werden SystemC-Quellcode und Eigenschaften, die von Benutzern als Aspektbeschreibung im XML-Format geschrieben wurden, geparst. Ein Weaver-Modul wird verwendet, um den geparsten Quellcode und die Aspekte wieder zusammenzusetzen. Anschließend wird ein SystemC-Formatter-Modul verwendet, um aus dem gewebten Syntaxbaum einen SystemC-Quellcode zu generieren, mit dem die Eigenschaften während der Simulationszeit überprüft werden können. In [110] werden die Primitive des Benutzercodes von den Benutzern in Eigenschaftsspezifikationen definiert. Dann wird AOP verwendet, um den SystemC-Quellcode zu instrumentieren, indem ein Monitor für jede Eigenschaft erzeugt wird, die während der Ausführung überprüft werden soll.

Die AOP-basierten Methoden sind meist auf die Interaktion des Benutzers angewiesen, um die Aspekte und Entwurfsprimitive zu definieren. Zusätzlich erschwert die Schwierigkeit, AOP-Setups zu definieren und zu debuggen, den Einsatz der Methoden.

Es gibt auch mehrere Versuche [24, 28, 104], SystemC-Modelle durch *Assertion-based Verification* (ABV) zu verifizieren. Bei ABV werden Eigenschaften in Form von Assertions (geschrieben in Sprachen wie PSL oder System Verilog) spezifiziert und während der Simulationszeit überprüft. Diese Methoden haben jedoch mehrere Nachteile. Die Formulierung von Eigenschaften erfordert eine komplexe Spezifikation, die manuell vorgenommen wird und daher während der Simulationszeit schwierig anzuwenden ist. Meistens müssen die Entwickler die Assertions manuell in den Quellcode des Entwurfs einfügen oder die SystemC-Konstrukte ändern.

In [6, 7] werden SystemC-TLM-Modelle verifiziert, indem einige TLM-Protokollchecker als externes SystemC-Modul zur Überwachung von Transaktionen hinzugefügt werden. Die Transaktionen werden während der Simulation überwacht, indem eine Kopie des Protokollprüfers zwischen jedes Paar von TLM-Modulen eingefügt wird. Sie prüfen, ob jede Transaktion den TLM-Protokollen entspricht oder nicht. Das Einfügen dieser Protokollchecker und externer Module erfordert jedoch manuellen Aufwand für die Entwickler, was den Automatisierungsgrad verringert. Außerdem kann die Methode nur die Gültigkeit einer gegebenen VP anhand der TLM-2.0-Regeln und nicht anhand ihrer Spezifikationen prüfen.

### 4.2.3 Zusammenfassung

Die bestehenden Methoden haben zwei große Nachteile: Im Falle der formalen Verifikation sind die Methoden darauf beschränkt, nur eine Teilmenge von ESL-Designs zu unterstützen. Bei der simulationsbasierten Verifikation werden in der Regel eingreifende Techniken verwendet, die entweder die SystemC-Bibliothek oder den Kernel oder dessen Schnittstellen verändern. Dies kann den Automatisierungsgrad verringern oder zu Kompatibilitätsproblemen bei der parallelen Anwendung mehrerer Ansätze führen. Außerdem sind sie meist darauf beschränkt, nur SystemC TLM-2.0-Designs gegen TLM-2.0-Regeln zu verifizieren.

## 4.3 Motivierendes Beispiel und Fehlertypen

In diesem Abschnitt stellen wir die Fehlertypen vor, die wir in einer bestimmten VP anhand eines motivierenden Beispiels erkennen wollen.

Betrachten wir die in Kap. 3 vorgestellte LT_AT_BUS-VP (Abb. 3.1), jedoch mit anderen Spezifikationen als den folgenden. *Modul-Initiator_A* kommuniziert mit Zielmodulen über den *LT_AT_BUS*, indem er drei Arten von AT-Transaktionen erzeugt. Es erzeugt die Transaktionstypen $T_1$ und $T_2$ (vgl. Tab. 2.1) für den Zugriff auf *Speicher_A* (jeder Typ für verschiedene Speicheradressbereiche) und den Typ $T_3$ für den Zugriff auf *Speicher_B* und *Speicher_C*. Das Modul *Initiator_B* erzeugt AT-Transaktionen vom Typ $T_4$ für den Zugriff auf das Zielmodul *Speicher_A* und LT-Transaktionen vom Typ $T_0$ für den Zugriff auf *Speicher_B und Speicher_C*. Betrachten wir zum Beispiel die Kommunikation zwischen *Initiator_A* und *Speicher_A*. Das Modul *Initiator_A* erzeugt Transaktionen der Typen $T_1$ (mit weniger Übergangsphasen, um die Leistung zu steigern) und $T_2$, um auf den Speicheradressbereich (*0x00* bis *0x0A*) bzw. (*0x0B* bis *0xFF*) des Moduls Speicher_*A* zuzugreifen. Betrachten wir nun drei mögliche *Fehlertypen* (*Fault Types*, FTs), mit denen Designer während des Entwurfsprozesses konfrontiert werden können.

### FT1

Implementierung einer falschen TLM-2.0 Basisprotokolltransaktion. Nach der Implementierung der VP können einige TLM-2.0-basierte Protokollregeln von Entwicklern falsch implementiert werden. Zum Beispiel haben die von *Initiator_A* generierten Transaktionen für den Zugriff auf den Adressbereich (*0x0B* bis *0xFF*) des Zielmoduls Speicher_*A* eine falsche Reihenfolge der Übergangsphasen. Diese Art von Fehlern kann jedoch weder vom SystemC-Compiler noch von der TLM-2.0-Bibliothek erkannt werden. Darüber hinaus ist die manuelle Überprüfung der Korrektheit dieser Regeln, selbst bei einem einfachen Entwurf, sehr schwierig, da TLM-2.0 viele Regeln enthält.

### FT2

Der Transport falscher Transaktionsdaten kann auch zu Fehlfunktionen des VP-Modells führen. Transaktionsattribute wie Daten, Adresse oder Datenlänge können von den einzelnen TLM-Modulen mit einem falschen Wert belegt werden, was dazu führt, dass die Transaktion an ein falsches Ziel transportiert wird oder die Initiator- oder Zielmodule falsche Daten erhalten. Beispielsweise greifen einige vom *Initiator_A* generierte Transaktionen des Typs $T_1$ auf die Speicheradressen *0xB2* und *0xB3* zu, was den VP-Spezifikationen widerspricht. In diesem Fall hält sich die VP-Implementierung zwar an die TLM-2.0-Regeln, verstößt aber gegen die VP-Spezifikationen. Daher können die traditionellen Verifizierungsansätze wie [104], die sich nur auf die Verifizierung der VP anhand der TLM-2.0-Basisprotokollregeln konzentrieren, diese Art von Fehler nicht erkennen.

### FT3

Die Implementierung eines falschen Timing-Verhaltens kann ebenfalls einen Fehler verursachen. Dies bezieht sich explizit auf die Timing-Anmerkung einer Transaktion und ist definiert als die Verzögerung, die die Transaktion benötigt, um zwischen zwei TLM-Modulen übertragen zu werden. Zum Beispiel muss der Verzögerungsparameter von Transaktionen, die von *Initiator_A* erzeugt werden, um auf den Adressbereich (*0x00* bis *0x0A*) von Speicher_*A* zuzugreifen, kleiner als 80 ns sein. Daher wollen die Entwickler wissen, ob das Timing-Verhalten der von *Initiator_A* erzeugten Transaktionen für den Zugriff auf diesen Adressbereich in *Speicher_A* den Timing-Spezifikationen des VP entspricht. Auch bei dieser Art von Fehlern scheitern traditionelle Ansätze wie [104] bei der Validierung der VP anhand ihrer Spezifikationen.

Um alle oben genannten Fehlertypen zu erkennen, ist daher ein automatisierter Validierungsprozess erforderlich, der nicht nur die Korrektheit der VPs anhand der TLM-2.0-Regeln überprüft, sondern auch ihr funktionales und zeitliches Verhalten anhand ihrer Spezifikationen validiert.

## 4.4 Methodik

In diesem Abschnitt geben wir zunächst einen Überblick über den vorgeschlagenen Verifikationsansatz. Zweitens wird der Prozess der Extraktion des Simulationsverhaltens von VPs und dessen Übersetzung in das richtige formale Format für die Verifikation vorgestellt. Dann wird gezeigt, wie die TLM-2.0-Regeln und die Spezifikationen der VPs in die formale Semantik übersetzt werden. Schließlich wird die Verifikation der formalen Darstellung des Simulationsverhaltens von VPs anhand der generierten Eigenschaften illustriert [36, 38, 39].

### *4.4.1 Gesamter Arbeitsablauf*

Abb. 4.1 gibt einen Überblick über den vorgeschlagenen Ansatz, der die folgenden drei Hauptphasen umfasst.

1. Extrahieren des Laufzeitverhaltens (d. h. die Lebensdauer der Transaktionen) der SystemC VP und Analysieren der extrahierten Informationen, um sie in eine Reihe von zeitgesteuerten Automatenmodellen zu transformieren.
2. Generierung einer Reihe von Eigenschaften aus den folgenden Quellen.
    - TLM-2.0-basierte Protokollregeln und
    - VP-Spezifikationen in Bezug auf das Funktions- und Zeitverhalten.
3. Validierung des VP-Verhaltens anhand der generierten Eigenschaften mit Hilfe des UPPAAL Model Checkers.

Im Folgenden wird jede Phase des vorgeschlagenen Ansatzes im Detail erläutert und anhand des motivierenden Beispiels *LT_AT_BUS* VP (Abb. 3.1) illustriert.

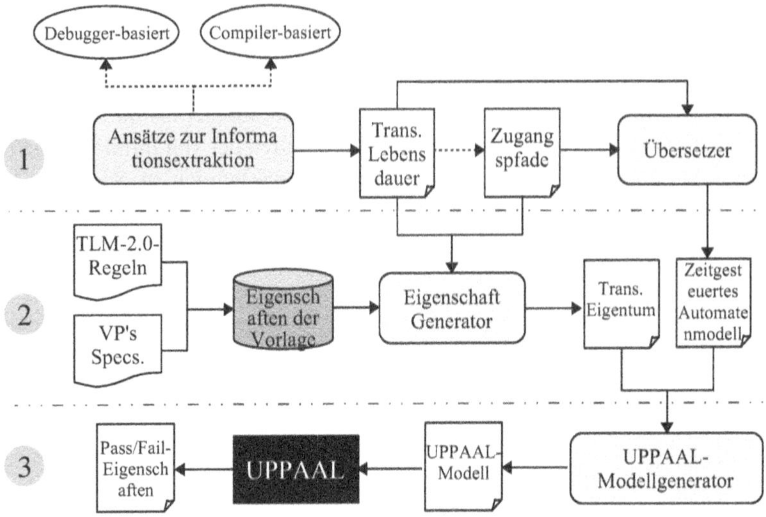


**Abb. 4.1** Überblick über die vorgeschlagene simulationsbasierte Verifizierungsmethodik

## *4.4.2 Extraktion und Übersetzung von Informationen*

Die Verhaltensextraktion der VP in der ersten Phase des Verifikationsansatzes wird mit den in Kap. 3 vorgeschlagenen Ansätzen zur Informationsextraktion durchgeführt. Diese Option steht Entwicklern zur Verfügung, die je nach Anwendungsfall und Anforderungen entweder den Compiler-basierten oder den Debugger-basierten Ansatz verwenden können. Eine der Zwischendarstellungen des Simulationsverhaltens der VP unter Verwendung der Ansätze zum Designverständnis ist das Lebenszeitprotokoll der Transaktionen. Für die Absicht des Entwurfsverständnisses enthält das generierte Protokoll detaillierte Informationen zu den TLM-Modulen und den globalen Funktionen oder dem Verhalten der Module (z. B. zur Überwachung einer Transaktion). Einige Teile dieser Informationen sind jedoch für das Designverständnis notwendig (da sie das gesamte Verhalten der VP beschreiben sollen), sie sind jedoch nicht der Hauptteil des Transaktionsflusses bezüglich der TLM-2.0-Protokolle und -Regeln. Daher enthält die generierte Transaktionslebensdauer *Trans Lifetime* in der ersten Phase des vorgeschlagenen Ansatzes (Abb. 4.1) nur die für die Verifikationsaufgabe erforderlichen Informationen. So enthält jede Transaktionslebensdauer in *Trans Lifetime* mehrere Sequenzen (Zeitschritte), die die Transaktionserstellung, die Bearbeitung durch TLM-Module und deren Abschluss veranschaulichen. Jede Sequenz in der Transaktionslebensdauer wird auf der Grundlage der folgenden Definition festgelegt.

**Definition 4.1** Eine Sequenz *SQ* ist ein Tupel *(F, D)*, wobei *F* alle Informationen über den Ablauf der Transaktion und *D* die Informationen über die Attribute der Transaktion und die zugehörigen Parameter bezeichnet.

$$SQ = \{(F, D) | F = (M, I, Func, ST, TID, MT),$$
$$D = (data, adrs, cmd, dl, rps, phase, delay, rs)\}$$

wobei

- *M* und *I* sind die Namen der Wurzel bzw. der Instanz eines Moduls.
- *Func* ist der Funktionsname, auf den ein Transaktionsobjekt verwiesen wird.
- *ST* zeigt die Simulationszeit an.
- *TID* ist die Referenzadresse der Transaktion.
- *MT* veranschaulicht die Art der TLM-Module.
- *data, adrs, cmd, dl* und *rps* sind die Attribute der Transaktion, die die Daten, die Adresse, den Befehl sowie die Datenlänge bzw. den Antwortstatus bezeichnen.
- *phase, delay* und *rs* stellen die Phase der Transaktion, die Zeitangabe und den Rückgabestatus der Kommunikationsschnittstellen dar.

Bitte beachten Sie, dass der Phasenparameter im LT-Modell auf *NULL* gesetzt ist, da er nur für das AT-Modell relevant ist. Basierend auf Definition 4.1 ist die Transaktionslebensdauer wie folgt definiert:

**Definition 4.2** Eine Transaktionsdauer *TL* ist eine Menge von Sequenzen *SQ*, wobei

$$TL = \{SQ_i | 1 \le i \le n_T\}$$

und $n_T$ wird auf der Grundlage der verwendeten Basisprotokolltransaktion definiert, da die verschiedenen Typen eine unterschiedliche Anzahl von Sequenzen aufweisen.

Abb. 4.2 zeigt beispielsweise die Lebensdauer einer einzelnen Transaktion des *LT_AT_BUS* VP auf der Grundlage der Definitionen 4.1 und 4.2, einschließlich fünf Sequenzen.

Obwohl die generierte Transaktionslebensdauer *TL* die richtige Struktur hat, um bei der Validierung jeder Transaktion anhand der TLM-2.0-Basisprotokollregeln verwendet zu werden, ist eine weitere Übersetzung der Transaktionslebensdauer erforderlich, um funktionale (FT2) und zeitliche (FT3) Fehlertypen zu verifizieren. Da bei der Validierung der Transaktionen einer gegebenen VP gegen FT2 oder FT3 geprüft werden muss, ob die Transaktionen an das richtige Zielmodul (z. B. eine richtige Speicheradresse) mit dem erwarteten Transaktionstyp oder der erwarteten Verzögerung gemäß den VP-Spezifikationen gesendet werden, wandeln wir jede Transaktionslebensdauer in einen Zugriffspfad auf der Grundlage der folgenden Definition um.

```
SQ1: ([Initiator_A, init_0, process_1, 50ns, NULL, initiator],
[0x7054f0, 0x06, READ, 4, TLM_INCOMPLETE_RESPONSE, BEGIN_REQ,
5ns, NULL])

SQ2: ([LT_AT_BUS, bus_0, nb_transport_fw, 55ns, 0x683c10,
interconnect], [0x7054f0, 0x06, READ, 4, TLM_INCOMPLETE_RESPONSE,
BEGIN_REQ, 5ns, NULL])

SQ3: ([Memory_A, trgA, nb_transport_fw, 60ns, 0x683c10, target],
[0x76ab56, 0x03, READ, 4, TLM_OK_RESPONSE, BEGIN_REQ,
5ns, TLM_COMPLETED])

SQ4: ([LT_AT_BUS, bus_0, nb_transport_fw, 65ns, 0x683c10,
interconnect], [0x76ab56, 0x03, READ, 4, TLM_OK_RESPONSE,
BEGIN_REQ, 5ns, TLM_COMPLETED])

SQ5: ([Initiator_A, init_0, process_1, 70ns, NULL, initiator],
[0x76ab56, 0x03, READ, 4, TLM_OK_RESPONSE, BEGIN_REQ,
5ns, NULL])
```

**Abb. 4.2** Lebensdauer einer einzelnen Transaktion des *LT_AT_BUS* VP unter Berücksichtigung der Definitionen 4.1 und 4.2

**Definition 4.3** Ein vollständiges Simulationsverhalten einer gegebenen SystemC VP kann als eine Menge von Zugriffspfaden *SAP* definiert werden, wobei jeder Pfad *AP* eine Verbindung zwischen einem Initiatormodul *IM* und einem Zielmodul *TM* wie folgt darstellt

$$SAP = \left\{ AP_i \middle| , AP_i = \left\{ IM \rightarrow TM :: \left( TID, TT, Tadrs, cmd, TD \right) \right\},\ 1 \leq i \leq n_{seq} \right\}$$

wobei

- *IM* und *TM* sind Initiator- bzw. Zielmodule (ihre Stamm- und Instanznamen).
- *TT* ist der Transaktionstyp, der angibt, welches Zeitmodell (LT oder AT) verwendet wird. Im Falle des AT-Modells zeigt er an, welche Art von Transaktion des zugrunde liegenden Protokolls gemäß Tab. 2.1 implementiert ist. Zur Identifizierung des Transaktionstyps wird eine eindeutige Typsignatur durch Verkettung von drei Parametern aus der Lebensdauer der Transaktion erzeugt, nämlich *Aufruf der Kommunikationsschnittstelle*, *Rückgabestatus* und *Phasenübergänge*.
- *Tadrs* zeigt die Adresse der Transaktion im Zielmodul *TM* an.
- *cmd* ist das Attribut für den Transaktionsbefehl. Es zeigt die Art des Transaktionszugriffs an (z. B. Lesen oder Schreiben).
- *TD* ist die Gesamtverzögerung, die für den Abschluss einer Transaktion über die gesamte Lebensdauer erforderlich ist. Sie ergibt sich aus der Differenzierung der Simulationszeit *ST* der ersten und der letzten Sequenz.
- $n_{seq}$ ist die Anzahl der Sequenzen in einer Transaktionsdauer.

Die in Abb. 4.2 dargestellte Transaktionslebensdauer hat beispielsweise fünf Sequenzen und implementiert den Typ $T_1$ der zugrunde liegenden Protokolltransaktion, da ihre Typsignatur „*nb_transport_fw* + *BRQ* + *TC*" lautet. Die Zugriffspfaddarstellung dieser Transaktionsdauer auf der Grundlage von Definition 4.3 lautet wie folgt.

$$AP = \{Initiator\_A : init\_0 \rightarrow Memory\_A : trgA :: \\ \left(0x683c10, T_1, 0x03, READ, 20ns\right)\} \tag{4.1}$$

Sie zeigt, dass die Instanz *init_0* des Initiatormoduls *Initiator_A* eine Transaktion mit der Referenzadresse *0x683c10* erstellt hat, um in die Speicheradresse *0x03* der Instanz *trgA* des Zielmoduls *Speicher_A* zu schreiben. Sie zeigt auch, dass die Gesamtverzögerung für diese Transaktion *20* ns beträgt, da ihre erste ($SQ_1$) und letzte ($SQ_5$) Sequenz zur Simulationszeit 50 ns bzw. 70 ns gestartet werden.

#### 4.4.2.1 Übersetzen von Transaktionsinformationen in Zeitautomaten.

Um das Simulationsverhalten von TLM-Modellen formal zu verifizieren, müssen die abgerufenen Informationen in ein formales Modell umgewandelt werden. Da die Lebenszeiten der extrahierten Transaktionen endliche Schritte zur Implementierung des TLM-Protokolls aufweisen und Zeitinformationen enthalten (z. B. Zeitphase und Zeitkommentare), können sie in ein zeitgesteuertes Automatenmodell umgewandelt werden. Ein zeitgesteuerter Automat ist ein endlicher Zustandsautomat, der durch Taktvariablen gesteuert wird.

Die folgenden Definitionen werden verwendet, um eine Transaktionslebensdauer in ein Zeitautomatenmodell umzuwandeln.

**Definition 4.4** Ein Zeitautomat *TA* ist ein Tupel ($L$, $l_0$, $C$, $A$, $E$, $I$), wobei $L$ eine Menge von Orten ist, $l_0 \in L$ ist der Anfangsort $l_0$, $C$ ist eine Menge von Taktvariablen, und $A$ ist eine Menge von Aktionen, $E \subseteq L \times A \times B\,(C) \times 2C \times L$ ist eine Menge von Kanten, wobei $B(C)$ eine Menge von Taktbeschränkungen bezeichnet, und $I{:}L \rightarrow B(C)$ ordnet den Orten Invarianten zu. Der Übergang $l \xrightarrow{(a,g,r)} l'$ ist gültig, wenn $(l, a, g, r, l') \in E$.

**Definition 4.5** Die Semantik einer *TA* ist definiert als ein Übergangssystem $(S, s_0, \rightarrow)$, wobei $S \subseteq L \times R_{\geq 0}^{C}$ eine Menge von Zuständen $s_0 = (l_0, u_0)$ der Anfangszustand und $\rightarrow \subseteq S \times (R \geq {}_0 \cup A) \times S$ die Übergangsrelation ist. Eine Taktbewertung ist eine Funktion $u{:}C \rightarrow R \geq {}_0$, die jedem Takt einen nichtnegativen reellen Wert zuordnet. Ein semantischer Schritt eines zeitgesteuerten Automaten zur Modellierung des Simulationsverhaltens ist definiert als

$$(l,u) \underset{\rightarrow}{a} (l',u') \text{iff } l\underrightarrow{(a,g,r)}\, l' \text{ such that } u \in g \wedge u' = [r \rightarrow 0]u \wedge u' \in I(l').$$

Eine Transaktionslebensdauer umfasst mehrere Zeitschritte, die die Erstellung und Bearbeitung von Transaktionen durch TLM-Module darstellen. Um die Transaktionslebensdauer in einen zeitgesteuerten Automaten umzuwandeln, sind die folgenden zwei Schritte erforderlich. Erstens wird jede Sequenz als ein Zustand (Ort) definiert. Zweitens wird die Menge der zwischen den Modulen ausgetauschten Daten als Übergang von Zuständen (Kanten) definiert. Ein Ort wird auf der Grundlage der Informationen über das Modul und die Sequenznummer definiert. In diesem Modell wird eine Taktvariable verwendet, um die Reihenfolge der Übergänge zu steuern. Ein Ort wird auf der Grundlage der Informationen des Moduls und der Sequenznummer definiert. In diesem Modell wird eine Taktvariable verwendet, um die Abfolge der Übergänge zu steuern.

Ein einfaches Beispiel veranschaulicht, wie das extrahierte Simulationsverhalten eines TLM-Modells in ein Zeitautomatenmodell umgewandelt wird. Abb. 4.2 zeigt einen Ausschnitt aus dem Simulationsverhalten des *LT_AT_BUS* VP (Abb. 3.1), der die Lebensdauer einer einzelnen Transaktion darstellt. Eine Transaktion wird vom Initiatormodul *Initiator_A* mit der Phase *BEGIN_REQ* erzeugt und durch das Verbindungsmodul *LT_AT_BUS* geleitet, um das Zielmodul *Speicher_A zu* erreichen. Das Zielmodul gibt *TLM_COMPLETED* zurück, wenn es die Transaktion erhalten hat.

Der Zeitautomat *TA_0x7054f0_1* beschreibt formal das Simulationsverhalten von Abb. 4.2 auf der Grundlage von Definition 4.4 wie folgt:

$$\begin{aligned}
&L = \{l_0 : SEQ1_Initiator_A, l_1 : SEQ2_LT_AT_BUS,\\
&l_2 : SEQ3_Memory_A, l_3 : SEQ4_LT_AT_BUS,\\
&l_4 : SEQ5_AT_typeA_initiator\}\\
&l_0 = SEQ1_Initiator_A\\
&C = \{clk\}\\
&A = \phi\\
&E = \{(l0,l1),(l1,l2),(l2,l3),(l3,l4)\}\\
&I : l_1 \rightarrow clk \leq 1, l_2 \rightarrow clk \leq 2, l_3 \rightarrow clk \leq 3, l4 \rightarrow clk \leq 4
\end{aligned} \tag{4.2}$$

Die Taktvariable *clk* wird auf Null initialisiert und dann in zwei Taktbedingungen verwendet. Erstens gibt die Invariante $clk \leq maxtime$ an, dass die entsprechende Stelle verlassen werden muss, bevor *clk* größer als *maxtime* wird, und die Schutzvariable $clk == maxtime$ ermöglicht die entsprechende Flanke zur *minttime*. $A = \phi$ bedeutet, dass alle Übergänge zwischen Orten interne Übergänge sind. Dies bedeutet, dass ein Übergang nur dann stattfindet, wenn die Schutzbedingung der Flanke erfüllt ist.

Die operationale Semantik des Zeitautomaten *TA_0x7054f0_1* wird auf der Grundlage von Definition 4.5 wie folgt formuliert:

$$\begin{aligned}&(l_0,clk \le 0)\xrightarrow{AS_0,clk==0}(l_1,clk \le 1),(l_1,clk \le 1)\xrightarrow{AS_1,clk==1}(l_2,clk \le 2)\\&(l_2,clk \le 2)\xrightarrow{AS_2,clk==2}(l_3,clk \le 3),(l_3,clk \le 3)\xrightarrow{AS_3,clk==3}(l_4,clk \le 4)\end{aligned} \tag{4.3}$$

Der Parameter $\overset{3}{\underset{i:0}{}}AS_i$ ist als Zuweisungsanweisung definiert, wenn ein Übergang von $l_i$ zu $l_{i+1}$ erfolgt. Er setzt den Wert von Transaktionsattributen und den Wert der entsprechenden Variablen, die den Transaktionsablauf beschreiben.

Die Zugriffspfaddarstellung einer Transaktionsdauer ist ein vereinfachtes Modell der Transaktionsdauer, das nur eine Übergangsphase hat. Das Modell des Zeitautomaten enthält daher nur zwei Stellen $l_0$ und $l_1$, wobei sich die erste Stelle auf das Initiatormodul und die zweite Stelle auf das Zielmodul bezieht. Beispielsweise bezeichnet der Zeitautomat *TA_0x7054f0_1_AP* den Zugriffspfad in 4.1 (von Abb. 4.2) auf der Grundlage von Definition 4.4 formal wie folgt:

$$\begin{aligned}&L = \{l_0 : SEQ1\_Initiator\_A, l_1 : SEQ2\_Memory\_A\}\\&l_0 = SEQ1\_Initiator\_A\\&C = \{clk\}\\&A = \phi\\&E = \{(l0,l1)\}\\&I : l_1 \to clk \le 1\end{aligned} \tag{4.4}$$

Die operationale Semantik des Zeitautomaten *TA_0x7054f0_1_AP* wird auf der Grundlage von Definition 4.5 wie folgt formuliert:

$$(l_0,clk \le 0)\xrightarrow{AS_0,clk==0}(l_1,clk \le 1) \tag{4.5}$$

Der Parameter $AS_0$ ist als Zuweisungsanweisung definiert, wenn ein Übergang von $l_0$ zu $l_1$ erfolgt. Er legt den Typ der Transaktion, die Attribute (Daten, Adresse und Befehl) und die Dauer ihrer Lebensdauer (als Transaktionsverzögerung) fest.

### *4.4.3 Erzeugung von Eigenschaften*

Wie das Simulationsverhalten von TLM-Modellen müssen auch die TLM-2.0-Regeln und die Spezifikationen der VP in einer wohldefinierten Sprache formell ausgedrückt werden, um erstere mit letzteren vergleichen zu können. Die Eigenschaften werden mit einer Teilmenge der *Timed Computation Tree Logic* (TCTL) [3] spezifiziert und in der Sprache der temporalen Logik beschrieben. Die Sprache umfasst Zustandsformeln und Pfadformeln. Zustandsformeln sind Ausdrücke, die für einen Zustand geprüft werden, während Pfadformeln bewerten, ob eine gegebene Zustandsformel über Pfade durch jeden erreichbaren Zustand erfüllt ist.

Wir verwenden die folgenden vordefinierten Symbole aus dem Bereich der temporalen Logik, um sowohl die TLM-2.0-Regeln als auch die Spezifikationen der VP formal zu definieren.

**Definition 4.6** Wenn $p$ und $q$ eine Eigenschaft von Zuständen sind, dann ist die zeitlogische Formel:

- **Exists eventually** $p$ ($E<>p$) beschreibt, dass es einen Weg gibt, der zu einem Zustand führt, in dem $p$ gilt.
- **Exists globally** $p$ ($E\,[\;]\,p$) beschreibt, dass es einen Pfad gibt, auf dem p für alle Zustände des Pfades gilt.
- **Immer global** $p$ ($A\,[\;]\,p$) beschreibt, dass p für alle Zustände aller Pfade gilt.
- **Always eventually** $p$ ($A<>p$) beschreibt, dass alle Pfade $p$ für mindestens einen Zustand des Pfades gelten.
- $q$ **führt immer zu** $p$ ($q \rightarrow p$) beschreibt jeden Pfad, der mit einem Zustand beginnt, in dem $q$ gilt, und später einen Zustand erreicht, in dem $p$ gilt.

#### 4.4.3.1 Übersetzen von TLM-2.0-Regeln in formale Eigenschaften

Wie in Abb. 4.1, Phase 2, dargestellt, werden die TLM-Regeln aus den in der TLM-Dokumentation enthaltenen Lehrbuchspezifikationen in einen Satz von Vorlageneigenschaften umgewandelt. Dieser Prozess erfolgt manuell (einmalig), um eine Datenbank mit vordefinierten temporalen Eigenschaften zu erstellen. TLM-Regeln werden formal mit Hilfe von vordefinierten Symbolen definiert, die aus dem Bereich der temporalen Logik mit Hilfe von Definitionen 4.6 stammen.

Die Datenbank der *Vorlageneigenschaften* enthält die Eigenschaften zur Überprüfung sowohl der Transaktionssemantik (d. h. des Verhaltens der TLM-Module, der Transaktionstypen und ihrer Attribute) als auch der Funktionalität der TLM-Kommunikation (d. h. des Verhaltens der TLM-Module). Es gibt 40 Vorlageneigenschaften, von denen 15 definiert sind, um die Semantik einer Transaktion zu verifizieren, und 25, um die Übereinstimmung der Semantik der Kommunikation mit den TLM-2.0-Regeln zu überprüfen.

Als Beispiel für Transaktionssemantikregeln werden die TLM-Regeln in Bezug auf den Standardwert eines Transaktionsadressattributs betrachtet. Die Lehrbuchspezifikation dieser Regel in der TLM-2.0-Dokumentation lautet wie folgt:

> Der Standardwert für den Antwortstatus einer Transaktion muss gleich „TLM_INCOMPLETE_RESPONSE“ sein.

Aufgrund von Definition 4.6 lautet die formale Definition dieser Aussaget:

$$\begin{aligned}&\left(l_0 \;\&\&transact.tstatus == 0)\right) \rightarrow \left(l_1 \;\&\&transact.tstatus == 0\right)\\&\text{where}\left\{l_0, l_1 \in E\right\}\end{aligned} \tag{4.6}$$

Da die temporale Logik keine Aufzählungstypen unterstützt, werden die möglichen Werte aller TLM-2.0 Aufzählungstypen durch ganzzahlige Werte angegeben. Im Fall des Transaktionsantwort-Statusattributs *transact. tstatus* sind die Aufzählungswerte *TLM_INCOMPLETE_RESPONSE* und *TLM_OK_RESPONSE* durch 0 bzw. 1 definiert.

Die TLM-2.0-Kommunikationssemantikregeln hingegen legen fest, wie die Kommunikation ablaufen muss. Die Lehrbuchspezifikation dieser Regel in der TLM-2.0-Dokumentation lautet wie folgt:

> Ein Phasenübergang kann nur stattfinden, wenn der Rückgabewert des nicht-sperrenden Transports TLM_UPDATED ist.

Ausgehend von Definition 4.6 lautet die formale Darstellung dieser Regel wie folgt:

$$\begin{aligned} &\left(l_i \,\&\&\, tlm\_retun\_stus\,!=2 \,\&\&\, transact.tphase == 't'\right) \rightarrow \\ &\left(l_{i+1} \,\&\&\, transact.tphase == 't'\right) \text{where} \left\{l_i, l_{i+1} \in E\right\}, i > 0 \end{aligned} \tag{4.7}$$

*tlm_retun_stus* ist eine Integer-Variable, die den Rückgabewert der nicht-sperrenden Transportfunktion angibt. Die Aufzählungswerte *NO_RETURN, TLM_ACCEPTED, TLM_UPDATED* und *TLM_COMPLETED* werden durch 0, 1, 2 bzw. 3 angegeben. Der Parameter *transact. tphase* bezieht sich auf die Übergangsphase der TLM-Transaktion (z. B. *BEGIN_REQ*).

#### 4.4.3.2 Übersetzen der Spezifikationen der VP in formale Eigenschaften

Die Entwurfsregeln werden in der Regel in Lehrbuchspezifikationen niedergeschrieben, und die Designer verwenden sie zur Implementierung des Entwurfs. Um eine SystemC VP zu modellieren, wird ein Teil dieser Spezifikationen durch das TLM-2.0 Basisprotokoll definiert, das z. B. beschreibt, wie die Kommunikation zwischen TLM-Modulen implementiert werden muss. Die anderen Teile dieser Spezifikationen, die sich auf das funktionale und zeitliche Verhalten der VP beziehen, werden von den Designern definiert und als *User Constraints* betrachtet. Im Folgenden zeigen wir, wie diese Einschränkungen in die entsprechenden Eigenschaften übersetzt werden.

Die VP-Spezifikationen, die sich auf die funktionalen Beschränkungen beziehen, werden auf der Grundlage der folgenden Definition als Eingaben angegeben.

**Definition 4.7** Die VP-Funktionsspezifikationen $VP_{fs}$ enthalten für jedes Initiatormodul *IM* die Liste aller Zielmodule *TM*, auf die *IM* mit einer bestimmten Transaktionsart *TT* zugreifen darf (siehe unten).

$$\begin{aligned} VP_{fs} = \{IM_i \; \#M_i \rightarrow \left\{\left(TM_j\left(address\_range\right), TT_n\right)\right\}, \\ 0 \le i \le n_{init}, 0 \le j \le n_{trg}, 0 \le n \le 13\} \end{aligned}$$

wobei $n_{init}$ und $n_{trg}$ die Anzahl der Initiator- bzw. Zielmodule angeben.

Die gegebenen VP-Spezifikationen werden vom Modul *Property Generator* (Abb. 4.1, Phase 2) analysiert, um aromatisch alle Eigenschaften zu generieren, die sich auf die ungültigen Verbindungspfade eines Initiators und eines Zielmoduls beziehen, entweder auf der Grundlage einer falschen Adresse oder von Transaktionsarten. Wie in Algorithmus 4.1 dargestellt, wird die $VP_{fs}$ analysiert, um alle Zielmodule der VP zu extrahieren und in der $L_{trg}$ zu speichern (Zeile 1). Für jedes Initiatormodul *IM* der VP wird eine *Forbidden Target List* $FTL_{IM}$ erstellt, die die Zielmodule enthält, auf die der Initiator nicht zugreifen darf (Zeilen 4 und 5). Anschließend werden Eigenschaften generiert, die die folgenden beiden wichtigen Fakten angeben:

1. Für das Initiatormodul *IM* darf es in seiner $FTL_{IM}$ für alle Arten von Transaktionen auf der Grundlage des Protokolls, die in $L_{TT}$ (Zeilen 5–12) angegeben sind, keinen Verbindungspfad zu den Zielen geben.
2. Für das Initiatormodul *IM* darf es keinen Verbindungspfad zu seiner Zielliste *TL* mit den in seiner Liste der *verbotenen Transaktionsarten* $FTT_{IM}$ (Zeilen 13–20) angegebenen Transaktionsarten geben.

Betrachten wir zum Beispiel die VP *LT_AT_BUS* (Abb. 3.1). Die $VP_{fs}$ des Entwurfs, die sich auf das Modul *initiator_A* bezieht, ist wie folgt definiert.

```
   Data: Design specification VP_fs
   Result: Functional properties FP to validate connection paths in SAP
1  L_trg ← extracting all target modules of VP from VP_fs;
2  i ← 0;
3  FP ← ∅;
4  foreach target TM of initiator module IM in VP_fs do
5      FTL_IM ← L_trg − TM;
6      foreach target T in FTL_IM do
7          foreach transaction type TT in L_TT do
8              p_i ← (IM, T, TT);
9              add(FP, p_i);
10             i ← i + 1;
11         end
12     end
13     FTT_IM ← L_TT − TT_IM;
14     foreach target TM in TL do
15         foreach transaction type tt in FTT_IM do
16             p_i ← (IM, TM, tt);
17             add(FP, p_i);
18             i ← i + 1;
19         end
20     end
21 end
```

**Algorithmus 4.1** Erzeugung funktionaler Eigenschaften (FP)

$$VP_{fs} = \{Initiator\_A \rightarrow \left(Memory\_A\left(0x00 - 0x0A\right), T_1\right), \\ \left(Memory\_A\left(0x0B - 0xFF\right), T_2\right), \\ \left(Memory\_B\left(0x00 - 0xFF\right), T_3\right)\} \\ \left(Memory\_C\left(0x00 - 0xFF\right), T_3\right)\} \tag{4.8}$$

Auf der Grundlage der oben genannten $VP_{fs}$ und unter Berücksichtigung der Definition 4.6 wird ein Teil der funktionalen Eigenschaften *FP*, der sich auf den Kommunikationspfad zwischen *Initiator_A* und *Speicher_A (0x00 – 0x0A)* bezieht, wie folgt generiert:

$$FP = \left\{p_i \mid p_i = \left(E <> !\left(\left(l_0 \;\; l_1\right) \& \& \left(0x00 < address < 0x0A\right) \& \& TT_i\right)\right)\right\} \tag{4.9}$$

wobei $l_0$ und $l_1$ die Module *Initiator_A* bzw. Speicher_*A* bezeichnen. Der Parameter $TT_i$ bezieht sich auf die verbotenen Transaktionsarten des Initiatormoduls *initiator_A* für den Zugriff auf das Modul *Speicher_A*. Der Parameter *address* gibt den gültigen Adressbereich an, auf den das Initiatormodul *initiator_A* zugreifen darf.

Die Eigenschaft $p_i$ in (4.9) besagt, dass es keinen Zugriffspfad auf den Adressbereich *(0x00 – 0x0A)* des *Speichers_A* (angegeben durch Speicherplatz $l_1$) durch den *Initiator_A* (angegeben durch Speicherplatz $l_0$) mit der verbotenen Transaktionsart $TT_i$ geben darf.

Um das zeitliche Verhalten der von verschiedenen Initiatormodulen erzeugten Transaktionen einer bestimmten VP anhand der Spezifikationen der VP zu validieren, müssen die zeitlichen Spezifikationen der VP definiert und als Eingaben angegeben werden. Diese Spezifikationen werden auf die gleiche Weise definiert wie die funktionalen Spezifikationen. Der einzige Unterschied besteht darin, dass zusätzlich zu den Informationen in Definition 4 die benötigte Zeit für eine Kommunikation zwischen einem Initiatormodul und seinem entsprechenden Ziel (Gesamttransaktionsverzögerung) in den Spezifikationen der VP angegeben werden muss. Somit ist die $VP_{ts}$ wie folgt definiert:

$$VP_{ts} = \{IM_i \;\; \#M_i \rightarrow \left\{\left(TM_j\left(address\_range\right), TT_n, TD\right)\right\}, \\ 0 \leq i \leq n_{init}, 0 \leq j \leq n_{trg}, 0 \leq n \leq 13\} \tag{4.10}$$

wobei *TD* die Gesamtverzögerung der generierten Transaktionsart *TT* durch das Initiatormodul *IM* beim Zugriff auf das Zielmodul *TM* bezeichnet.

Das Modul *Property Generator* (Abb. 4.1 – Phase 2) analysiert die gegebenen Spezifikationen der VP, um automatisch Timing-Eigenschaften zu generieren. Wie in Algorithmus 4.2 gezeigt, gibt die Eigenschaft $p_i$ für jedes Ziel *TM* des Initiators *IM* an, dass es keine Kommunikation mit dem Transaktionstyp *TT* geben darf, die weniger oder mehr Zeit als *TD* zur Durchführung der Kommunikation benötigt

```
   Data: Design specification VP_ts
   Result: Timing properties TP to validate connection paths in SAP
1  VP_ts;
2  i ← 0;
3  TP ← ∅;
4  foreach target TM of initiator module IM in VP_ts do
5  |   p_i ← (IM, TM, TT, !TD);
6  |   add(TP, p_i);
7  |   i ← i + 1;
8  end
```

**Algorithmus 4.2** Erzeugung der Timing-Eigenschaft (TP)

(Zeilen 4–8). Ein Teil der generierten Timing-Eigenschaften *TP*, die sich auf die von *Initiator_A* für den Zugriff auf *Speicher_A(0x00 – 0x0A)* generierten Transaktionen beziehen, sieht beispielsweise wie folgt aus:

$$\begin{aligned} TP = \{p_1 \; \# p_1 = E\langle \; \rangle!(l_0 \;\; l_1) \,\&\,\&\, (0x00 < address < 0x0A) \,\&\,\&\, TT_1) \\ \&\,\&\, (TD! = 20))\} \end{aligned} \tag{4.11}$$

wobei $l_0$ und $l_1$ die Module *Initiator_A* bzw. Speicher_*A* bezeichnen. Der Parameter $TT_1$ bezieht sich auf die Transaktionsart, mit der das Initiatormodul *initiator_A auf* das Modul Speicher_*A* zugreifen darf. Der Parameter *address* gibt den gültigen Adressbereich an, auf den das Initiatormodul *initiator_A* zugreifen darf.

### 4.4.4 Überprüfung der Einhaltung

Um die formale Darstellung des Simulationsverhaltens einer gegebenen VP zu überprüfen, wird UPPAAL [2] verwendet, ein Modellprüfprogramm, das das Zeitautomatenmodell unterstützt. In UPPAAL ist eine Abfrage eine Eigenschaft, die für das System zutreffen kann oder nicht. Die Abfragesprache von UPPAAL ist eine Teilmenge von TCTL, die Eigenschaften mit Hilfe einer temporalen Logiksprache beschreibt.

Um das Verhalten einer Transaktion mit UPPAAL zu verifizieren, muss dieses Verhalten in die UPPAAL-Semantik transformiert werden. Zu diesem Zweck führt das Modul *UPPAAL Model Generator* (Abb. 4.1, Phase 3) die folgenden Schritte durch:

1. Jede Transaktionsdauer wird als System definiert.
2. Die Abfragen werden automatisch aus den in der Datenbank für *Vorlageneigenschaften* gespeicherten Vorlageneigenschaften generiert.
3. Das *UPPAAL-Modell* wird erstellt, welches sowohl das Modell der Zeitautomaten als auch die Abfragen enthält.

Somit inkludiert das *Timed Automata Model* sowohl die formale Darstellung des Simulationsverhaltens von SystemC VP-Modellen (d. h. die Transaktionslebensdauer und ihre Zugriffspfaddarstellung) als auch die erforderlichen Eigenschaften, um die Einhaltung der TLM-2.0-Regeln oder der Spezifikationen der VP zu überprüfen.

Die verfolgten Transaktionen einer VP werden durch das Modul *UPPAAL Model Generator* automatisch als ein System in UPPAAL-Semantik definiert. Zu diesem Zweck wird die Lebensdauer jeder Transaktion in Form von Zuständen (Orten) und deren Übergängen (Kanten) definiert. Für jede Transaktionslebensdauer (oder den entsprechenden Zugriffspfad) werden die folgenden Schritte durchgeführt, um die Transaktionslebensdauer auf UPPAALs zeitgesteuerte Automaten gemäß Definition 4.4 und 4.5 abzubilden:

- Der Name jedes Systems wird durch *T_ID_number* angegeben, wobei eine Transaktion mit ihrer ID und der Anzahl ihrer Wiederholungen angezeigt wird.
- Jede Sequenz in der Transaktionslebensdauer wird auf einen Ort abgebildet (der durch die Nummer der Sequenz, den Stammnamen des TLM-Moduls und seinen Instanznamen angegeben wird).
- Die Attribute der Transaktion und die zugehörigen Parameter jeder Sequenz werden auf Zuweisungen für jeden Übergang abgebildet.
- Die Invariante *clk* wird definiert, um die Abfolge der Übergänge zu steuern.

Als Beispiel zeigen die Abb. 4.3 und 4.4 die Darstellung der Transaktionslebensdauer und des Zugriffspfades einer einzelnen Transaktionslebensdauer (dargestellt

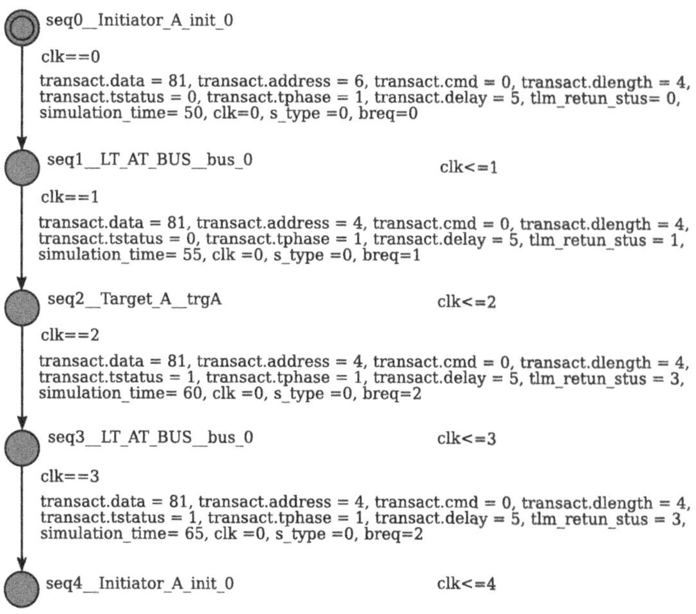


**Abb. 4.3** Die Darstellung der Lebensdauer einer Transaktion in UPPAAL semantisch

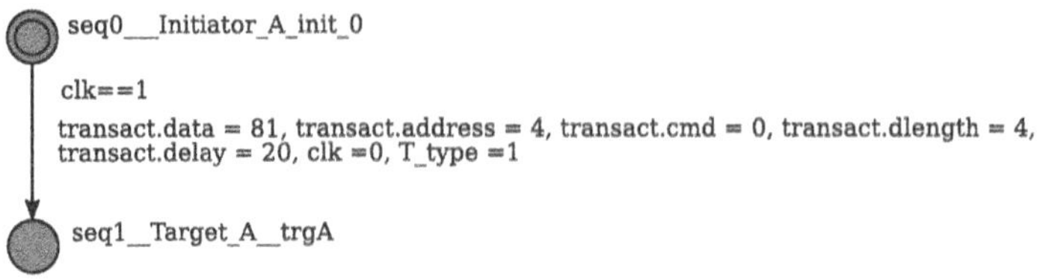


**Abb. 4.4** Darstellung des Zugriffspfads einer Transaktionsdauer in der UPPAAL-Semantik

in Abb. 4.2) der *LT_AT_BUS* VP als UPPAAL-Systeme. In beiden Abbildungen gibt der Knoten mit den Doppelkreisen den Anfangszustand an, wobei jeder Knoten durch einen Namen und eine Invariante spezifiziert ist. Die Zuweisungsanweisungen an jeder Kante drücken den Wert der Attribute der Transaktion und aller zugehörigen Parameter aus, um ihren Ablauf zu beschreiben.

In Abb. 4.3 sind die zugehörigen Parameter der Transaktion die Simulationszeit *simulation_time*, der Rückgabewert des Funktionsaufrufs *tlm_retun_stus*, der Sockeltyp *s_type* und die Flags zur Überprüfung der Timingphase *breq, ereq, brsp* und *ersp*. Die Struktur *transact* ist definiert, um den Wert der Transaktionsattribute (*data, address, cmd, dlength, tstatus*), die Phase des Übergangs (*tphase*) und die Timing-Anmerkungen (*delay*) unter Verwendung ganzzahliger Werte anzugeben. Da UPPAAL nur Integer-Werte unterstützt, werden alle Aufzählungstypen von TLM-2.0 auf Integer-Werte abgebildet. In Abb. 4.4 bezeichnet *Trans_type* den Transaktionstyp.

Der Model Checker erhält das *UPPAAL-Modell* (Abb. 4.1, Phase 3) als Eingabedatei und verifiziert das System. Das Modellprüfprogramm meldet die Ergebnisse dieser Konformitätsprüfung, einschließlich der erfüllten und verletzten Eigenschaften

## 4.5 Experimentelle Auswertung

Der vorgeschlagene Überprüfungsansatz wurde auf mehrere von Doulos [6] und [101] bereitgestellte Standard-VPs angewendet. Die experimentellen Ergebnisse (Tab. 4.1 und 4.2) werden in zwei Teilen beschrieben. Zunächst wird eine reale Fallstudie – die LEON3-basierte VP SoCRocket (implementiert in SystemC TLM-2.0) [101] – in Abschn. 4.5.1 ausführlich dargestellt. 4.5.1. Zweitens wird in Abschn. 4.5.2 eine kurze Diskussion über die Qualität der erzielten experimentellen Ergebnisse geführt. 4.5.2.

Alle Experimente wurden auf einem PC durchgeführt, der mit 8 GB RAM und einem Intel Core i7 CPU mit 2,4 GHz ausgestattet ist.

**Tab. 4.1** Experimentelle Ergebnisse für alle Fallstudien in Bezug auf die Qualität des vorgeschlagenen Überprüfungsansatzes

| | | | | | | | *Fragen | | | | |
|---|---|---|---|---|---|---|---|---|---|---|---|
| Variante | VP-Modell | LoC | #Komp | #Trans | #ICH WEISS NICHT. | TM | Insgesamt | Pass | Fail | FTrans | R/VMU (MB) |
| Ursprüngliches Modell | LT-Beispiel[1] | 175 | 2 | 16 | 1 | LT | 128 | 128 | 0 | 0 | 6,7/41,5 |
| | Routing-Modell[1] | 456 | 6 | 10 | 1 | LT | 164 | 164 | 0 | 0 | 6,7/41,5 |
| | Beispiel-4[1] | 547 | 2 | 10 | 4 | AT | 370 | 370 | 0 | 0 | 7,8/43,2 |
| | Beispiel-5[1] | 650 | 7 | 10 | 1 | LT | 176 | 176 | 0 | 0 | 6,7/41,5 |
| | Beispiel-6[1] | 713 | 9 | 20 | 2 | AT | 1332 | 1332 | 0 | 0 | 7,6/42,6 |
| | AT-Beispiel[1] | 3410 | 19 | 20 | 9 | AT | 1184 | 1184 | 0 | 0 | 7,8/43,2 |
| | Verriegelung-zwei[1] | 4690 | 23 | 20 | 10 | LT/ AT | 1420 | 1420 | 0 | 0 | 7,6/42,6 |
| | SoCRocket[2] | 50.000 | 20 | 200 | 8 | LT/ AT | 9462 | 9462 | 0 | 0 | 7,8/43,2 |
| FT1 | LT-Beispiel[1] | 175 | 2 | 16 | 1 | LT | 96 | 64 | 32 | 6 | 6,7/41,5 |
| | Routing-Modell[1] | 456 | 6 | 10 | 1 | LT | 120 | 112 | 8 | 4 | 6,7/41,5 |
| | Beispiel-4[1] | 547 | 2 | 10 | 4 | AT | 350 | 332 | 18 | 3 | 7,8/43,2 |
| | Beispiel-5[1] | 650 | 7 | 10 | 1 | LT | 120 | 110 | 10 | 5 | 6,7/41,5 |
| | Beispiel-6[1] | 713 | 9 | 20 | 2 | AT | 1240 | 1145 | 95 | 9 | 7,6/42,6 |
| | AT-Beispiel[1,a] | 3410 | 19 | 20 | 9 | AT | 1060 | 924 | 142 | 7 | 7,8/43,2 |
| | Verriegelung-zwei[1,a] | 4690 | 23 | 20 | 10 | LT/ AT | 1280 | 1047 | 233 | 11 | 7,6/42,6 |
| | SoCRocket[2] | 50.000 | 20 | 200 | 8 | LT/ AT | 8480 | 7806 | 674 | 37 | 7,8/43,2 |
| FT2 | LT-Beispiel[1] | 175 | 2 | 16 | 1 | LT | 16 | 12 | 4 | 4 | 6,7/41,5 |
| | Routing-Modell[1] | 456 | 6 | 10 | 1 | LT | 24 | 18 | 6 | 6 | 6,7/41,5 |

(Fortsetzung)

**Tab. 4.1** (Fortsetzung)

| Variante | VP-Modell | LoC | #Komp | #Trans | #ICH WEISS NICHT. | TM | *Fragen Insgesamt | Pass | Fail | FTrans | R/VMU (MB) |
|---|---|---|---|---|---|---|---|---|---|---|---|
| | Beispiel-4[1] | 547 | 2 | 10 | 4 | AT | 10 | 8 | 2 | 2 | 7,8/43,2 |
| | Beispiel-5[1] | 650 | 7 | 10 | 1 | LT | 40 | 30 | 10 | 10 | 6,7/41,5 |
| | Beispiel-6[1] | 713 | 9 | 20 | 2 | AT | 60 | 45 | 15 | 10 | 7,6/42,6 |
| | AT-Beispiel[1] | 3410 | 19 | 20 | 9 | AT | 84 | 69 | 15 | 8 | 7,8/43,2 |
| | Verriegelung-zwei[1] | 4690 | 23 | 20 | 10 | LT/ AT | 92 | 75 | 17 | 9 | 7,6/42,6 |
| | SoCRocket[2] | 50.000 | 20 | 200 | 8 | LT/ AT | 612 | 536 | 76 | 42 | 7,8/43,2 |
| FT3 | LT-Beispiel[1] | 175 | 2 | 16 | 1 | LT | 16 | 10 | 6 | 6 | 6,7/41,5 |
| | Routing-Modell[1] | 456 | 6 | 10 | 1 | LT | 20 | 15 | 5 | 5 | 6,7/41,5 |
| | Beispiel-4[1] | 547 | 2 | 10 | 4 | AT | 10 | 6 | 4 | 4 | 7,8/43,2 |
| | Beispiel-5[1] | 650 | 7 | 10 | 1 | LT | 16 | 13 | 3 | 3 | 6,7/41,5 |
| | Beispiel-6[1] | 713 | 9 | 20 | 2 | AT | 32 | 28 | 4 | 4 | 7,6/42,6 |
| | AT-Beispiel[1] | 3410 | 19 | 20 | 9 | AT | 40 | 30 | 10 | 10 | 6,7/41,5 |
| | Verriegelung-zwei[1] | 4690 | 23 | 20 | 10 | LT/ AT | 48 | 42 | 6 | 6 | 7,8/43,2 |
| | SoCRocket[2] | 50.000 | 20 | 200 | 8 | LT/ AT | 370 | 311 | 59 | 59 | 7,8/43,2 |

*LoC* Codezeilen, *#Trans* Anzahl der Transaktionen, *#TT* Anzahl der Transaktionsarten, *TM* Zeitmodell, *FTrans* Anzahl der fehlerhaften Transaktionen, *R/VMU* Spitzenwerte der Nutzung des residenten/virtuellen Speichers

[1] Zur Verfügung gestellt von Aynsley [6]

[2] Zur Verfügung gestellt von Schuster et al. [101]

[a] Die AT-Beispiel- und Locking-two-VPs enthalten in ihrem ursprünglichen Quellcode benutzerdefinierte Basisprotokoll-Prüfer und wurden entfernt, um das fehlerhafte Modell FT1 zu erstellen

**Tab. 4.2** Experimentelle Ergebnisse für alle Fallstudien in Bezug auf die Ausführungszeit des vorgeschlagenen Verifikationsansatzes

| | | | | | | | Phase1 (s) | | | | Gesamt (s) | |
|---|---|---|---|---|---|---|---|---|---|---|---|---|
| Variante | VP-Modell | LoC | #Komp | #Trans | #ICH WEISS NICHT. | TM | CbA | DbA | Phase2 (s) | Phase3 (s) | CbA | DbA |
| Ursprünglicher Modus | LT-Beispiel[1] | 175 | 2 | 16 | 1 | LT | 1,21 | 8,06 | 0,16 | 0,15 | 1,52 | 8,37 |
| | Routing-Modell[1] | 456 | | 10 | 1 | LT | 2,18 | 21,49 | 0,26 | 0,29 | 2,73 | 22,04 |
| | Beispiel-4[1] | 547 | 2 | 10 | 4 | AT | 2,32 | 86,53 | 0,32 | 2,38 | 5,02 | 89,23 |
| | Beispiel-5[1] | 650 | 7 | 10 | 1 | LT | 3,29 | 92,65 | 0,28 | 1,06 | 4,63 | 93,99 |
| | Beispiel-6[1] | 713 | 9 | 20 | 2 | AT | 5,04 | 137,39 | 0,82 | 3,64 | 9,50 | 141,85 |
| | AT-Beispiel[1] | 3410 | 19 | 20 | 9 | AT | 19,11 | 469,32 | 0,73 | 3,17 | 23,02 | 473,23 |
| | Verriegelung-zwei[1] | 4690 | 23 | 20 | 10 | LT/AT | 25,84 | 611,48 | 0,89 | 3,73 | 30,46 | 616,10 |
| | SoCRocket[2] | 50.000 | 20 | 200 | 8 | LT/AT | 54,79 | 5491,05 | 3,34 | 5,02 | 63,15 | 5498,41 |
| FT1 | LT-Beispiel[1] | 175 | 2 | 16 | 1 | LT | 1,21 | 8,06 | 0,16 | 0,15 | 1,52 | 8,37 |
| | Routing-Modell[1] | 456 | 6 | 10 | 1 | LT | 2,18 | 21,49 | 0,26 | 0,29 | 2,73 | 22,04 |
| | Beispiel-4[1] | 547 | 2 | 10 | 4 | AT | 2,32 | 86,53 | 0,32 | 2,38 | 5,02 | 89,23 |
| | Beispiel-5[1] | 650 | 7 | 10 | 1 | LT | 3,29 | 92,65 | 0,28 | 1,06 | 4,63 | 93,99 |
| | Beispiel-6[1] | 713 | 9 | 20 | 2 | AT | 5,04 | 137,39 | 0,82 | 3,64 | 9,50 | 141,85 |
| | AT-Beispiel[1,a] | 3410 | 19 | 20 | 9 | AT | 19,11 | 469,32 | 0,73 | 3,17 | 23,02 | 473,23 |
| | Verriegelung-zwei[1,a] | 4690 | 23 | 20 | 10 | LT/AT | 25,84 | 611,48 | 0,89 | 3,73 | 30,46 | 616,10 |
| | SoCRocket[2] | 50.000 | 20 | 200 | 8 | LT/AT | 54,79 | 5491,05 | 3,34 | 5,02 | 63,15 | 5498,41 |
| FT2 | LT-Beispiel[1] | 175 | 2 | 16 | 1 | LT | 1,21 | 8,06 | 0,04 | 0,05 | 1,20 | 8,15 |
| | Routing-Modell[1] | 456 | 6 | 10 | 1 | LT | 2,18 | 21,49 | 0,05 | 0,05 | 2,28 | 21,59 |
| | Beispiel-4[1] | 547 | 2 | 10 | 4 | AT | 2,32 | 86,53 | 0,02 | 0,03 | 2,37 | 86,58 |
| | Beispiel-5[1] | 650 | 7 | 10 | 1 | LT | 3,29 | 92,65 | 0,06 | 0,05 | 3,40 | 92,76 |
| | Beispiel-6[1] | 713 | 9 | 20 | 2 | AT | 5,04 | 137,39 | 0,07 | 0,05 | 5,16 | 137,51 |

(Fortsetzung)

**Tab. 4.2** (Fortsetzung)

| | | | | | | | Phase1 (s) | | | | Gesamt (s) | |
|---|---|---|---|---|---|---|---|---|---|---|---|---|
| Variante | VP-Modell | LoC | #Komp | #Trans | #ICH WEISS NICHT. | TM | CbA | DbA | Phase2 (s) | Phase3 (s) | CbA | DbA |
| | AT-Beispiel[1] | 3410 | 19 | 20 | 9 | AT | 19,11 | 469,32 | 0,08 | 0,06 | 19,25 | 469,46 |
| | Verriegelung-zwei[1] | 4690 | 23 | 20 | 10 | LT/AT | 25,84 | 611,48 | 0,08 | 0,06 | 25,98 | 611,62 |
| | SoCRocket[2] | 50.000 | 20 | 200 | 8 | LT/AT | 54,79 | 5491,05 | 0,15 | 0,08 | 55,02 | 5491,28 |
| FT3 | LT-Beispiel[1] | 175 | 2 | 16 | 1 | LT | 1,21 | 8,06 | 0,02 | 0,04 | 1,17 | 8,12 |
| | Routing-Modell[1] | 456 | 6 | 10 | 1 | LT | 2,18 | 21,49 | 0,02 | 0,03 | 2,26 | 21,55 |
| | Beispiel-4[1] | 547 | 2 | 10 | 4 | AT | 2,32 | 86,53 | 0,01 | 0,02 | 2,35 | 86,56 |
| | Beispiel-5[1] | 650 | 7 | 10 | 1 | LT | 3,29 | 92,65 | 0,04 | 0,04 | 3,37 | 92,73 |
| | Beispiel-6[1] | 713 | 9 | 20 | 2 | AT | 5,04 | 137,39 | 0,05 | 0,04 | 5,13 | 137,48 |
| | AT-Beispiel[1] | 3410 | 19 | 20 | 9 | AT | 19,11 | 469,32 | 0,05 | 0,04 | 19,20 | 469,41 |
| | Verriegelung-zwei[1] | 4690 | 23 | 20 | 10 | LT/AT | 25,84 | 611,48 | 0,06 | 0,05 | 25,95 | 611,59 |
| | SoCRocket[2] | 50.000 | 20 | 200 | 8 | LT/AT | 54,79 | 5491,05 | 0,09 | 0,06 | 54,95 | 5491,21 |

*CbA* Compiler-basierter Ansatz, *DbA* Debugger-basierter Ansatz, *Phase1* die erforderliche Zeit für die Informationsextraktion und -übersetzung, *Phase2* die erforderliche Zeit für die Eigenschaftsgenerierung, *Phase3* die erforderliche Zeit für die UPPAAL-Modellgenerierung und -Validierung

[1] Zur Verfügung gestellt von Aynsley [6]

[2] Zur Verfügung gestellt von Schuster et al. [101]

[a] Die AT-Beispiel- und Locking-two-VPs enthalten in ihrem ursprünglichen Quellcode benutzerdefinierte Basisprotokoll-Prüfer und wurden entfernt, um das fehlerhafte Modell FT1 zu erstellen

### 4.5.1 Fallstudien

Um die Qualität des vorgeschlagenen Ansatzes zu bewerten, haben wir Fehler in die VPs injiziert, die auf den in Abschn. 4.3 vorgestellten FT1, FT2 und FT3 basieren. 4.3. Der vorgeschlagene Ansatz wurde angewandt, um die Korrektheit jeder VP anhand der TLM-2.0-Regeln und der Spezifikationen der VP zu validieren. Diese Fehler werden auf der Grundlage der vorgenannten Fehlertypen wie folgt in die VPs injiziert:

- FT1: eine falsche Initialisierung des Antwortstatus der Transaktion (Fehler im Zusammenhang mit den Regeln für die Transaktionsattribute), eine Änderung der Transaktionsdatenlänge durch ein Verbindungsmodul (Fehler im Zusammenhang mit dem Verhalten der TLM-Module) und eine falsche Reihenfolge der Phasenübergänge von Transaktionen (Fehler im Zusammenhang mit dem Transaktionstyp).
- FT2: Initiierung von Transaktionen mit einer falschen Adressberechnung oder einer falschen Initialisierung der VP-Speicher-Konfigurationsdatei.
- FT3: Änderung der Zeitangabe von Transaktionen mit einer falschen Berechnung.

In einem realen Experiment haben wir den vorgeschlagenen Ansatz verwendet, um die LEON3-basierte VP SoCRocket [101] zu validieren. Die VP ist in SystemC TLM-2.0 implementiert und umfasst mehr als 50.000 Zeilen Code. Sie besteht aus mehreren IPs, die im Master- (z. B. Initiatormodule LEON3-Prozessor, *ahbin1* und *ahbin2*) oder Slave-Modus (z. B. Zielmodule *AHBMem1* und *AHBMem2*) zusammenarbeiten und sich mit dem On-Chip-Bus *AHBCtrl*, dem AMBA-2.0 AHB (Advanced High-Performance Bus), verbinden. Für die Kommunikation wird ein 32-Bit-Adressmodus verwendet, bei dem die 12 höchstwertigen Bits zur Angabe der Speicheradresse verwendet werden. Um zu zeigen, wie verschiedene Fehlertypen in die VP eingespeist werden und wie der Validierungsprozess durchgeführt wurde, betrachten wir einen Teil der VP mit den Initiatormodulen *ahbin1* und *ahbin2* und den Zielmodulen *AHBMem1* und *AHBMem2*, die mit dem AMBA-2.0 AHB verbunden sind.

In Bezug auf FT1 haben wir den Transaktionsattribut-Fehler in den *ahbin2* injiziert, um Transaktionen mit einem falschen Standardwert des Antwortstatus-Attributs zu erzeugen (d. h. TLM_OK_RESPONSE anstelle von TLM_INCOMPLETE_RESPONSE). Wir haben den TLM-Module-Verhaltensfehler in den AMBA-2.0 AHB injiziert, um die Datenlänge von Empfangstransaktionen zu ändern (d. h. zwei statt vier Bytes). Darüber hinaus haben wir den Transaktions-Typ-Fehler in das *ahbin1* injiziert, um Transaktionen mit der Anfangsphase BEGIN_RESP anstelle von BEGIN_REQ für den Transaktionstyp $T_l$ zu erzeugen.

Der erste Fehler wurde durch die Überprüfung der Abfragen im Zusammenhang mit den Regeln für die Transaktionsattribute in den generierten UPPAAL-Modellen entdeckt. Zum Beispiel wird die folgende Abfrage automatisch aus den Vorlageneigenschaften für die Transaktionslebensdauer *TL101* generiert.

$$\begin{aligned}&(TL101.seq0\_\_ahbin2\_init2\,\&\&transact.tstatus == 0)) \rightarrow\\&(TL101.seq1\_\_AHBCtrl\_ahb\,\&\&transact.tstatus == 0)\end{aligned} \tag{4.12}$$

Diese Abfrage zeigt an, dass der anfängliche Antwortstatus in der *101st* Transaktionslebensdauer, der vom Initiatormodul *ahbin2* für den Zugriff auf das Zielmodul *AHBMem2* über die AHBCtrl-Verbindung erzeugt wird, TLM_INCOMPLETE_RESPONSE sein muss.

Der vorgeschlagene Ansatz war in der Lage, den zweiten Fehler zu finden, indem er die Abfragen im Zusammenhang mit dem Verhalten des TLM-Moduls überprüfte. Zum Beispiel wird die folgende Abfrage automatisch aus den Vorlageneigenschaften für die Transaktionsdauer *TL369* generiert.

$$\begin{aligned}&(TL369.seq1\_\_AHBCtrl\_ahb\,\&\&transact.dlength == 4)) \rightarrow\\&(TL369.seq2\_\_AHBMem2\_trg2\,\&\&transact.dlength == 4)\end{aligned} \tag{4.13}$$

Diese Abfrage prüft, ob das Verbindungsmodul *AHBCtrl* das Datenlängenattribut von Transaktionen nicht verändert.

Der dritte Fehler wurde durch die Überprüfung der Abfragen in Bezug auf den Transaktionstyp entdeckt. Zum Beispiel wird die folgende Abfrage automatisch aus den Vorlageneigenschaften für die Transaktionsdauer *TL130* generiert.

$$\begin{aligned}&E <> ((TL130.seq0\_\_ahbin1\_init1\;\; TL130.seq1\_\_AHBCtrl\_ahb)\\&\&\&(transact.tphase == 1))\end{aligned} \tag{4.14}$$

Die obige Abfrage besagt, dass der Phasenübergang zwischen den ersten beiden Sequenzen einer Transaktionsdauer *BEGIN_REQ* sein muss. In diesem Sinne muss die *130th* generierte Transaktion des Initiatormoduls *ahbin1* die Übergangsphase (*tphase*) *BEGIN_REQ* (angegeben durch 1) haben, wenn sie vom Verbindungsmodul *AHBCtrl* empfangen wird.

Insgesamt wurden von beiden Initiatormodulen 30 Transaktionen erzeugt, von denen 11 gegen die TLM 2.0-Regeln verstießen.

In Bezug auf FT2 betrachten wir die erwarteten funktionalen Spezifikationen der VP als die folgenden:

$$\begin{aligned}VP_{fs} = \{ahbin1 \rightarrow &(AHBMem1(0xA0000000 - 0xA0000CC4), T_1),\\&(AHBMem1(0xA0000CC5 - 0xA0000FFF), T_2),\\&(AHBMem2(0xB0000000 - 0xB0000FFF), T_8),\\ahbin2 \rightarrow &AHBMem2(0xB0000000 - 0xB0000FFF), T_0)\}\end{aligned} \tag{4.15}$$

Die Funktionsfehler werden in die Codezeilen des *ahbin1* injiziert, in denen die Transaktionsadressen generiert werden. Diese Codezeilen wurden so verändert, dass sie für die beiden Transaktionsarten $T_1$ und $T_2$ Zufallswerte für die 12 niederwertigsten Bits der Transaktionsadresse (d. h. *000* bis *FFF*) erzeugen.

Aufgrund der $VP_{fs}$ wurden 80 Abfragen automatisch aus den entsprechenden acht Template-Eigenschaften in den Template-Funktionseigenschaften der VP durch das Modul *UPPAAL Model Generator* generiert (Abb. 4.1, Phase 3). Die folgende Abfrage gibt beispielsweise an, dass im Zugriffspfad *AP54* kein Pfad mit den von *ahbin1* erzeugten Transaktionen der Typen $T_0$, $T_2$, $T_3$, ..., $T_{13}$ vorhanden sein darf, um auf den Adressbereich (*0xA0000000- 0xA0000CC4*) des AHBMem1-Moduls zuzugreifen.

$$\begin{aligned}
&E <> !((AP54.seq0__ahbin1_init1\ \ AP54.seq1__AHBMem1_trg1)\\
&\&\&(T_type == 0\ \ T_type == 2\ldots\ \ T_type == 13)\\
&\&\&(transact.address > 0\ \&\&transact.address < 3268))
\end{aligned} \tag{4.16}$$

Insgesamt wurden sechs Abfragen verletzt, was darauf hindeutet, dass die Initiatormodule *ahbin1* und *ahbin2* sechs ungültige Zugriffe auf die Zielmodule *AHBMem1* und *AHBMem2* im Vergleich zu den funktionalen Spezifikationen der VP hatten. Die verletzten Abfragen beziehen sich auf vier von 30 Transaktionen, die von den Initiatormodulen *ahbin1* und *ahbin2* erzeugt wurden.

In Bezug auf FT3 betrachten wir die erwarteten zeitlichen Spezifikationen der VP in Bezug auf *ahbin1* und *ahbin2* wie folgt.

$$\begin{aligned}
VP_{fs} = \{ahbin1 \rightarrow &(AHBMem1(0xA0000000 - 0xA0000CC4), T_1, 50),\\
&(AHBMem1(0xA0000CC5 - 0xA0000FFF), T_2, 100),\\
&(AHBMem2(0xB0000000 - 0xB0000FFF), T_8, 200),\\
ahbin2 \rightarrow &(AHBMem2(0xB0000000 - 0xB0000FFF), T_0, 50)\}
\end{aligned} \tag{4.17}$$

Wir haben die Codezeilen geändert, in denen die Timing-Anmerkungen der von *ahbin1* erzeugten Transaktionen vom Typ $T_1$ und $T_2$ definiert sind. Aufgrund der $VP_{ts}$ in (4.17) wurden vier Timing-Abfragen generiert. Die folgende Abfrage prüft zum Beispiel, ob der Zugriffspfad *AP54* die VP-Timing-Spezifikationen für das Modul *ahbin1* einhält.

$$\begin{aligned}
&E <> !((AP54.seq0__ahbin1_init1\ \ AP54.seq1__AHBMem1_trg1)\\
&\&\&(T_type == 1)\&\&(transact.delay != 50)\\
&\&\&(transact.address > 0\&\&transact.address < 684357828))
\end{aligned} \tag{4.18}$$

Unser Validierungsansatz konnte zwei Eigenschaftsverletzungen feststellen. Von 30 Transaktionen, die von den Initiatormodulen *ahbin1* und *ahbin1* erzeugt wurden, wiesen drei Transaktionen ein falsches Zeitverhalten in Bezug auf die $VP_{ts}$ auf.

Die experimentellen Ergebnisse für verschiedene Arten von ESL-Benchmarks sind in den Tab. 4.1 und 4.2 dargestellt. In beiden Tabellen sind in der ersten Spalte vier Varianten von SystemC-VPs mit den Bezeichnungen *Original*, *FT1*, *FT2* und *FT3 aufgeführt,* die sich jeweils auf das Referenzmodell der VP und drei fehlerhafte Modelle beziehen. In den Spalten *VP Model*, *Loc* und *#Trans* sind der Name, die Codezeilen und die Anzahl der extrahierten Transaktionen für jede VP aufgeführt. Die Spalte *#TT* veranschaulicht die Anzahl der in jeder VP implementierten Transaktionsarten. Die Spalte *TM* zeigt das Timing-Modell jedes Entwurfs.

In Tab. 4.1 zeigt die Spalte *#Queries* die Anzahl der generierten Abfragen (Eigenschaften) zur Validierung jeder VP anhand der TLM-2.0-Regeln oder ihrer Spezifikationen. In dieser Spalte geben *Total*, *Pass*, *Fail* und *FTrans* die Anzahl der generierten, erfüllten und verletzten Abfragen bzw. die Anzahl der fehlerhaften Transaktionen an. Für das ursprüngliche Modell jeder VP zeigt die Spalte *Eigenschaften* die Gesamtzahl aller generierten Abfragen, gegen die die VP validiert wurde. Der Wert Null für die Spalten *Fail* und *FTrans* zeigt an, dass alle Transaktionen den TLM-2.0-Regeln und den Spezifikationen der VP entsprachen. Die Spalte *R/VMU* zeigt den Wert der Spitzenwerte des residenten Speichers gegenüber der Nutzung des virtuellen Speichers bei der Überprüfung einer Eigenschaft mit dem UPPAAL Model Checker. Da UPPAAL jede Abfrage separat betrachtet, wurde für jedes System der maximale R/VMU-Wert angegeben.

Die Ausführungszeit des vorgeschlagenen Ansatzes ist in Tab. 4.2 angegeben. In dieser Tabelle zeigt die Spalte *Phase1* die benötigte Zeit für die Informationsextraktion und die Übersetzung in die prosperierte Struktur, gefolgt von der Datenextraktion mit dem Compiler-basierten Ansatz (*CbA*) und dem Debugger-basierten Ansatz (*DbA*). Spalte *Phase2* stellt die Zeit dar, die das Modul *zur Eigenschaftsgenerierung* (Abb. 4.1, Phase2) benötigt, um die entsprechenden Eigenschaften für alle Lebenszeiten oder Zugriffspfade der Transaktionen zu generieren. Spalte *Phase3* veranschaulicht die erforderliche Zeit für die Generierung von UPPAAL-Modellen und deren Validierung. Die Spalte *Gesamt* zeigt die gesamte Ausführungszeit des vorgeschlagenen Verifikationsansatzes. Abgesehen von der Ausführungszeit der ersten Phase des vorgeschlagenen Ansatzes (die den größten Teil der Zeit in Anspruch nimmt und in Kap. 3, Abschn. 3.6), ist die Ausführungszeit der anderen Phasen meist kleiner als eine Sekunde. Insgesamt beträgt die Gesamtausführungszeit mit dem compilerbasierten Ansatz selbst für eine komplexe VP (SoCRocket) etwa eine Minute, was eine schnelle Verifikationslösung darstellt. Im Falle des Debugger-basierten Ansatzes liegt die Gesamtausführungszeit immer noch in einem vernünftigen Zeitrahmen.

### 4.5.2 Integration und Diskussion

Der vorgeschlagene Ansatz ist in der Lage, das Simulationsverhalten einer gegebenen SystemC TLM-2.0 VP automatisch abzurufen und formal sowohl gegen die TLM-2.0 Regeln als auch gegen die Spezifikationen der VP zu verifizieren.

Im Vergleich zu den formalen Verifikationsmethoden, die aufgrund verschiedener Vorbedingungen und Vorannahmen zu SystemC-Implementierungen auf eine

Teilmenge von SystemC-Modellen beschränkt sind, gibt es bei der vorgeschlagenen Methode keine Einschränkung, wie und welche SystemC-Konstrukte zur Implementierung eines ESL-Designs verwendet werden. Obwohl der vorgeschlagene Ansatz die Gültigkeit des Modells nicht wie formale Methoden sicherstellt (da er das Simulationsverhalten des Modells anstelle seiner formalen Spezifikation verifiziert), stellt er einen Kompromiss zwischen der Genauigkeit des Modells zur Überprüfung der Konformität des Modells und seiner Anwendbarkeit zur Verifizierung eines breiten Spektrums von SystemC-Designs dar.

Im Gegensatz zu simulationsbasierten Verifikationsansätzen, bei denen die SystemC-Bibliothek, die Schnittstellen oder der Kernel modifiziert werden müssen, um die Laufzeitinformationen zu verifizieren, verifiziert der vorgeschlagene Ansatz das detaillierte Simulationsverhalten eines gegebenen TLM-Modells ohne jegliche Modifikation des oben erwähnten Standard-Toolflows. Das bedeutet, dass der vorgeschlagene Ansatz Entwicklern eine einfach zu bedienende und automatisierte Verifikationslösung bietet.

#### 4.5.2.1 Beschränkungen

Da der vorgeschlagene Ansatz auf der Laufzeitanalyse beruht, gelten für ihn dieselben Einschränkungen. Um eine bestimmte VP ordnungsgemäß zu überprüfen, muss die laufende Benchmark-Anwendung verschiedene Kommunikationsflüsse und Transaktionen aktivieren, die in der VP implementiert sind. Dies kann jedoch entweder mit manuellen oder automatisierten Testgenerierungstechniken erfolgen.

## 4.6 Schlussfolgerung

In diesem Kapitel wurde ein umfassender Verifikationsansatz vorgestellt, der es Entwicklern ermöglicht, eine gegebene SystemC-basierte VP, die mit dem SystemC TLM-2.0-Framework implementiert wurde, gegen die TLM-2.0-Regeln und die Spezifikationen der VP zu validieren. Der Ansatz basiert auf der formalen Verifizierung des Simulationsverhaltens von VPs durch den UPPAAL Model Checker. Das Simulationsverhalten, das die Transaktionen der VP beschreibt, wird automatisch mit Hilfe der in Kap. 3 vorgeschlagenen SystemC VP-Analyseansätze extrahiert. Die extrahierten Transaktionen werden formal in Form von zeitgesteuerten Automatenmodellen und einer Menge von Zugriffspfaden definiert. Eine formale Beschreibung eines großen Satzes von TLM-2.0-Regeln und der VP-Spezifikationen (bezogen auf die Funktionalität und das zeitliche Verhalten der Kommunikation von IPs in VPs) wird in einer Reihe von Template-Eigenschaften in der Sprache der temporalen Logik TCTL bereitgestellt. In Bezug auf die TLM-2.0-Regeln wurden drei Arten potenzieller Verstöße in Bezug auf die Transaktionsattribute, den Kommunikationsfluss und das Verhalten der TLM-Module definiert und in eine Reihe umfangreicher Fallstudien zur Bewertung des vorgeschlagenen Ansatzes eingefügt. Bei der Validierung von VPs gegenüber ihren Spezifikationen wurden VPs gegenüber zwei Fehlertypen validiert, die sich auf die Funktionalität und das Zeitverhalten der Kommunikation von IPs beziehen. Die experimentellen Ergebnisse bestätigten die Anwendbarkeit und Qualität des vorgeschlagenen Ansatzes zur Verifizierung verschiedener TLM-2.0 VPs mit unterschiedlicher Komplexität.

# Kapitel 5
# Anwendung II: Sicherheitsvalidierung

Moderne SoCs sind notorisch unsicher. Daher wird die grundlegende Sicherheitsfunktion der IP-Isolierung intensiv genutzt, z. B. werden gesicherte *Memory Mapped IOs* (MMIOs) oder gesicherte Adressbereiche im Falle von Speichern als nicht zugänglich markiert. Eine Möglichkeit, die Sicherheit zuverlässig zu gewährleisten, besteht darin, die Isolierung als Informationsflusspolitik in der Hardware zu definieren und dabei den Begriff der Nichteinmischung zu verwenden. Da unsichere Hardware Angriffen auf den gesamten Systemstapel (von der Software bis zur Hardware) Tür und Tor öffnet, sollte der Prozess der Sicherheitsvalidierung so früh wie möglich im SoC-Entwurfszyklus beginnen, d. h. bei der ESL.

In diesem Kapitel zeigen wir eine weitere Anwendung des Entwurfsverständnisses im Entwurfsprozess für die Aufgabe der Sicherheitsvalidierung an der ESL. Wir nutzen die in Kap. 3 vorgestellten VP-Analyseansätze, um eine dynamische Informationsflussverfolgungsanalyse durchzuführen, um auf das Laufzeitverhalten eines gegebenen VP-basierten SoC zuzugreifen. Das extrahierte Verhalten wird anhand von Sicherheitsbedrohungsmodellen validiert, wie z. B. Informationslecks (Vertraulichkeit) und unbefugter Zugriff auf Daten in einem Speicher (Integrität).

## 5.1 Einleitung

Transistor für Transistor verändert die Elektronikindustrie die Welt. Mit Milliarden von Menschen, die durch fast eine Billion „sicherer" elektronischer Geräte miteinander verbunden sind, war die Entwicklung des SoC-Designprozesses in der Elektronikindustrie unvermeidlich. Um die steigende Nachfrage nach SoCs zu befriedigen, hat sich der moderne SoC-Designprozess von der „*In-House*"-Entwicklung von IPs zur „*Nutzung und Wiederverwendung*" bestehender kommerzieller IPs verlagert. Daher bestehen moderne SoCs aus Millionen von Codezeilen und nutzen häufig Bibliotheken, Tool-Kits und Komponenten von Drittanbietern. Dieser Para-

 
M. Goli, R. Drechsler, *Automatisierte Analyse von virtuellen Prototypen auf der Ebene elektronischer Systeme*, https://doi.org/10.1007/978-3-031-36997-1_5

digmenwechsel hat die Entwicklungskosten erheblich gesenkt und die Zeit bis zur Markteinführung verkürzt. Als Folge dieser Dezentralisierung sind moderne SoCs notorisch unsicher, wobei insbesondere IPs von Drittanbietern als Vehikel für Böswilligkeit genutzt werden können. Ein Beispiel hierfür ist die jüngste Sicherheitslücke bei SoCs, die Intels Mikroprozessor-IPs und Actel ProASIC3-IPs verwenden. Erstere wurden durch die Schwachstellen *„Meltdown und Spectre"* [64, 71] ausgenutzt, letztere durch die JTAG-Schwachstelle [102]. Dies unterstreicht die Tatsache, dass legitime kommerzielle Standard-IPs sichere Benutzerdaten auf eine Art und Weise manipulieren oder bei der Manipulation helfen können, die ihre Benutzer weder erwarten noch schätzen. Daher wird das grundlegende Sicherheitsmerkmal der IP-Isolierung (oder Speicherisolierung) in Betracht gezogen, z. B. werden gesicherte Adressbereiche oder IPs als nicht zugreifbar gekennzeichnet.

Während die bestehenden Validierungsmethoden entweder die Software oder die Hardware-IP einzeln absichern, fehlen ganzheitliche Lösungen auf Systemebene, die auf das gesamte SoC abzielen (insbesondere bestehend aus Softwareprogrammen von Drittanbietern und Hardware-IPs). Die Software-Sicherheitsvalidierung setzt eine vertrauenswürdige Hardware voraus und die Sicherheitsvalidierung der Hardware-IP eine sichere Software (Firmware/Betriebssystem), die darauf läuft. Wie bereits erwähnt, besteht eine Möglichkeit, die Sicherheit des gesamten SoC zuverlässig zu gewährleisten, in der Definition der IP-Isolierung als Informationsflusspolitik in der Hardware unter Verwendung des Begriffs der Nichteinmischung. Dies kann die semantische Lücke über den gesamten Systemstapel (von der Software bis zur Hardware) schließen und vor bösartiger Software schützen, die Hintertüren in der Hardware ausnutzen kann, um Fehlfunktionen zu verursachen oder vertrauliche Informationen preiszugeben. Anstatt die Sicherheitsvalidierung als einen individuellen Prozess zu betrachten, der erst in einem späteren Stadium beginnt, sollten die Praktiken des *Secure Development Lifecycle* [62] von Beginn des SoC-Designprozesses an (d. h. in der ESL) übernommen werden. Die VP-basierte Sicherheitsvalidierung könnte eine vielversprechende Richtung sein, um die Sicherheitsschwachstellen in den SoCs zu beheben, bevor sie verfeinert werden und teure Designschleifen entstehen.

Eine mögliche Lösung für die Sicherheitsvalidierung ist das *Information Flow Tracking* (IFT), mit dem Sicherheitslücken aufgedeckt werden können, die bestimmte Sicherheitsrichtlinien und -eigenschaften des Informationsflusses verletzen (im Allgemeinen die Nichteinmischungseigenschaften der Vertraulichkeit und Integrität). IFT verknüpft jedes Datenobjekt mit einer Kennzeichnung und überwacht den Fluss der gekennzeichneten Informationen durch das gesamte System. IFT-Techniken (statisch und dynamisch) haben sich bei der Durchsetzung von Sicherheitsrichtlinien auf verschiedenen Ebenen des Systemstapels, d. h. vom Compiler bis zum Gate-Level-Design, als wirksam erwiesen. IFT kann auf der Hardwareebene [4, 55, 108, 114] oder in der Software durch den Einsatz von Instrumentierung auf Quellcodeebene [32, 119] oder binärer Instrumentierung [19, 61, 90, 115] durchgeführt werden. Es gibt nicht viel Arbeit zu VPs auf Systemebene [50], insbesondere zu binären VP-Modellen, die bei der Integration von IPs von Drittanbietern üblich sind, und daher ist der Quellcode nicht verfügbar.

In dieser Arbeit schlagen wir einen VP-basierten Sicherheitsvalidierungsansatz vor, der eine Kombination aus dynamischer IFT und Post-Execution-Analyse verwendet. Zur Durchführung der IFT (Verfolgung von TLM-Transaktionen) nutzen wir die in Kap. 3 vorgestellten Ansätze zur Informationsextraktion. Die Analyse nach der Ausführung umfasst die Übersetzung der Transaktionen, die Generierung von Sicherheitseigenschaften und schließlich die Validierung des VP-Modells anhand der Sicherheitseigenschaften, um die TLM-Transaktionen und die dynamischen Pfade zu identifizieren, auf denen sie die Sicherheitseigenschaften verletzen. Der Schwerpunkt des vorgeschlagenen Ansatzes liegt auf der Erkennung von Sicherheitsverletzungen im Zusammenhang mit den am häufigsten vorkommenden Bedrohungsmodellen, d. h. Vertraulichkeit und Integrität. Die genauen Verletzungspfade werden an den Verifizierungsingenieur zurückgemeldet, damit er entweder das VP-Modell (eines Drittanbieters) ersetzen oder die Sicherheitsrichtlinie aktualisieren kann.

Der Rest dieses Kapitels ist wie folgt aufgebaut. Die Literaturübersicht wird in Abschn. 5.2 vorgestellt. Anschließend werden die Bedrohungsmodelle mit einem motivierenden Beispiel in Abschn. 5.3 analysiert. Die vorgeschlagene Methodik zur dynamischen Verfolgung des Informationsflusses, zur Generierung von Sicherheitseigenschaften und zur Validierung wird in Abschn. 5.4 abgebildet und erläutert. In Abschn. 5.5 werden Experimente mit mehreren VPs vorgestellt, um die Wirksamkeit unseres Ansatzes zu zeigen. Schließlich wird das Kapitel in Abschn. 5.6 abgeschlossen.

## 5.2 Verwandte Arbeiten

Software-IFT wie LIFT [90], Minemu [11] und RIFLE [115] verwenden dynamische Binärübersetzung, um Sicherheitslücken zu erkennen. Diese Methoden sind schnell und optimiert, aber auf einzelne Problemdomänen ausgerichtet. Ihre Ausweitung auf andere Architekturen erfordert umfangreiche Modifikationen.

Andererseits haben Forscher einen anderen Ansatz für die Vertrauenswürdigkeit von Hardware vorgeschlagen: Proof-Carrying Hardware [22, 46, 57, 73], inspiriert von Proof-Carrying Code [21, 22]. Er verifiziert die Äquivalenz zwischen Entwurfsspezifikation und Entwurfsimplementierung mit Hilfe einer kombinatorischen Gleichwertigkeitsprüfung zur Laufzeit, was ihn sehr effektiv macht. Es berücksichtigt jedoch nicht die Überprüfung der Sicherheitseigenschaften.

Gate Level IFT (GLIFT) [114] ist ein weiterer neuartiger Ansatz, der zur Entwurfszeit zum Testen und Verifizieren verwendet wird. Aufgrund der Abstraktion auf Gatterebene ist GLIFT nicht nur auf mikro-architektonische Einheiten beschränkt, sondern kann auf jedes digitale Hardwaresystem angewendet werden. Es ermöglicht GLIFT, jedes Bit im System zu verfolgen – unabhängig von den Sicherheitseigenschaften. Zu diesem Zweck wird für jedes Gatter eine separate Analyselogik (Schattenlogik) für die IFT-Analyse generiert, die durch die Kennzeichnung von Hardwarevariablen einen anderen Satz von Flüssen verfolgt. Diese zusätzliche Logik kann hergestellt und zur Laufzeit verwendet oder in der Entwurfsphase instanziiert werden, um zu überprüfen, ob der Hardwareentwurf die gewünschten Informationsflussrichtlinien durchsetzt. In bestimmten Szenarien wird die erzeugte Logik jedoch zu stark angenähert, d. h. es kommt zu falsch positiven Ergebnissen. GLIFT deckt sowohl implizite Flüsse als auch Timing-Kanäle ab, da die Gatterebene alle Informationsflüsse explizit macht. GLIFT ist zwar in der Lage, Verstöße gegen den Informationsfluss genau zu identifizieren, erfordert aber ein Design auf Gatterebene.

Andererseits folgt RTLIFT [4] GLIFT, hebt aber die Abstraktionsebene auf RTL an. Es bietet die Flexibilität, sowohl implizite als auch explizite Abläufe zu definieren. Es kodiert Sicherheitsattribute in den Entwurf für die formale Verifikation von Hardware-Sicherheitseigenschaften. Der Ansatz ist jedoch auf einen einzelnen IP-Kern beschränkt.

Caisson [69], VeriCoq-IFT [9], Sapper [70] und SecVerilog [120] sind Hardware-Sicherheitsentwurfssprachen. Die genannten Sprachen haben zwar viele Vorteile, doch die größten Nachteile sind die Vertrautheit mit der neuen Sprache, die Überschätzung der Abläufe und die Neuetikettierung der Entwürfe, wenn eine neue Eigenschaft hinzugefügt wird, um nur einige zu nennen.

Kürzlich haben Forscher eine VP-basierte IFT-Lösung [50] vorgeschlagen, die auf der SystemC TLM-2.0-Abstraktion basiert und das gesamte SoC statisch auf den Informationsfluss hin analysiert. Der Ansatz verwendet die Clang-Bibliothek, um eine Bindungsanalyse, eine Zugriffskontrollextraktion, eine Aufrufgraphenanalyse, eine Datenflussanalyse [49] und eine statische Taint-Analyse durchzuführen, um festzustellen, ob die angegebenen Sicherheitseigenschaften erfüllt wurden oder nicht. Die verletzten Eigenschaften werden zusammen mit potenziellen Verletzungspfaden an den Benutzer zurückgemeldet. Der Ansatz identifiziert alle potenziell gefährdeten Pfade als eine Überannäherung, d. h. kein Pfad wird übersehen. Dieser Ansatz leidet jedoch unter den folgenden Mängeln: Überapproximation von Flüssen, die zu falsch-positiven Ergebnissen führt sowie die Unfähigkeit, einen Pfad im Falle dynamischer Variablen genau zu identifizieren.

Unser vorgeschlagener Ansatz beseitigt die Nachteile der vorgenannten Ansätze. Er arbeitet direkt mit den VP-Modellen. Der Verifikationsingenieur muss keine neue Hardware-Sicherheitssprache erlernen, die Analyse erfolgt dynamisch zur Laufzeit und die Sicherheitseigenschaften werden ebenfalls nur einmal definiert.

## 5.3 Motivation und Bedrohungsmodelle

In diesem Abschnitt stellen wir die in unserer Arbeit betrachteten Bedrohungsmodelle vor und zeigen anhand eines motivierenden Beispiels, wie die Bedrohungsmodelle die Sicherheit eines VP-basierten SoCs beeinflussen.

### *5.3.1 Bedrohungsmodelle*

Um zu zeigen, wie wichtig und kritisch die Sicherheitsvalidierung in einem bestimmten SoC-Entwurf ist, muss ermittelt werden, (1) welche Arten von Werten geschützt werden müssen und (2) gegen welche Art von Bedrohungen wir uns schützen. Werte wie sensible Konfigurationsregister, Kryptographieschlüssel und digitale Signaturen sind kritische und vertrauliche Informationen, die vor unbefugtem Zugriff geschützt werden müssen. Nach [27, 50] lassen sich die Bedrohungsmodelle für ein Informationsleck in einem bestimmten SoC-Design an der ESL in zwei Hauptkategorien einteilen:

- **Vertraulichkeit:** Ein unbefugter IP ruft Daten eines sicheren IP ab (z. B. Daten in einem sicheren Speicher).
- **Integrität:** Ein unbefugter IP ändert die Daten eines sicheren IP.

Für ein bestimmtes SoC-Design gibt es zwei häufige potenzielle Quellen für die oben erwähnten Bedrohungsmodelle, und zwar

1. Der Entwurf enthält keine (strengen) Sicherheitsrichtlinien (d. h. Zugangskontroll- oder Informationsflußrichtlinien). Dadurch wird der Entwurf durch Schwachstellen ausnutzbar. Wenn ein SoC beispielsweise Hardware-IP enthält, die von einem nicht vertrauenswürdigen Drittanbieter erworben wurde, kann die IP bösartige Teile enthalten, die vertrauliche Daten preisgeben. Ebenso kann eine falsche Initialisierung der SoC-Firmware (z. B. der Speicherkonfigurationsdatei) (entweder durch einen am IP-Designprozess beteiligten Angreifer oder unbeabsichtigt) dazu führen, dass eine nicht autorisierte IP auf die vertraulichen Daten im sicheren Speicher zugreift. In beiden Fällen könnten gut implementierte Sicherheitsrichtlinien im SoC verhindern, dass sensible Daten nach außen gelangen.
2. Das bestehende SoC wird erweitert/geändert, aber seine Sicherheitsrichtlinien werden nicht aktualisiert. Insbesondere für den Fall, dass das Entwicklungsteam beschließt, das bestehende SoC durch Hinzufügen neuer IPs (z. B. eines Beschleunigers, eines Prozessors oder eines Speichers) zu verbessern, reichen die bisherigen Sicherheitsrichtlinien möglicherweise nicht aus, um sensible Daten vor dem Durchsickern zu schützen.

Daher muss für ein bestimmtes SoC die Sicherheitsvalidierungsanalyse durchgeführt werden, um sicherzustellen, dass die sicheren Assets weder durch *direkten Zugriff* (direkte Kommunikation zweier IPs) noch durch *indirekten Zugriff* (IP-Kollusion) abgeleitet werden können.

### 5.3.2 Motivierendes Beispiel

Betrachten wir das in Abb. 5.1 dargestellte RISC-32-SoC-Modell. Die VP ist inspiriert von dem Beispiel (Abb. 3.1) in Kap. 3.

Der Hardwareteil besteht aus zwei Initiatormodulen: *RISC-CPU* und *Initiator_0*, einer generischen, lose getakteten Verbindungsleitung *LT_BUS* und zwei Speichern *M0_regular* (regulärer Speicher) und *M2_secure* (sicherer Speicher). Dem Interconnect-Modul liegt ein Datenblatt bei. Es kann bis zu vier Initiatoren und acht Zielmodule auf der Grundlage der folgenden Konfiguration unterstützen: (1) die Zielmodule, die an die LT_BUS-Initiator-Ports 1 und 8 angeschlossen sind, sind nur für Initiatormodule zugänglich, die an die LT_BUS-Zielports 1 bzw. 4 angeschlos-

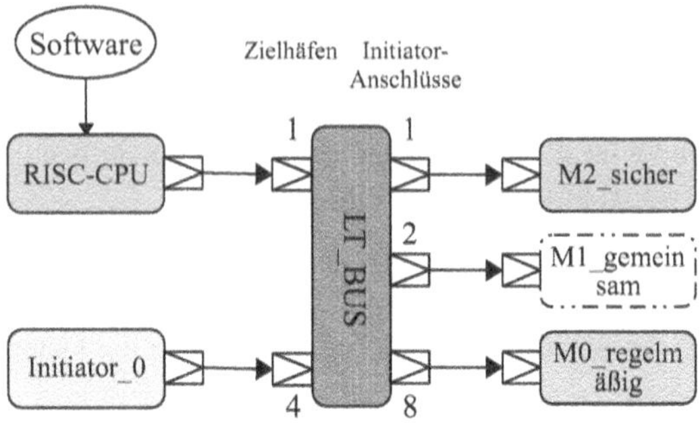


**Abb. 5.1** Die Architektur des motivierenden Beispiels *RISC-32 SoC* VP

sen sind, und (2) die Zielmodule, die an die LT_BUS-Initiator-Ports 2 bis 7 angeschlossen sind, werden von allen vier Initiatoren gemeinsam genutzt. *M2_secure* speichert sensible Daten (angeschlossen an Initiator-Port 1 des *LT_BUS*), und *M0_regular* (angeschlossen an Initiator-Port 8 des *LT_BUS*) wird zur Speicherung normaler Berechnungsergebnisse verwendet. Das RISC-CPU-Modul (angeschlossen an Port 1 des *LT_BUS*) ist eine handelsübliche 32-Bit-RISC-CPU, die von der Accellera Systems Initiative [1] zur Verfügung gestellt wurde und die TLM-2.0 und C++ als laufende Software unterstützt. Der Initiator *Initiator_0* ist ein Verarbeitungselement, das mit dem Zielport 4 des *LT_BUS* verbunden ist. Der Speicher *M1_shared* (angeschlossen an Initiator-Port 2 des *LT_BUS*) ist zunächst nicht verfügbar.

Der Softwareteil (der auf der *RISC-CPU* läuft) umfasst eine Schlüsselgenerierungsroutine für einen Verschlüsselungsalgorithmus (zur Vereinfachung wird die eigentliche Funktionalität abstrahiert), einen Compiler (zur Übersetzung der Software in RISC-CPU-Anweisungen) und eine Speicherkonfigurationsdatei (die vom Compiler für die Speicherzuweisung verwendet wird). Die Speicherkonfigurationsdatei für die *RISC-CPU* enthält zunächst die Information, dass der einzige verfügbare Speicher *M2_secure* ist. Um das Risiko von Laufzeitfehlern aufgrund der Speicherverwaltung zu verringern, wird der Speicher zur Kompilierzeit zugewiesen, was in SoC-Entwürfen meist verwendet wird. Abb. 5.2 zeigt einen Teil der laufenden Software *foo_64* (Zeilen 1 bis 10) der *RISC-CPU, die* einen 64-Bit-Verschlüsselungsschlüssel erzeugt. Die Variablen *key1* (Zeile 3) und *key2* (Zeile 4) werden durch *init1* und *init2* initialisiert, die aus der Datei *init_key* (Zeile 1) entnommen werden. Der endgültige Schlüssel *final_key* (Zeile 7) wird nach einigen Zwischenberechnungen durch die Funktion *key_gen* erzeugt. Da *M2_secure* der einzige verfügbare Speicher für die *RISC-CPU* in der Speicherkonfigurationsdatei ist, werden alle Variablen vom Compiler auf diesen Speicher abgebildet.

Gemäß der vorgenannten Konfiguration in Bezug auf die Verbindungsspezifikation werden die folgenden Sicherheitsrichtlinien für den RISC-32-SoC-Entwurf erfüllt:

- *M0_regular* ist nur für *Initiator_0* zugänglich und
- *M2_secure* ist nur für *RISC-CPUs* zugänglich.

```
1  void foo_64 (fstream &init_key){
2  /* ... */
3  unsigned char key1[8] = init1;
4  unsigned char key2[8] = init2;
5  unsigned char final_key[8] = {0};
6  /* ... */
7  final_key = key_gen (key1,key2);
8  /* ... */
9  return ;
10 }
11 /*The function is upgraded to generate more robust key*/
12 void foo_256 (fstream &init_key){
13 /* ... */
14 unsigned char key1[32] = init1;
15 unsigned char key2[32] = init2;
16 unsigned char key3[32] = init3;
17 unsigned char final_key[32];
18 /* ... */
19 final_key = key_gen (key1,key2,key3);
20 /* ... */
21 return;}
```

**Abb. 5.2** Ein Teil der *RISC-CPU*, auf der die Software des motivierenden Beispiels läuft

Betrachten wir nun das Szenario, dass die Software aktualisiert wird (*foo_256-Zeile* 12 in Abb. 5.2), um einen robusteren Schlüssel zu erzeugen, indem seine Länge erhöht wird (von 64-Bit auf 256-Bit) und die Funktion *key_gen* (Zeile 19 in Abb. 5.2) geändert wird, indem ein weiterer Anfangsschlüssel *key3* zu den Eingabeargumenten hinzugefügt wird. Nach dem Kompilieren der neuen Software meldet der Compiler, dass der Speicher nicht ausreicht. Um dieses Problem zu lösen und die Gesamtleistung des Entwurfs zu erhöhen, wird dem *RISC-32-SoC* Speicher *M1_shared* hinzugefügt. Die Speicherkonfigurationsdatei muss aktualisiert werden, damit der Compiler den neuen Speicherbereich für die Datenzuordnung verwenden kann. Daher ist es möglich, dass einige Variablen (z. B. *final_key-line* 19 in Abb. 5.2), die die sicheren Daten enthalten (die sich vor dem Hinzufügen des neuen Speichers bereits in *M2_secure* befanden), nun in *M1_shared* abgebildet werden. Daher kann zur Laufzeit ein unerwünschter Informationsfluss dazu führen, dass sensible Daten aus dem sicheren Speicher gelesen und dann in den gemeinsamen Speicher geschrieben werden. Der Hauptgrund für diese Schwachstelle ist, dass die Sicherheitsrichtlinie für die Verbindung nach dem Einfügen einer neuen IP (im vorliegenden Beispiel *M1_shared*) nicht aktualisiert wird. Somit kann die zugrunde liegende Hardware von einer nicht privilegierten Software als Gateway verwendet werden, um vertrauliche Daten auszuspähen. Da die Sicherheitsrichtlinien des *LT_BUS* nicht aktualisiert wurden, kann die laufende Software (d. h. die Anwendung) die *RISC-CPU* verwenden, um die vertraulichen Daten von *M2_secure zu* lesen und sie in *M1_shared zu* schreiben. Anschließend kann *Initiator_0* die sicheren Daten von *M1_shared* lesen.

Die Erkennung dieser Art von indirektem Zugriff ist selbst für ein einfaches SoC-Modell keine triviale Aufgabe, da sie weder durch funktionale Verifikationsmethoden (da die Funktionalität des SoC-Modells immer noch korrekt ist) noch durch eine statische Sicherheitsvalidierungsanalyse erkannt werden kann. Für den Fall, dass die Adresse von Transaktionen zur Laufzeit definiert wird, z. B. entweder explizit von Initiatormodulen (basierend auf einer dynamischen Berechnung) oder implizit von der laufenden Software (wie im obigen Beispiel), sind statische Analyseansätze nicht in der Lage, diese Sicherheitsverletzung zu erkennen. Daher ist eine dynamische Informationsflussanalyse erforderlich, bei der das Laufzeitverhalten eines gegebenen SoC sowohl bei *direktem* als auch bei *indirektem Zugriff* anhand der Bedrohungsmodelle überprüft wird.

## 5.4 Methodik

In diesem Abschnitt geben wir zunächst einen Überblick über den vorgeschlagenen Ansatz zur Sicherheitsvalidierung. Anschließend werden die vier Phasen des Ansatzes im Detail erläutert.

### *5.4.1 Gesamter Arbeitsablauf*

Abb. 5.3 gibt einen Überblick über den vorgeschlagenen Ansatz, der aus den folgenden vier Hauptphasen besteht:

1. Verfolgung von Transaktionen eines bestimmten VP-Modells zur Laufzeit.
2. Übersetzung der Transaktionen in eine Reihe von Zugriffspfaden.

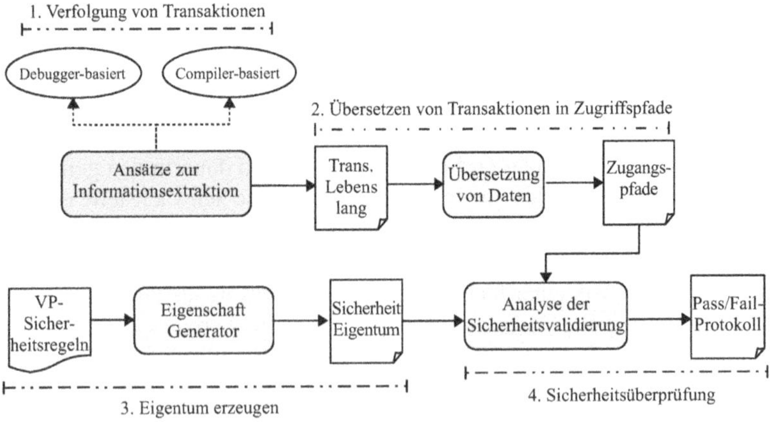


**Abb. 5.3** Überblick über die vorgeschlagene Methodik der Sicherheitsvalidierung

3. Generierung von Sicherheitseigenschaften aus den Sicherheitsregeln des Entwurfs.
4. Validierung des übersetzten Modells des Entwurfs anhand der Sicherheitseigenschaften.

Die Informationen zu jeder Transaktion werden nur einmal während der Ausführungszeit extrahiert und in eine Reihe von Zugriffspfaden übersetzt. Jeder Pfad identifiziert einen Informationsfluss von der *Quelle* (dem Erstellungspunkt einer Transaktion durch einen Initiator-IP) und dem *Ziel* (dem Endpunkt der Transaktion, der sich in einem Ziel-IP befindet). Die Sicherheitsregeln des Entwurfs werden auf der Grundlage der direkten und indirekten Zugriffsszenarien in eine Reihe von Sicherheitseigenschaften umgesetzt. In der letzten Phase stellt die Sicherheitsvalidierungsanalyse sicher, dass es keinen Pfad gibt, auf dem eine nicht autorisierte *Quelle* mit einem geschützten *Ziel* verbunden ist. Der Ansatz identifiziert die fehlerhaften Pfade für jede nicht erfüllte Sicherheitseigenschaft, was es dem Entwurfsteam ermöglicht, sich auf die genauen verwundbaren Punkte des Entwurfs zu konzentrieren und ihn entweder durch Verbesserung der Zugriffskontroll- oder Informationsflussrichtlinien zu verbessern [43]. Im Folgenden wird jede Phase des vorgeschlagenen Ansatzes im Detail erläutert und anhand des motivierenden Beispiels aus Abschn. 5.3 illustriert.

### 5.4.2 Verfolgung von Vorgängen

IPs in einem SoC auf VP-Ebene kommunizieren über TLM-Transaktionen. Um sicherzustellen, dass keine Informationen nach außen dringen, ist eine vollständige Verfolgung aller Transaktionen erforderlich. Insbesondere der *indirekte Zugriff* kann nur erkannt werden, wenn das gesamte Verhalten des Entwurfs, einschließlich der gesamten Zwischenkommunikation der IPs (Initiator und Ziel), analysiert wird.

Um die Transaktionen einer bestimmten VP richtig zu verfolgen, nutzen wir die in Kap. 3 vorgestellten Ansätze zur Informationsextraktion, um auf die Laufzeitinformationen eines bestimmten TLM-Designs zuzugreifen. Da das Ziel der Sicherheitsvalidierungsanalyse darin besteht, herauszufinden, ob die Initiator-IPs (Quelle) und die Ziel-IPs (Ziel) gemäß den Sicherheitsregeln der VP kommunizieren oder nicht, müssen wir nur die Laufzeitinformationen zu einer Transaktion an diesen beiden Punkten extrahieren. Daher verwenden wir für diese Aufgabe die Filteroptionen der in Kap. 3, Abschn. 3.4.3 vorgestellten Ansätze zur Informationsextraktion. Die in Abschn. 3.4.3 vorgestellten Filteroptionen extrahieren nur die Laufzeitinformationen von Transaktionen, die von Initiatormodulen generiert und von den entsprechenden Zielmodulen empfangen werden. Die Laufzeitinformationen von Transaktionen werden also nicht extrahiert, wenn sie durch Verbindungs-IPs laufen. Darüber hinaus extrahieren wir für jede Transaktion nur die Attribute, z. B. Daten, Adresse und Datenlänge, und die zugehörigen Parameter wie Referenzadresse des Transaktionsobjekts, Übergangsphase und Rückgabewert des Funktionsaufrufs, die für unsere Sicherheitsvalidierungsanalyse erforderlich sind. Dies beschleunigt unsere Informationsflussanalyse, da die Menge der zu extrahierenden Daten reduziert wird.

### 5.4.3 Übersetzen von Transaktionen in Zugriffspfade

Wie bereits in Kap. 4 erwähnt, kann das Verhalten von VP-basierten SoCs in Form von abstrakten Kommunikationspfaden gesehen werden, die zeigen, wie Transaktionen durch das System fließen (von der *Quelle* zum *Ziel*). Um jedoch ein gegebenes VP-basiertes SoC anhand seiner Sicherheitsregeln zu validieren, muss die in Definition 4.3 dargestellte Definition des Zugriffspfads geändert werden. Da die Sicherheitsregeln eines bestimmten Entwurfs auf der Grundlage der Kommunikation zwischen dem Initiator und den Zielmodulen definiert werden, muss jeder Zugriffspfad auf der Grundlage der Informationen über die *Quelle* und das *Ziel* der entsprechenden Transaktion wie folgt definiert werden.

**Definition 5.1**

$$AP = \{P_i \mid P_i = \{TID \rightarrow IM \rightarrow cmd \rightarrow TM \rightarrow adrs \rightarrow L \rightarrow ST\}; 1 \leq i \leq n_T\}$$

wobei

- *TID* ist die Transaktions-ID einschließlich der Transaktionsreferenzadresse (zur Unterscheidung der von verschiedenen Initiatormodulen erzeugten Transaktionen),
- *IM/TM* ist ein Initiator/Ziel-Modul, das aus seinem Stammnamen, dem Instanznamen und dem Namen seines Funktionsaufrufs besteht (er definiert den Start-/Endpunkt der Transaktion),
- *cmd* ist das Befehlsattribut der Transaktion,
- *adrs* ist das Adressattribut der Transaktion (Angabe der Transaktionsadresse im *TM*),
- *L* ist das Attribut *data_length* der Transaktion,
- *ST* ist der Simulationszeitstempel der Transaktionen, und
- $n_T$ ist die Anzahl der Transaktionen.

Die *Transaktionslebensdauer* wird vom Datenübersetzungsmodul analysiert (Abb. 5.3, Phase 2), um alle in die Transaktionslebensdauer eingebetteten Zugriffspfade zu extrahieren und sie gemäß Definition 5.1 darzustellen. Jedes Mitglied des AP-Sets zeigt einen direkten Informationsfluss zwischen *IM* und *TM* an und wird daher als direkter Pfad deklariert. Eine Kombination von drei direkten Pfaden spezifiziert einen indirekten Informationsfluss, wenn sie es einem Initiator ermöglicht, auf die Daten eines Ziels zuzugreifen, das nicht direkt zugänglich ist. In Abb. 5.4 ist beispielsweise ein Teil der Zugriffspfade des generierten RISC-32-SoC-Entwurfs dargestellt. In diesem Satz stellen *P1*, *P2*, … und *P5* fünf direkte Pfade dar. Die Pfade *P1, P3* und *P5* bezeichnen drei Transaktionen, die von *Initiator_0* für den Zugriff auf Daten der regulären und gemeinsamen Speicher *M0_regular* bzw. *M1_shared* generiert wurden. Als indirekter Pfad wird die Kombination der Pfade *P2, P4* und *P5* betrachtet, die einen indirekten Datenfluss zwischen *Initiator_0* und *M2_secure* erzeugt. Es wird gezeigt, dass die *RISC_CPU* im Pfad *P2* eine Transaktion zum

```
AP_RISC32-SoC = {

  P1=(0x6761b0_0 -> initiator_0::init_0::thread_process -> READ ->
  M0_regular::mem0::b_transport-> 0x004 -> 4-> 0ns),

  P2=(0x683c10_0 -> RISC-CPU::init_1::thread_process -> READ ->
  M2_secure::mem2::b_transport-> 0x010 -> 4-> 100ns),

  P3=(0x6761b0_1 -> initiator_0::initi_0::thread_process -> WRITE
      ->
  M0_regular::mem0::b_transport-> 0x008 -> 4-> 200ns),

  P4=(0x683c10_1 -> RISC-CPU::init_1::thread_process -> WRITE ->
  M1_shared::mem1::b_transport-> 0x004 -> 4-> 300ns),

  P5=(0x6761b0_2 -> initiator_0::init_0::thread_process -> READ ->
  M1_shared::mem1::b_transport-> 0x004 -> 4-> 400ns)}
```

**Abb. 5.4** Ein Teil der generierten Zugriffspfade des *RISC-32-SoC* VP

Lesen von Daten aus dem sicheren Speicher *M2_secure* erzeugt. Im Pfad *P4* schreibt die *RISC_CPU* die gelesenen sicheren Daten in den gemeinsamen Speicher *M1_shared* und schließlich werden die sicheren Daten im Pfad *P5* von *Initiator_0* gelesen. Somit konnte *Initiator_0* über die *RISC_CPU* auf die sicheren Daten zugreifen.

### *5.4.4 Generierung von Sicherheitseigenschaften*

Die Sicherheitsregeln des Entwurfs müssen in einem genau definierten Format ausgedrückt werden, um den SoC zu validieren. Die Sicherheitsregeln werden in der Regel in einer Lehrbuchspezifikation (definiert als Referenzmodell) niedergeschrieben, die von den Entwicklern zur Implementierung der Zugriffskontrollrichtlinien des Verbindungsmoduls oder anderer Mechanismen zur Verhinderung von Informationslecks verwendet wird. Die Sicherheitsregeln des SoC werden als Input gegeben und enthalten die beiden folgenden Elemente:

1. *Zielliste des Initiatormoduls* (TL_IM). Sie enthält für jeden Initiator eine Liste der Zielmodule, auf die er zugreifen darf.
2. *Secure Target List* (STL), einschließlich der Zielmodule mit kritischen Daten.

Die formale Definition der Entwurfsspezifikation in der Datei mit den *Sicherheitsregeln für den Entwurf* lautet wie folgt:

**Definition 5.2**

$$STL = \{t_i \mid ; t_i \text{ is a secure memory} \mid ; 1 \le i \le n\}$$
$$TL\_IM = \{IM_i \mid ; IM_i \rightarrow \{t_j ; 1 \le j \le m\} \mid ; 1 \le i \le n_I\}$$

```
Data: targets' lists of initiator modules TL_IM
Result: Security properties to validate direct acess paths DSP
1 DTL ← extracting all target modules of design form TL_IM;
2 i ← 0;
3 DSP ← ∅;
4 foreach target list TL of initiator module IM in TL_IM do
5     FTL_IM ← DTL − TL;
6     foreach target T in FTL_IM do
7         p_i ← (IM, T, {R/W});
8         add(DSP, p_i);
9         i ← i + 1;
```

**Algorithmus 5.1** Direkte Generierung von Sicherheitseigenschaften

wobei $n$ und $m$ die Anzahl der sicheren Zielmodule bzw. die Anzahl der Ziele angeben, auf die das Initiatormodul $IM_i$ zugreifen darf. Der Parameter $n_I$ gibt die Anzahl der Initiatormodule des Entwurfs an.

Algorithmus 5.1 veranschaulicht den Algorithmus zur Erzeugung *direkter Sicherheitseigenschaften* (DSP) aus den *Sicherheitsregeln des Entwurfs*.

Zunächst wird die TL_IM-Liste analysiert, um alle Zielmodule des Entwurfs zu extrahieren und sie in der *Design Target List* (DTL) zu speichern (Zeile 1). Für jedes Initiatormodul *IM* des Entwurfs wird eine *Forbidden Target List* ($FTL_{IM}$) erstellt, die die Zielmodule enthält, auf die der Initiator nicht zugreifen darf (Zeilen 4 und 5). Dies geschieht durch Eliminierung der *Target List* (TL) des Initiators *IM* (definiert in *TL_IM*) aus der *DTL*. Schließlich wird für jedes Ziel in der *FTL* eine Eigenschaft erzeugt, die den Namen des Initiators, den Namen des Ziels und den Zugriffsmodus enthält (Zeilen 6 bis 9). Jede direkte Sicherheitseigenschaft $p_i$ in DSP gibt an, dass es keinen Datenfluss (z. B. Lese- oder Schreibzugriff) vom Initiator *IM* zum Ziel *T* geben darf (Zeilen 7 und 8).

Die Generierung der *Indirekten Sicherheitseigenschaft* (ISP) wird in Algorithmus 5.2 erläutert. Ähnlich wie Algorithmus 5.1 beginnt er mit der Extraktion der Zielmodule des Entwurfs aus der TL_IM-Menge (Zeile 1). Um das indirekte Szenario zu erkennen, muss die generierte ISP drei Sequenzen wie folgt enthalten:

- Die erste Sequenz ($Seq._1$) zeigt einen Lesezugriff von einem sicheren Initiator (d. h. dem Initiatormodul, das auf einen sicheren Speicher zugreifen darf) auf sein sicheres Ziel an (Zeilen 4 bis 7),
- die zweite Sequenz ($seq_2$) identifiziert einen Schreibzugriff vom sicheren Initiator der $seq_1$ auf einen nicht sicheren Speicher (Zeilen 8 und 9), und
- die dritte Sequenz ($Sequenz_3$) ist ein Lesezugriff von einem nicht sicheren Initiator (d. h. dem Initiatormodul, das nicht auf einen sicheren Speicher zugreifen darf) auf das Ziel der $Sequenz_2$ (Zeilen 10 und 11).

```
Data: Secure target list STL and targets' lists of initiator modules TL_IM
Result: Security properties to validate indirect acess paths ISP
DTL ← extracting all target modules of design form TL_IM;
i ← 0;
ISP ← Ø;
foreach target module T in STL do
    foreach initiator module IM in TL_IM do
        if T in target list TL of IM then
            seq1 ← (IM, T, {R});
            foreach target module T' in DTL − STL do
                if T' in target list TL of IM then
                    seq2 ← (IM, T', {W});
                    foreach initiator module IM' in TL_IM − IM do
                        if T' in target list TL of IM' then
                            seq3 ← (IM', T', {R});
                            p_i ← (seq1, seq2, seq3);
                            add(ISP, p_i);
                            i ← i + 1;
```

**Algorithmus 5.2** Indirekte Erzeugung von Sicherheitseigenschaften

Betrachten wir das laufende Beispiel *RISC-32-SoC* (Abb. 3.1). Die Sicherheitsregeldatei *des Entwurfs* ist wie folgt definiert:

$$\begin{aligned} STL &= \{M2\_secure\} \\ TL\_IM &= \{Initiator\_0 \rightarrow \{M0\_regular,\ M1\_shared\}, \\ &\qquad RISC\_CPU \rightarrow \{M1\_shared,\ M2\_secure\}\} \end{aligned} \tag{5.1}$$

Auf der Grundlage der *Sicherheitsregeln* des *Entwurfs* werden der *DSP* und der *ISP* wie folgt erstellt:

$$\begin{aligned} DSP = \{p_1,\ p_2 \mid\ & p_1 \rightarrow (Initiator\_0,\ M2\_secure,\ \{R/W\}), \\ & p_2 \rightarrow (RISC\_CPU,\ M0\_regular,\ \{R/W\})\} \end{aligned} \tag{5.2}$$

$$\begin{aligned} ISP = \{p_1 \mid p_1 \rightarrow (&(RISC\_CPU,\ M2\_secure,\ \{R\}), \\ &(RISC\_CPU,\ M1\_shared,\ \{W\}), \\ &(Initiator\_0,\ M1\_shared,\ \{R\}))\} \end{aligned} \tag{5.3}$$

Es sollte beachtet werden, dass, wenn ein Teil des Speichers (ein Bereich von Speicheradressen) als sicherer Teil definiert wird, die *Sicherheitsregeln des Entwurfs* geändert werden können, um ihn zu unterstützen.

### 5.4.5 Sicherheitsvalidierung

Im Falle des *direkten Zugriffs* wird für jede Eigenschaft in *DSP* die AP-Menge durchlaufen (Algorithmus 5.3 Zeilen 1 bis 4), um eine Verletzung der Sicherheitspolitik zu finden. Die Feststellung einer Eigenschaftsverletzung bedeutet in diesem Fall, dass es einen direkten Pfad zwischen einem nicht sicheren Initiatormodul und einem sicheren Speicher gibt. Alle verletzten Pfade werden in dem Satz „*Verletzter Zugriffspfad*“ ($V_{AP}$) gespeichert, der den Konstrukteuren gemeldet wird. Um eine Eigenschaftsverletzung im Zusammenhang mit *indirektem Zugriff* (Zeilen 5 bis 13) zu erkennen, wird der AP-Satz des Entwurfs analysiert, um eine Kombination direkter Zugriffspfade zu finden, bei denen die gesamten oder ein Teil der sicheren Daten durchgesickert sind. Wir teilen die Sicherheitsverletzung in diesem Fall in zwei Fälle auf, die *vermutet* und *verletzt* werden.

Ersteres bezieht sich auf die beiden aufeinanderfolgenden Zugriffe eines Initiators, bei denen er sensible Daten aus einem sicheren Speicher liest und dann in einen nicht sicheren Speicher schreibt. Wir definieren diese beiden Zugriffe als Verdachtsfall, da sie zu einem Informationsleck führen können. Der Verdachtsfall wird erkannt, wenn die ersten beiden Sequenzen ($seq_1$ und $seq_2$) einer indirekten Sicherheitseigenschaft verletzt werden (Zeilen 7 bis 10). Die mit dieser Verletzung verbundenen Pfade werden in der Verdachtsmenge $V_{AP}$ gespeichert. Wenn ein nicht si-

```
Data: set of access paths AP and security properties DSP and ISP
Result: violated access paths V_AP
1  /* validating AP against direct security properties          */
2  foreach direct property dp in DSP do
3      foreach path p in AP do
4          if (dp in p) then
5              add(V_AP, p);
6  /* validating AP against indirect security properties        */
7  foreach indirect property ip in ISP do
8      foreach path p in AP do
9          if (ip.seq1 in p) then
10             foreach path p' in AP do
11                 if (ip.seq2 in p') & (p.ST > p'.ST) then
12                     add(V_AP.suspected, (p, p'));
13                     foreach path p'' in AP do
14                         if (ip.seq3 in p'') & (p'.ST > p''.ST) &
                             (ip.seq2.adrs == ip.seq3.adrs) then
15                             add(V_AP, (p, p', p''));
```

**Algorithmus 5.3** Erkennung von Sicherheitsverletzungen

cherer Initiator die sensiblen Daten aus dem vom sicheren Initiator geschriebenen nicht sicheren Speicher liest (Zeilen 11 bis 13), wird der Verdachtsfall zu einer echten indirekten Sicherheitsverletzung, die als *verletzter* Fall definiert wird. Daher meldet die Analyse die Pfade verletzter Eigenschaften in $V_{AP}$, z. B. zeigt die Überprüfung des AP-Sets des laufenden Beispiels *RISC-32-SoC* (Abb. 5.4) anhand seiner Sicherheitseigenschaften, dass ein ISP verletzt wurde. Die von der Analyse gemeldeten Zugriffspfade zeigen, dass die sicheren Daten durch die Kombination der direkten Pfade {P2, *P4*, *P5*} entweichen.

Um herauszufinden, wie viel der geheimen Information durchgesickert ist (als Analyse der Lecktiefe), gibt das Datenlängenattribut ($L$) der Transaktion die Größe der Daten an, die vom Initiatormodul aus dem Speicherblock gelesen oder in ihn geschrieben werden. Handelt es sich bei der verletzten Eigenschaft um einen DSP, geben die Parameter *adrs* und $L$ (im zugehörigen Pfad) die Tiefe der Leckage an. Beim *indirekten Zugriff* muss die Analyse auf mehr als einem Pfad durchgeführt werden, da der verletzte ISP drei Sequenzen umfasst. Die Zugriffspfade der letzten beiden Sequenzen $seq_2$ und $seq_3$ enthalten die Informationen zum Schreiben der sicheren Daten in einen nicht sicheren Speicher bzw. zum Lesen der Daten aus einem nicht sicheren Speicher. Der adrs-Parameter beider Sequenzen identifiziert den Block des Speichers, auf den die Initiatoren zugreifen. Wenn die Datenlänge in der $Sequenz_3$ ($L_3$) gleich oder kleiner ist als die Datenlänge in der $Sequenz_2$ ($L_2$), ist die Lecktiefe gleich $L_3$, andernfalls ist sie $L_2$.

## 5.5 Experimentelle Auswertung

Die experimentelle Bewertung des vorgeschlagenen Ansatzes wurde an verschiedenen VP-Modellen durchgeführt, die in SystemC TLM-2.0 implementiert sind. Die Experimente decken sowohl die Allgemeinheit als auch die Skalierbarkeit des Ansatzes ab. Ersteres bezieht sich auf die Sicherheitsvalidierung von Entwürfen [6], die verschiedene Aspekte des TLM-2.0-Standards implementieren (Kernschnittstellen, das Basisprotokoll und Kodierungsstile). Der zweite Ansatz bezieht sich auf die Sicherheitsvalidierung eines realen VP-basierten SoC [101].

Um die Qualität des vorgeschlagenen Ansatzes zu bewerten, betrachten wir zwei mögliche Sicherheitsszenarien, die sowohl Modelle für Vertraulichkeits- als auch für Integritätsbedrohungen abdecken:

- S1: Änderung eines SoC ohne Aktualisierung seiner Sicherheitsrichtlinien (ähnlich dem Motivationsbeispielszenario in Abschn. 5.3) und
- S2: Falsche Initialisierung oder Aktualisierung der SoC-Firmware (d. h. der Speicherkonfigurationsdatei).

Wir wenden die oben genannten Sicherheitsszenarien auf VP-Modelle an und verifizieren ihre Sicherheitsrichtlinien anhand ihrer Sicherheitsregeln.

Die experimentellen Ergebnisse werden in zwei Teilen beschrieben. Erstens wird eine reale Fallstudie – die LEON3-basierte VP SoCRocket (implementiert in SystemC TLM-2.0) [101] – in Abschn. 5.5.1 ausführlich dargestellt. Zweitens geben wir in Abschn. 5.5.2 eine kurze Diskussion über die Qualität der erzielten experimentellen Ergebnisse.

Alle Experimente werden auf einem PC durchgeführt, der mit 8 GB RAM und einer Intel Core i7 CPU mit 2,4 GHz ausgestattet ist.

### 5.5.1 Fallstudien

Die experimentellen Ergebnisse für verschiedene Arten von SoC-Benchmarks sind in den Tab. 5.1 und 5.2 dargestellt. In den ersten beiden Spalten in Tab. 5.1 sind die Namen und Codezeilen für jedes VP-Modell aufgeführt. Es ist zu beachten, dass das ursprüngliche Modell jedes SoCs durch die Integration verschiedener Initiator- und Target-Module mit seinem Interconnect modifiziert wird, um verschiedene Sicherheitsszenarien zu unterstützen. Die Spalte *TM* zeigt das Timing-Modell jedes Entwurfs. Spalte *SSc* zeigt das auf jedes VP-Modell angewandte Sicherheitsszenario. Spalte *#IP* listet die Anzahl der IPs für jedes VP-Modell auf, gefolgt von der Gesamtzahl der IPs, des sicheren Initiators und des sicheren Speichers in *Total*, *SI bzw. SM*. Die Spalte *#Trans* zeigt die Anzahl der extrahierten Transaktionen für jeden Entwurf. Die Spalten *#ISP* und *#DSP* zeigen das Ergebnis der Verifizierung jedes VP-Modells anhand der indirekten bzw. direkten Sicherheitseigenschaften. Für beide Spalten zeigen *Total*, *Pass* und *Fail* die Anzahl der generierten, erfüllten bzw. verletzten Eigenschaften. Die Ausführungszeit des vorgeschlagenen Ansatzes ist in Tab. 5.2 angegeben, einschließlich der Datenextraktion *ET*, des Validierungsprozesses *VT* und der Gesamtausführungszeit *Total* des Ansatzes. Die in *VT* angegebene Zeit umfasst die Phasen 2 bis 4 des vorgeschlagenen Ansatzes. Die Spalte *CET* zeigt die Gesamtzeit für die Kompilierung und Ausführung jedes Entwurfs ohne jegliche Instrumentierung (Tab. 5.2).

Für ein reales Experiment haben wir den LEON3-basierten VP SoCRocket [101] modifiziert, indem wir drei TLM-2.0 IPs mit seinem AMBA-2.0 AHB (Advanced High-Performance Bus) wie folgt integriert haben:

- Ein synthetisierbarer SytemC IP *AES_core* [97], der als Hardwarebeschleuniger zur Implementierung des AES-128-Verschlüsselungsalgorithmus verwendet wird.
- Zwei sichere Speicher *Mem_Secure1* und *Mem_Secure2*, die mit *kryptografischen Schlüsseln bzw. Klartexten* initialisiert werden.

Die VP selbst ist in SystemC TLM-2.0 implementiert und besteht aus mehr als 50.000 Codezeilen. Sie umfasst mehrere IPs, die im Master- (z. B. Initiatormodule LEON3-Prozessor, *ahbin1* und *ahbin2*) oder Slave-Modus (z. B. Zielmodule *AHBMem1* und *AHBMem2*) zusammenarbeiten und mit dem On-Chip-Bus AMBA-2.0

**Tab. 5.1** Experimentelle Ergebnisse für alle Fallstudien in Bezug auf die Qualität des vorgeschlagenen Sicherheitsvalidierungsansatzes

| | | | | #IP | | | | *ISP | | | #DSP | | |
|---|---|---|---|---|---|---|---|---|---|---|---|---|---|
| VP-Modell^a | LoC | TM | SSc | Insgesamt | SI | SM | #Trans | Insgesamt | Pass | Fail | Insgesamt | Pass | Fail |
| Routing-Modell (1) | 656 | LT | S1 | 9 | 2 | 2 | 150 | 24 | 20 | 4 | 5 | 4 | 1 |
| RISC32-SoC (1,2) | 3150 | LT | S1 | 6 | 1 | 1 | 110 | 1 | 0 | 1 | 2 | 2 | 0 |
| AES128-SoC (1) | 4742 | AT | S1, S2 | 10 | 2 | 3 | 350 | 33 | 31 | 2 | 13 | 8 | 5 |
| RISC32-SoC (1,2) | 4850 | AT | S1 | 19 | 3 | 3 | 733 | 324 | 304 | 20 | 36 | 34 | 2 |
| Verriegelung-zwei (1) | 5830 | LT/AT | S2 | 13 | 2 | 2 | 450 | 48 | 39 | 9 | 14 | 10 | 4 |
| Verriegelung-Automatik (1) | 6959 | LT/AT | S2 | 15 | 2 | 3 | 370 | 96 | 85 | 11 | 20 | 18 | 2 |
| SoCRocket (3,4) | 50.000 | LT/AT | S2 | 21 | 1 | 3 | 1100 | 180 | 168 | 12 | 30 | 28 | 2 |

^aDie VP-Modelle werden von (1) [6], (2) [1], (3) [101] und (4) [97] bereitgestellt und unter Verwendung einer unterschiedlichen Kombination von Initiator- und Zielmodulen modifiziert, um verschiedene Sicherheitsszenarien zu unterstützen *LOC* lines of code, *TM* timing model, *SSc* security scenario, *#IP* number of intellectual property, *SI*, secure initiator, *SM* secure memory, *#Trans* number of transactions, *ISP* indirect security property, *DSP* direct security property</item>

**Tab. 5.2** Experimentelle Ergebnisse für alle Fallstudien in Bezug auf die Ausführungszeit des vorgeschlagenen Sicherheitsvalidierungsansatzes

| | | | | #IP | | | | ET (s) | | | Gesamt (s) | | |
|---|---|---|---|---|---|---|---|---|---|---|---|---|---|
| VP-Modell^a | LoC | TM | SSc | Insgesamt | SI | SM | #Trans | DbA | CbA | VT (s) | DbA | CbA | CET (s) |
| Routing-Modell (1) | 656 | LT | S1 | 9 | 2 | 2 | 150 | 41,06 | 2,57 | 15,72 | 56,78 | 18,29 | 1,52 |
| RISC32-SoC (1,2) | 3150 | LT | S1 | 6 | 1 | 1 | 110 | 35,39 | 4,39 | 4,92 | 39,06 | 9,31 | 2,78 |
| AES128-SoC (1) | 4742 | AT | S1, S2 | 10 | 2 | 3 | 350 | 208,15 | 20,06 | 34,90 | 243,05 | 54,96 | 16,23 |
| RISC32-SoC (1,2) | 4850 | AT | S1 | 19 | 3 | 3 | 733 | 556,93 | 21,53 | 52,23 | 609,16 | 73,76 | 23,84 |
| Verriegelung-zwei (1) | 5830 | LT/AT | S2 | 13 | 2 | 2 | 450 | 402,72 | 23,67 | 29,11 | 431,83 | 52,78 | 22,21 |
| Verriegelung-Automatik (1) | 6959 | LT/AT | S2 | 15 | 2 | 3 | 370 | 513,40 | 24,81 | 3,82 | 553,22 | 64,63 | 22,70 |
| SoCRocket (3,4) | 50.000 | LT/AT | S2 | 21 | 1 | 3 | 1100 | 1556,49 | 59,18 | 10,07 | 1660,56 | 163,25 | 43,19 |

^aDie VP-Modelle stammen aus (1) [6], (2) [1] und (3) [101] (4) [97] und wurden unter Verwendung einer unterschiedlichen Kombination von Initiator- und Zielmodulen modifiziert, um verschiedene Sicherheitsszenarien zu unterstützen *LOC* lines of code, *TM* timing model, *SSc* security scenario, *#IP* number of intellectual property, *SI* sicherer Initiator, *SM* sicherer Speicher, *#Trans* Anzahl der Transaktionen, *ET* Extraktionszeit des vorgeschlagenen Ansatzes (Phase 1), *VT* Validierungszeit des vorgeschlagenen Ansatzes (Phasen 2 bis 4), *CET* Kompilierungs- und Ausführungszeit jedes VP-Modells mit GCC</item>

verbunden sind. Die Kommunikation verwendet einen 32-Bit-Adressmodus, bei dem die 12 höchstwertigen Bits zur Angabe der Speicheradresse verwendet werden.

Die erwarteten Sicherheitsmaßnahmen der VP sind wie folgt:

- *Mem_Secure1* und *Mem_Secure2* sind sichere Speicher, auf die nur *AES_core* und
- *AHBMem1* und *AHBMem2* sind reguläre Speicher und nur über *LEON3*, *ahbin1* und *ahbin2* zugänglich.

Zu Beginn ist der Speicher *AHBMem2* nicht verfügbar und die Speicherkonfiguration wird auf der Grundlage der oben genannten Sicherheitsrichtlinien festgelegt. Zu Beginn der Ausführung lesen die Initiatormodule die Speicherkonfigurationsdatei, um den Bereich der Speicheradressen zu ermitteln, auf den sie zugreifen dürfen. Das Modul *AES_core* führt den Standard-AES-128-Verschlüsselungsalgorithmus unter Verwendung der *initialisierten Schlüssel* und *Klartexte aus*, die in den sicheren Speichern *Mem_Secure1* bzw. *Mem_Secure2* gespeichert sind.

Um die Gesamtleistung des Systems zu erhöhen, könnte das Designteam beschließen, *AHBMem2* in den *AT-Bus* (AHB) zu integrieren. Um den neuen Speicher für andere Initiatoren zugänglich zu machen, muss die Speicherkonfigurationsdatei aktualisiert werden. Die vom Entwicklungsteam erwartete Aktualisierung der Speicherkonfiguration sieht folgendermaßen aus: Im *AHBMem2* werden die Speicherblöcke folgendermaßen verwendet:

- (0xA0000000 bis 0xA0000BB4) werden von *LEON3*, *ahbin1* und *ahbin2* gemeinsam genutzt,
- (0xA0000BB5 bis 0xA0000DE6) sind nur von *AES_core* zugänglich,
- (0xA0000DE7 bis 0xA0000FFF) werden von *ahbin1* und *ahbin2* gemeinsam genutzt.

Das Sicherheitsszenario besteht darin, dass die Speicherkonfigurationsdatei fälschlicherweise aktualisiert wird (entweder durch einen böswilligen Insider im Entwicklungsteam oder unbeabsichtigt), wobei in *AHBMem2* die Speicherblöcke

- (0xA0000000 bis 0xA0000BB4) von *LEON3*, *ahbin1* und *ahbin2* gemeinsam genutzt werden,
- (**0xA0000BA5** bis 0xA0000DE6), die nur von *AES_core* zugänglich sind, und
- (0xA0000DE7 bis 0xA0000FFF) werden von *ahbin1* und *ahbin2* gemeinsam genutzt.

Die falsche Speicherkonfiguration ist in diesem Fall durch herkömmliche Funktionstests aus zwei Gründen nur schwer zu erkennen: Erstens wirkt sich dieser Fehler nicht auf die Funktionalität des Systems aus, da der Speicherort der Variablen nur im selben Speicher verschoben wird. Zweitens ist *AHBMem2* vom funktionalen Standpunkt aus gesehen für alle erwarteten Initiatoren erreichbar, und die Transaktionsdaten werden weiterhin im erwarteten Speicher (*AHBMem2*) gespeichert. Aus der Sicht der Sicherheit müssen die sicheren Speicher *Mem_Secure1*, *Mem_Secure2* und *AHBMem2* (0xA0000BB5 bis 0xA0000DE6) vor unberechtigtem Zugriff geschützt werden. Daher sind die *Design-Sicherheitsregeln* der *SoCRocket* wie folgt definiert:

$$
\begin{aligned}
&STL = \{Mem\_Secure1, Mem\_Secure2, AHBMem2\,(0xA0000BB5 - 0xA0000DE6)\}\\
&TL\_IM = \{AES\_core \rightarrow \{Mem\_Secure1, Mem\_Secure2,\\
&AHBMem2\,(0xA0000BB5 - 0xA0000DE6)\},\\
&LEON \rightarrow \{AHBMem1,\ AHBMem2\,(0xA0000000 - 0xA0000BB4)\},\\
&ahbin1 \rightarrow \{AHBMem1, AHBMem2(0xA0000000 - 0xA0000BB4;\\
&0xA0000DE7 - 0xA0000FFF)\},\\
&ahbin2 \rightarrow \{AHBMem1, AHBMem2(0xA0000000 - 0xA0000BB4;\\
&0xA0000DE7 - 0xA0000FFF)\}\}
\end{aligned}
\tag{5.4}
$$

Der vorgeschlagene Ansatz generiert 210 Sicherheitseigenschaften (30 DSPs und 180 ISPs) in Bezug auf die *Sicherheitsregeln des Entwurfs*. Es werden 16 Verletzungen der Sicherheitseigenschaften festgestellt, darunter zwei DSPs und 14 ISPs. Der Hauptgrund für dieses Sicherheitsproblem ist die schwache Sicherheitspolitik des AMBA-2.0 AHB. Die einzige in AMBA-2.0 AHB implementierte Richtlinie besteht darin, dass beim Empfang von Transaktionen, die von Master-IPs generiert werden, geprüft wird, ob die Adresse der Transaktion im Bereich der Speicheradressen liegt oder nicht. Wir haben diese Sicherheitslücke in AMBA-2.0 AHB behoben, indem wir Zugriffskontrollrichtlinien hinzugefügt haben, die den Zugriff von nicht autorisierten Master-IPs auf die sicheren Speicher beschränken. Dazu wird die Adresse der empfangenen Transaktionen daraufhin überprüft, ob sie den erwarteten Adressbereich in Bezug auf die Sicherheitsregeln des Entwurfs erfüllen. Die Eigenschaften wurden beim nächsten Analyselauf erfüllt. Eine allgemeinere Lösung besteht darin, dem AMBA-2.0 AHB eine Speicherverwaltungseinheit hinzuzufügen. Der Satz $V_{AP}$, der sich auf den verletzten DSP bezieht, lautet zum Beispiel wie folgt:

$$
\begin{aligned}
&V_{AP} = \{P14,\ P21\}\\
&P14 = (0x69C450\_4 \rightarrow ahbin1 :: init1 :: gen\_frame \rightarrow READ\\
&\quad \rightarrow AHBMem2 :: trg2 :: exec\_func \rightarrow 0xA0005BA7 \rightarrow 4 \rightarrow 6071ns),\\
&P21 = (0x6A9B20\_2 \rightarrow ahbin2 :: init2 :: gen\_frame \rightarrow READ\\
&\quad \rightarrow AHBMem2 :: trg2 :: exec\_func \rightarrow 0xA0005BB1 \rightarrow 4 \rightarrow 8043ns)
\end{aligned}
\tag{5.5}
$$

Pfad *P14* in (5.5) zeigt, dass die Instanz *init1* des Initiatormoduls *ahbin1* mit der Funktion *gen_frame* eine Transaktion erzeugt, um von der Speicheradresse 0xA0005BA7 zu lesen, die sich auf die Instanz *trg2* des Zielmoduls *AHBMem2* bezieht. Das Zielmodul *AHBMem2* sendet die Antwort mittels *exec_func* zur Simulationszeit 6071 ns. In gleicher Weise zeigt der Pfad *P21,* dass die Instanz *init2* des Initiatormoduls *ahbin2* mit der Funktion *gen_frame* eine Transaktion erzeugt, um von der Speicheradresse 0xA0005BB1 zu lesen, die auf die Instanz *trg2* des Zielmoduls *AHBMem2 verweist*. Das Zielmodul *AHBMem2* sendet die Antwort mittels *exec_func* zur Simulationszeit 8043 ns. Die Analyse der Lecktiefe von $V_{AP}$ in (5.5) zeigt, dass für beide Pfade *P14* und *P21* der Parameter *adrs* gleich 0xA0005BA7 bzw. 0xA0005BB1 ist. Der Parameter *L* ist für alle Pfade gleich 4 Bytes.

Ein Teil des Satzes $V_{AP}$ zum ISP lautet wie folgt:

$$
\begin{aligned}
&V_{AP} = \{(P411,\ P532,\ P565)| \\
&P411 = (0x1DBCD00\_21 \rightarrow AES\_core :: aes\_master :: gen\_frame \\
&\quad \rightarrow READ \rightarrow Mem\_Secure1 :: mem\_\mathrm{sec}1 :: exec\_func \\
&\quad \rightarrow 0xB0000010 \rightarrow 4 \rightarrow 999550ns), \\
&P532 = (0x1DBCD00\_54 \rightarrow AES\_core :: aes\_master :: gen\_frame \\
&\quad \rightarrow WRITE \rightarrow AHBMem2 :: trg2 :: exec\_func \\
&\quad \rightarrow 0xA0000BA9 \rightarrow 4 \rightarrow 1007190ns) \\
&P565 = (0x6A9B20\_19 \rightarrow ahbin2 :: init2 :: gen\_frame \\
&\quad \rightarrow READ \rightarrow AHBMem2 :: trg2 :: exec\_func\_func \\
&\quad \rightarrow 0xA0000BA9 \rightarrow 4 \rightarrow 1008680ns)\}
\end{aligned}
\tag{5.6}
$$

Wie in (5.6) dargestellt, entsteht durch die Kombination der Pfade *P411*, *P532* und *P565* ein indirekter Datenfluss zwischen *ahbin2* und *Mem_Secure1*, was den erwarteten Sicherheitsregeln widerspricht. Im Pfad *P411* erstellt die Instanz *aes_master* des Initiatormoduls *AES_core* eine Transaktion zum Lesen von Speicheradresse 0xB0000010, die sich auf das sichere Zielmodul *Mem_Secure1* bezieht, unter Verwendung der Funktion *gen_frame*. Im Pfad *P532* erzeugt der *AES_core* eine Transaktion zum Schreiben in die Speicheradresse 0xA0000BA9, die sich auf das Zielmodul *AHBMem2* bezieht, wenn die Simulationszeit von 999550 auf 1007190 ns fortgeschritten ist. Im Pfad *P565* schließlich liest die Instanz *init2* des Initiatormoduls *ahbin2* von der Speicheradresse 0xA0000BA9 zur Simulationszeit 1008680 ns.

Für dieses Experiment wurden 1100 Transaktionen extrahiert. Die gesamte Analyse dauert etwa 28 min, bis die Ergebnisse vorliegen.

### 5.5.2 Integration und Diskussion

Der vorgeschlagene Ansatz ist in der Lage, die Sicherheit der abstrakten Kommunikation für ein gegebenes VP-basiertes SoC-Modell zu verifizieren. Das Ergebnis unserer Analyse kann den Verifizierungsingenieur effektiv dabei unterstützen, die Sicherheitsrichtlinien des Entwurfs zu verbessern, da es die genauen verwundbaren Pfade aufzeigt. Da die erste Phase des vorgeschlagenen Ansatzes (Informationsextraktion) sowohl mit dem debugger- als auch mit dem compilerbasierten Ansatz durchgeführt werden kann, haben Entwickler die Möglichkeit, jeden der beiden Ansätze entsprechend ihren Anforderungen zu wählen. Der Debugger-basierte Ansatz erfordert nur die binären VP-Modelle für IFT, so dass der ursprüngliche Quellcode und der Kompilierungsworkflow unangetastet bleiben (d. h. eine nicht-intrusive Lösung). Daher kann er auch dann eingesetzt werden, wenn das SoC 3PIPs enthält, deren Quellcodes nicht verfügbar sind. Die einzige Voraussetzung für die Anwendung des vorgeschlagenen Ansatzes ist, dass das ausführbare VP-Modell Debug-Informationen enthält, die normalerweise von den Herstellern bereitgestellt werden. Der compilerbasierte Ansatz bietet Entwicklern eine schnelle Lösung für die Informationsextraktion, erfordert jedoch die Verfügbarkeit des SoC-Quellcodes.

#### 5.5.2.1 Beschränkungen

Da der vorgeschlagene Ansatz auf einer dynamischen Analyse beruht, gelten für ihn dieselben Einschränkungen. Die Validierungsanalyse hängt von der Fähigkeit des Eingabestimulus (d. h. Testbench oder laufende Software) ab, die Schwachstellen oder Angriffsflächen in der ersten Phase zu aktivieren. Die Wahrscheinlichkeit, dass die Schwachstellen im Simulationsverhalten des Entwurfs aktiviert werden, kann dadurch erhöht werden, dass jedes Initiatormodul des Entwurfs auf verschiedene Ziel-IPs (z. B. Speicheradressbereiche) zugreift, für die sie mindestens mit einem Eingabestimulus (Transaktion) definiert sind. Dies ist ein guter Ausgangspunkt, um Eingabestimuli zu generieren oder die bestehende Testbench für ein bestimmtes Design zu verbessern, da verschiedene Kombinationen von Pfaden im Simulationsprotokoll erscheinen. Eine hohe Qualität des Eingabestimulus (frei von redundanten Pfaden) kann auch die Datenextraktionszeit (Phase 1) reduzieren, da die Anzahl der zu verfolgenden Transaktionen verringert wird. Im Allgemeinen kann das Problem der Generierung von Eingabestimuli oder der Verbesserung bestehender Stimuli entweder durch die Verwendung automatischer Testgenerierungsmethoden oder durch das manuelle Ausüben eines bestimmten Pfades gelöst werden.

## 5.6 Schlussfolgerung

In diesem Kapitel wurde der erste dynamische VP-basierte IFT-Ansatz für die Sicherheitsvalidierung vorgestellt. Die IFT wird unter Verwendung der vorgeschlagenen SystemC VP-Analyseansätze (d. h. compilerbasiert und debuggerbasiert) durchgeführt, um das Laufzeitverhalten (TLM-Transaktionen) eines gegebenen SoCs zu extrahieren. Die extrahierten Transaktionen und die Sicherheitsregeln des Designs werden automatisch in eine Reihe von Zugriffspfaden bzw. Sicherheitseigenschaften übersetzt. Der vorgeschlagene Ansatz validiert die generierten Zugriffspfade anhand der Sicherheitseigenschaften und meldet die anfälligen Pfade (die die spezifizierten Eigenschaften des vertraulichen Informationsflusses verletzen) an den Designer zur weiteren Prüfung zurück. Der vorgeschlagene Ansatz ist in der Lage, den genauen Punkt und die Menge an Informationen, die durchgesickert sind, zu erkennen. Experimentelle Ergebnisse bestätigen die Anwendbarkeit unseres Ansatzes auf verschiedene VP-Modelle, einschließlich der realen VP SoCRocket.

# Kapitel 6
# Anwendung III: Design Space Exploration

Die zunehmende Funktionalität elektronischer Systeme aufgrund der ständigen Weiterentwicklung der Marktanforderungen macht die nichtfunktionalen Aspekte solcher Systeme (z. B. Energieverbrauch, Flächenbedarf oder Leistung) zu einem wichtigen Anliegen im Entwurfsprozess. Approximatives Rechnen ist ein vielversprechender Weg, diese Kriterien zu optimieren, indem die Genauigkeit innerhalb akzeptabler Grenzen gehandelt wird. Da die Kosten für erhebliche strukturelle Änderungen an einem gegebenen Entwurf sehr hoch sind und mit dem Entwicklungsstadium zunehmen, muss die Optimierungslösung so früh wie möglich in den Entwurf integriert werden, d. h. in der ESL. Um Approximationstechniken zur Optimierung eines gegebenen SystemC-Entwurfs anwenden zu können, müssen die Entwickler wissen, welche Teile des Entwurfs approximiert werden können. Die Identifizierung dieser Teile ist jedoch ein entscheidender und nicht trivialer Ausgangspunkt der Näherungsberechnung, da die falsche Erkennung auch nur eines kritischen Teils als belastbar zu einem inakzeptablen Ergebnis führen kann. Dies erfordert in der Regel einen erheblichen Programmieraufwand für die Designer, insbesondere wenn sie den Entwurfsraum manuell untersuchen.

In diesem Kapitel stellen wir eine weitere Anwendung des Entwurfsverständnisses im Entwurfsprozess vor, nämlich die Identifizierung der belastbaren Teile eines gegebenen SystemC-Entwurfs. Dazu verwenden wir den compilerbasierten Analyseansatz (eingeführt in Kap. 3) zusammen mit Regressionsanalysetechniken (eine schnelle maschinelle Lernmethode, die eine genaue Funktionsabschätzung ermöglicht). Sobald die belastbaren Teile identifiziert sind, wird eine Näherungsgradanalyse durchgeführt, um die maximale Fehlerrate zu bestimmen, die jeder belastbare Teil tolerieren kann. Darüber hinaus wird die maximale Anzahl der belastbaren Teile, die gleichzeitig approximiert werden können, den Designern auf verschiedenen Granularitätsebenen mitgeteilt.



M. Goli, R. Drechsler, *Automatisierte Analyse von virtuellen Prototypen auf der Ebene elektronischer Systeme*, https://doi.org/10.1007/978-3-031-36997-1_6

## 6.1 Einleitung

Aufgrund der ständig zunehmenden Funktionalität digitaler Schaltungen und der ständigen Weiterentwicklung der Marktanforderungen an Siliziumlösungen sind die elektronischen Endsysteme sehr komplex geworden. Diese zunehmende Komplexität hat ihren Preis, z. B. in Form eines höheren Stromverbrauchs, eines größeren Flächenbedarfs oder einer geringeren Leistung. Daher sind die oben erwähnten nicht-funktionalen Designaspekte zu einem ernsthaften Problem für die Designer solch komplexer Systeme geworden.

Das Paradigma des approximativen Rechnens ist eine vielversprechende Lösung [23, 77] zur Verbesserung der Leistung, des Platzbedarfs oder zur Verringerung des erforderlichen Energieverbrauchs elektronischer Systeme auf Kosten der Ausgabegenauigkeit. Ausgehend von der Idee, dass Entwürfe in der Regel einige Teile enthalten, die weniger zur Qualität der Ausgabe beitragen als andere, kann die Änderung dieser Teile des Entwurfs die Entwurfsmetrik verbessern. Die Ausgabequalität wird anhand der akzeptablen Fehlergrenze gemessen, die als Quality of Service (QoS)-Bereich angegeben wird. Die Ungenauigkeitstoleranz oder QoS-Grenze der endgültigen Ausgabe eines gegebenen Entwurfs kann durch verschiedene Faktoren entstehen, z. B. durch die Unfähigkeit des Menschen, Rauschen innerhalb von Grenzen wahrzunehmen. Die Teile eines gegebenen Entwurfs werden als belastbar oder *approximierbar* angesehen, wenn sie das Endergebnis nicht über eine tolerierbare Grenze hinaus beeinflussen. Somit hat die Änderung der approximierbaren Teile nur geringe Auswirkungen auf die QoS der Ausgabe.

Da die Kosten für die Anwendung signifikanter struktureller Änderungen an einem gegebenen Entwurf mit dem Entwicklungsstadium zunehmen, müssen die Designer ihre Lösungen so früh wie möglich in den Entwurf integrieren, d. h. in der ESL unter Verwendung der SystemC-Sprache. Darüber hinaus kann ein signifikanter Einfluss auf die Gesamtentwurfskennzahlen nur dann erzielt werden, wenn die Änderungen auf den hohen Abstraktionsebenen während des Entwurfsprozesses vorgenommen werden.

Bevor jedoch ein Verfahren zur Näherungsberechnung auf einen gegebenen SystemC-Entwurf angewendet werden kann, müssen die approximierbaren Teile des Entwurfs ermittelt werden. Dies ist der kritische Ausgangspunkt der Näherungsberechnung, da die falsche Erkennung kritischer Teile als approximierbar katastrophale Auswirkungen auf die Ausgabequalität des Entwurfs haben kann.

Nach [42, 77] sollte eine Lösung, die den belastbaren Teil eines Entwurfs (der die vielversprechendsten Approximationskandidaten identifiziert) lokalisiert, so weit wie möglich automatisiert sein. Die existierenden Lösungen basieren meist auf der Entwicklung neuer Programmiersprachen, um Designern ein Framework zur manuellen Spezifikation approximierbarer Daten zur Verfügung zu stellen [72, 95], oder auf Quellcode-Annotationen, um zu bestimmen, ob ein Teil des Codes resilient ist oder nicht [14, 15, 17, 72, 91]. Darüber hinaus konzentrieren sich die Methoden entweder auf die algorithmische Ebene [14, 84, 91–93] oder auf niedrigere Abstraktionsebenen, d. h. die *Registerübertragungsebene* (RTL) [83] und darunter [16, 96].

Daher zielen wir in diesem Kapitel darauf ab, automatisch die approximierbaren Teile eines gegebenen SystemC-Entwurfs zu identifizieren, die wiederum von den

Designern in den späteren Entwurfsschritten realisiert und auf die approximativen Implementierungen abgebildet werden können. Der vorgeschlagene Ansatz besteht aus vier Hauptphasen. In der ersten Phase wird eine Kombination aus statischen und dynamischen Analysetechniken verwendet, um das Simulationsverhalten der verschiedenen Entwurfsteile zu extrahieren. In der zweiten Phase werden Regressionsanalysetechniken auf das extrahierte Simulationsverhalten jedes Teils angewendet, um ein echtes approximiertes Modell mit vernachlässigbarem Fehler zu finden. In der dritten Phase wird der ursprüngliche Teil durch das geschätzte Modell (das dem tatsächlichen Verhalten sehr nahe kommt) ersetzt, um dessen Auswirkungen auf die endgültige Ausgabe des Entwurfs zu bewerten. Wenn die QoS des Entwurfs erfüllt ist, wird der Teil als approximierbar markiert. In der letzten Phase wird eine Analyse des Annäherungsgrads durchgeführt, um den Designern dabei zu helfen, bessere Entscheidungen über die Annäherung an das Design und damit eine bessere Optimierung verschiedener Aspekte des Designs zu treffen. Die Analyse wird auf verschiedenen Granularitätsebenen durchgeführt, beginnend mit einem approximierbaren Teil und dann für den gesamten Entwurf (eine Bottom-up-Analyse). Die Ergebnisse dieser Analyse liefern den Designern eine maximale

- Fehlerquote, die ein überschaubarer Teil akzeptieren kann,
- Anzahl der Teile des Moduls, die gleichzeitig approximiert werden können, und
- Anzahl der Module, die gleichzeitig in Bezug auf die QoS des Entwurfs approximiert werden können.

Der vorgeschlagene Ansatz wird auf mehrere Standard-SystemC-Fallstudien angewandt, einschließlich eines realen JPEG-Encoders VP, um seine Vorteile wie Präzision und Skalierbarkeit zu zeigen.

Der Rest dieses Kapitels ist wie folgt aufgebaut. In Abschn. 6.2 werden die bestehenden Methoden in diesem Bereich beschrieben und mit dem vorgeschlagenen Ansatz verglichen. In Abschn. 6.3 stellen wir den vorgeschlagenen Ansatz vor. Die experimentellen Ergebnisse werden in Abschn. 6.4 diskutiert. Schließlich wird das Kapitel in Abschn. 6.5 abgeschlossen.

## 6.2 Verwandte Arbeiten

In diesem Abschnitt wird die einschlägige Forschung im Bereich des approximativen Rechnens im Zusammenhang mit dem Auffinden der approximierbaren Teile eines Programms auf verschiedenen Abstraktionsebenen erörtert.

Näherungsweise Berechnungen wurden auf den Entwurf von Hardwarebereichen angewandt, die auf RTL-Ebene und darunter modelliert wurden, wie z. B. Recheneinheiten [47], Datenpfade [67] oder Spannungsskalierung [78]. Der Einsatz von Algorithmen des maschinellen Lernens zur Verbesserung des Energieverbrauchs wurde in [26, 113] vorgestellt, wobei die rechnenden Teile des Entwurfs durch neuronale Netze in der Hardware ersetzt werden. Ihre Anwendungen sind jedoch auf einige spezielle Designs beschränkt. Außerdem sind die Auswirkungen solcher Techniken erheblich, wenn sie auf höheren Abstraktionsebenen angewendet werden.

Es wurden mehrere Ansätze [14, 35, 118] zur Einstufung von Programmcode (oder der ihm zugrunde liegenden Strukturen) als kritisch oder approximierbar vorgestellt. Sie analysieren meist die Sensitivität (den Grad der Volatilität einer Ausgabe im Verhältnis zu Verzerrungen in jeder Variablen in einem Programm) auf der Grundlage statistischer Techniken [84, 93], um die approximierbaren Variablen auf der algorithmischen Ebene zu spezifizieren.

In [14] wird eine Kombination aus dynamischer Analyse und Data-Mining-Techniken verwendet, um die kritischen Eingaben und die entsprechenden Codebereiche eines bestimmten Programms zu bestimmen. Zunächst wird das Programm mit einer Reihe von illustrativen Eingaben ausgeführt und die Basisausführungen werden aufgezeichnet. Anschließend wird das Programm mit verzerrten Eingaben ausgeführt und die Unterschiede im Verhalten werden mit der Basisausführung verglichen. Nach der Ausführung wird eine Analyse mit Hilfe eines Data-Mining-Verfahrens durchgeführt, um die Eingaben und die entsprechenden Codebereiche entweder als approximierbar oder als nicht approximierbar einzustufen. Die Methode liefert jedoch keine Informationen über die Klassifizierung der programminternen Daten.

In [93] wird ein statistikbasiertes Verfahren vorgestellt, um approximierbare Strukturen in einem Programm automatisch zu finden. Zunächst werden die Variablen des Programms und der Wertebereich extrahiert. Dann wird während der „Fehlerinjektionsphase“ der Wert jeder Variablen gestört, um die Auswirkungen der Änderung auf die Ausgabe zu messen. Liegt die neue Ausgabe innerhalb der Referenz-QoS-Schwelle, wird die Variable als approximierbar markiert. In [84] wird die gleiche Technik verwendet, um die Empfindlichkeit jeder Variablen in einem Programm zu analysieren. Der Unterschied besteht darin, dass keine Bereichsanalyse der Variablen durchgeführt wird, da für die Fehlerinjektionsphase Speicher-Bitflips genutzt werden. Außerdem wird die Anzahl der Programmausführungen bei Vorhandensein von Störungen zur Durchführung der Empfindlichkeitsanalyse mit Hilfe probabilistischer Berechnungen ausgewählt, während sie in [93] manuell festgelegt wird.

Die Methode in [91] stellt eine Sensitivitätsanalyse auf der Grundlage eines probabilistischen Modells vor, bei der eine Berechnung in Tasks unterteilt wird und die belastbaren Tasks so identifiziert werden, dass ihre Aufgabe keine Auswirkungen auf die Ausgabe in Bezug auf die akzeptable QoS hat. Das probabilistische Modell wird durch zufällige Stichproben der Programmausführung bei unterschiedlichen Ausfallraten der Aufgaben gegenüber der QoS ermittelt. Anschließend wird dieses Modell verwendet, um widerstandsfähige Aufgaben zu identifizieren. Diese Methode erfordert jedoch, dass die Entwickler die Berechnung manuell in Aufgaben unterteilen.

In ähnlicher Weise wird in [92] eine Sensitivitätsanalyse für parallele Berechnungen durchgeführt. Für eine gegebene Berechnung (aufgeteilt in mehrere Aufgaben) wird eine frühzeitige Beendigung der Phase an Barriere-Synchronisierungspunkten durchgeführt. Anschließend wird die Auswirkung der frühzeitigen Beendigung von Aufgaben auf das Berechnungsergebnis mit Hilfe probabilistischer Modelle analysiert. Aufgaben in Berechnungen, die tolerant gegenüber frühen Phasenabbrüchen sind, werden als resilient gekennzeichnet.

Kürzlich wurde in [76] ein statischer signifikanter Analyseansatz vorgestellt, um Teile eines Programms zu identifizieren, die approximiert werden können. Er basiert auf der Pfadextraktionsanalyse, um die Ausgabe symbolisch nur mit Variablen auszudrücken, die von den Entwicklern festgelegt wurden. Anschließend werden die Variablen auf der Grundlage ihrer Auswirkungen auf die Ausgabe in eine Rangfolge gebracht. Obwohl die Methode in der Lage ist, die Wichtigkeit der Variablen (die von den Entwicklern manuell definiert werden müssen) im Zusammenhang mit der Programmausgabe einzustufen, liefert sie den Entwicklern keine Informationen über den Annäherungsgrad der Variablen. Sie kann daher nur dazu verwendet werden, die Variablen mit hoher Wichtigkeit aus der Gesamtheit der Kandidaten für die Annäherung auszusortieren.

Keine der genannten Methoden kann jedoch ohne weiteres auf Hardwaresysteme angewandt werden, da sie jegliche Zeit- und Architekturinformationen außer Acht lassen. Darüber hinaus hängt die Leistung aller Methoden, die eine Resilienzbewertung auf der Granularitätsebene lokaler Daten durchführen, von der Anzahl der Variablen und der Anzahl der Stichproben ab (was den erforderlichen Programmausführungen entspricht). Daher steigt die Ausführungszeit mit der Anzahl der Variablen, was bei größeren Programmen, die sich auf lokale Daten stützen, zu erheblichen Problemen führt.

Es wurden einige Arbeiten vorgeschlagen [15, 72, 95], die auf Quellcode-Annotationen und Typqualifizierern basieren, um anzugeben, ob eine Variable oder Daten approximierbar sind. Beispielsweise bietet [95] den Entwicklern eine Erweiterung der Java-Programmiersprache, mit der sie Datentypen entweder als präzise oder als approximativ kennzeichnen können. Die Verwendung der oben genannten Methoden erfordert jedoch, dass die Entwickler den Quellcode manuell umschreiben oder annotieren. Selbst für ein einfaches Modell erfordert dies einen hohen Programmieraufwand, das Erlernen der neuen Sprachkonstrukte und insgesamt einen sehr zeitaufwändigen Prozess.

Die Motivation dieser Arbeit besteht darin, einen neuartigen Analyseansatz vorzustellen, der die Nachteile der bestehenden Lösungen beseitigt, nämlich: (1) fehlende Unterstützung von Designs am ESL, (2) erheblicher Zeitaufwand für die Ausführung, (3) geringer Automatisierungsgrad und (4) fehlende Analyse des Approximationsgrades.

## 6.3 Methodik

In diesem Abschnitt geben wir zunächst einen umfassenden Überblick über den vorgeschlagenen Ansatz. Anschließend erläutern wir die vier Phasen im Detail.

### *6.3.1 Gesamter Arbeitsablauf*

Wie in Abb. 6.1 dargestellt, ist der Prozess der Suche nach belastbaren Teilen eines gegebenen ESL-Designs in vier Hauptphasen unterteilt:

1. Informationsextraktion, einschließlich zweier Schritte:
   - die Analyse der AST des Entwurfs, um die Rechenanweisungen und den Datenabhängigkeitsgraphen zu extrahieren, und
   - Erstellung eines instrumentierten Modells des Entwurfs und dessen Ausführung zum Abrufen von Laufzeitinformationen.
2. Durchführung von Regressionsanalysetechniken auf der Grundlage der extrahierten Laufzeitinformationen, die auf den folgenden Schritten basieren:
   - Übersetzung der extrahierten Laufzeitinformationen in den Trainingsdatensatz,
   - Erstellung eines *prädiktiven Modells* (PM), um das Verhalten der extrahierten Daten zu schätzen, und
   - Erstellung eines *prädiktiven Modells* (*Template Predictive Model*, TPM) aus dem PM zur Bewertung des Annäherungsgrads.
3. Bewertung der Belastbarkeit eines jeden Entwurfsteils durch Ersetzen des ursprünglichen Teils durch den entsprechenden generierten PM.
4. Suche nach dem Maximum
   - Fehlerquote, die jede angleichbare Aussage akzeptieren kann,
   - Anzahl der Anweisungen, die in einem Modul approximiert werden können, und
   - Anzahl der Module, die im Entwurf in Bezug auf die QoS des Entwurfs approximiert werden können.

## 6.3.2 *Informationsextraktion*

Das Verhalten eines bestimmten SystemC-Entwurfs wird durch eine Reihe von Modulen spezifiziert, die über Signale miteinander kommunizieren. Jedes Modul enthält einen oder mehrere Prozesse oder Funktionen zur Ausführung verschiedener

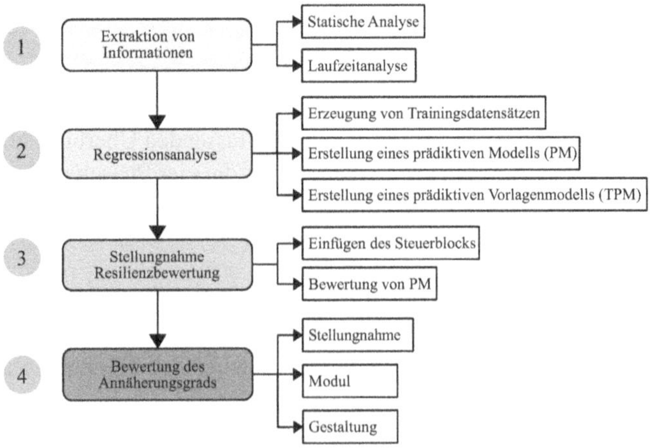


**Abb. 6.1** Überblick über den vorgeschlagenen Ansatz

Aufgaben, die das Verhalten des Moduls und des gesamten Entwurfs darstellen. Um eine Aufgabe auszuführen, enthält jeder Prozess oder jede Funktion eine Reihe von Berechnungs- und Steueranweisungen. Erstere beziehen sich auf die Berechnung einer endlichen Anzahl von Eingangswerten (die als Operanden betrachtet werden) zu einem Ausgangswert. Letzteres bezieht sich auf die Reihenfolge, in der die Rechenanweisungen ausgeführt werden, wie z. B. bedingte Anweisungen (z. B. if-Anweisungen oder switch-Anweisungen) oder Schleifen (for-loop oder while-loop). Wie in [77] dargelegt, kann im Paradigma des approximativen Rechnens die Approximation nur auf die unkritischen Teile eines gegebenen Entwurfs angewendet werden, da die Approximation kritischer Teile, z. B. von Steueranweisungen, zu katastrophalen Folgen führen kann, wie z. B. Segmentierungsfehler, Programmabsturz oder fehlerhafte Ausgabe. Um die belastbaren Teile eines gegebenen SystemC-Entwurfs zu finden, besteht der Ausgangspunkt unserer Analyse daher darin, die Teile des Entwurfs zu bewerten, die im Grunde genommen nicht verboten sind und eine höhere Wahrscheinlichkeit haben, approximiert zu werden, d. h. die Berechnungsanweisungen. Der erste Schritt besteht also darin, die Berechnungsanweisungen des Entwurfs zu finden. Sobald diese Anweisungen gefunden sind, werden die Laufzeitinformationen zu ihrem Verhalten extrahiert. Zu diesem Zweck nutzen wir den compilerbasierten Ansatz (eingeführt in Kap. 3, Abschn. 3.4.2), um die AST des Entwurfs statisch zu analysieren und das instrumentierte Modell für die Extraktion der Laufzeitinformationen zu erzeugen.

#### 6.3.2.1 Statische Analyse

Der erste Schritt der statischen Analyse besteht darin, die Berechnungsanweisungen zu finden. Dazu müssen wir wissen, (1) wie eine Berechnungsanweisung in Bezug auf die SystemC-Konstrukte definiert ist und (2) welche Berechnungsanweisungen in einem gegebenen SystemC-Design extrahiert werden müssen. Die Berechnungsanweisungen werden normalerweise als Zuweisungen im Entwurf definiert. Es ist jedoch auch möglich, eine Berechnungsanweisung als Rückgabewert eines Funktionsaufrufs zu definieren. Darüber hinaus ist es aufgrund der SystemC-Struktur realisierbar, eine Berechnung einiger Variablen den Ausgangsports eines Moduls zuzuweisen. Dies geschieht durch den Aufruf der Funktion *write()* der Klasse *sc_out* der SystemC-Bibliothek. Wir extrahieren nur die Informationen zu den Berechnungsanweisungen, die mindestens zwei Operanden haben. Daher werden einfache Anweisungen wie $= 0$ oder $a = b$ nicht als unsere Zielanweisungen betrachtet. Der Grund dafür ist, dass die Variable auf der linken Seite dieser einfachen Anweisungen später in einer komplexen Anweisung (entweder einer Rechen- oder einer Kontrollanweisung) erscheint. Im Falle einer Rechenanweisung wird ihre Belastbarkeit ausgewertet, wenn die komplexe Anweisung ausgewertet wird. Dadurch verringert sich die Anzahl der Anweisungen, die für die Resilienzbewertung in den späteren Schritten analysiert werden müssen und die erforderliche Analysezeit wird insgesamt reduziert. Berechnungsanweisungen, die in der Bedingung einer Kontrollanweisung definiert sind (z. B. *if* oder *else if*), werden nicht berücksichtigt, da sie den Kontrollfluss des Entwurfs direkt beeinflussen.

Bei einer Zuweisungsanweisung kann der Operand auf der linken Seite entweder eine globale oder eine lokale Variable (Signal) sein. Darüber hinaus kann der Operand auf der rechten Seite ein Funktionsaufruf oder ein Eingabeport sein. Die *write()*-Mitgliedsfunktion der Ausgangsports und die Rückgabeanweisung einer Funktion können beide einen Ausdruck wie die rechte Seite einer Zuweisungsanweisung erhalten. Wenn eine Anweisung einen Funktionsaufruf enthält, betrachten wir die Funktion als einen Operanden der Anweisung und definieren den Funktionsnamen als Operandennamen. Außerdem wird bei der Rückgabeanweisung einer Funktion zusätzlich zu den Operanden der Anweisung ein neuer Operand mit dem Namen der Funktion definiert, der den Wert der Rückgabeanweisung enthält. Daher können alle rechnerischen Zielanweisungen eines gegebenen SystemC-Entwurfs mit der folgenden Definition angegeben werden.

**Definition 6.1** Eine Anweisung $S_i$ ist ein Tupel *(I, R)*, wobei *I* die Menge der Eingabeoperanden und *R* das Ergebnis von $S_i$ ist.

$$S_i = \{(I, R) \mid R \sim I, I = \{op_1, op_2, \ldots op_n\}\}$$

wobei *i* die Codezeile angibt, in der die Anweisung *S* definiert ist, und *n* die Anzahl ihrer Eingabeoperanden ist. Da der Ergebniswert einer Zielanweisung (z. B. die Variable auf der linken Seite einer Zuweisungsanweisung) im Körper eines Kontrollblocks (z. B. if-else- oder switch-case-Anweisung) unterschiedlich definiert sein kann, wird die Codezeile, in der die Anweisung definiert ist, als Unterscheidungsparameter verwendet.

Betrachten Sie beispielsweise das motivierende Beispiel (Abb. 3.2), das einen SystemC-Entwurf mit zwei Modulen *M1* und *M2* zeigt. Der Entwurf führt eine Reihe von algebraischen Operationen in zwei Stufen durch, um die Endergebnisse zu erzeugen. Betrachten wir nun die Zeilen 33, 41 und 49 des Entwurfs, bei denen es sich um einen Member-Funktionsaufruf des Ausgangssignals *out2*, einen Member-Funktionsaufruf des Ausgangssignals *out1* einschließlich eines Funktionsaufrufs bzw. eine Rückgabeanweisung handelt. Die Spezifikationen dieser Anweisungen auf der Grundlage von Definition 6.1 lauten wie folgt:

$$\begin{aligned} S_{32} &= \{(I, out2) \mid out1 \sim I, I = \{temp2, temp1\}\} \\ S_{41} &= \{(I, out1) \mid tp1 \sim I, I = \{mult, tp1\}\} \\ S_{49} &= \{(I, mult) \mid mult \sim I, I = \{in1, in3\}\} \end{aligned} \tag{6.1}$$

Die Zielanweisungen werden durch den Besuch relevanter Knoten im AST des Entwurfs ermittelt. Wir betrachten diese Stellen als Zielanweisungsstellen (TStm).

Nach der Erkennung der TStm-Standorte besteht der nächste Schritt darin, die Strukturinformationen der *TStms* zu extrahieren, um ihre Beziehung zu ermitteln. Der erste Schritt bei der Extraktion der Beziehung zwischen den Anweisungen besteht darin, alle Anweisungen mit derselben Ergebnisvariablen zu finden, die im Körper eines bedingten Blocks definiert sind (z. B. *if-else* oder *switch-case*). Diese Anweisungen werden in der gleichen Gruppe kategorisiert. Dadurch wird die Anzahl der Anweisungskombinationen für die Analyse des Annäherungsgrades (die vierte Phase des vorgeschlagenen Ansatzes) reduziert. Der Name jeder Gruppe wird auf der Grundlage einer hierarchischen Struktur definiert, die Folgendes umfasst

- den Name des Moduls,
- den Name der Funktion, und
- die Code-Zeile, in der der bedingte Block definiert ist.

Das Ergebnis der Analyse der Anweisungsabhängigkeit auf das Modul *M1* des motivierenden Beispiels (Abb. 3.2) zeigt beispielsweise, dass $S_{24}$ (Zeile 24) und $S_{27}$ (Zeile 27) in dieselbe Gruppe mit dem Namen des Bedingungsblocks und der Codezeile wie folgt eingeordnet werden:

$$G : M1\_func1\_if\_23 = \{S_{24}, S_{27}\} \tag{6.2}$$

Der zweite Schritt der Beziehungsextraktion von Aussagen ist die Erstellung eines Datenabhängigkeitsgraphen gemäß der folgenden Definition.

**Definition 6.2** Der Datenabhängigkeitsgraph ist eine Struktur $(N, E, Z)$, wobei $N$ eine Menge von Knoten, $E$ eine Menge von Kanten und $Z \subseteq N$ eine Menge von Ausgangsvariablen ist. Die Kante von Knoten $X$ zu Knoten $Y$ zeigt, dass $Y$ von $X$ abhängig ist.

Jeder Knoten des Datenabhängigkeitsgraphen ist eine Variable des Entwurfs, die durch den Namen des Moduls und der Funktion (bei lokalen Variablen), zu der die Variable gehört, tokenisiert wird. Dieser Graph wird benötigt, um die Anweisungen zu identifizieren, die zur Erzeugung der zu approximierenden Ausgabe des Entwurfs beitragen. Auf diese Weise wird die Elastizitätsbewertung nur für die Zielanweisungen durchgeführt, die mit dieser Ausgabe in Zusammenhang stehen.

In Abb. 6.2 ist beispielsweise das Datenabhängigkeitsdiagramm des motivierenden Beispiels (Abb. 3.2) dargestellt. Die grauen Knoten in dieser Abbildung stellen die Variablen dar, welche die Ergebnisse der Zielanweisungen sind. Die Knoten $n_{18}$ und $n_{19}$ zeigen die endgültige Ausgabe des Entwurfs. Wenn das Ausgangssignal *out2* des M2-Moduls (Knoten $n_{19}$ in Abb. 6.2) der einzige Endausgang des Entwurfs ist, der von den Konstrukteuren approximiert werden soll, muss die Resilienzbewertung nur auf die mit *out2* verbundenen Zielanweisungen angewendet werden. In diesem Zusammenhang wird die Analyse der Belastbarkeitsbewertung nur für $n_{17}$, $n_9$, $n_6$ und $n_5$ anstelle aller grauen Knoten durchgeführt. Dadurch kann die für den vorgeschlagenen Ansatz erforderliche Zeit effektiv reduziert werden.

### 6.3.3 Regressionsanalyse

Um zu verstehen, ob die extrahierten Zielaussagen aus der vorherigen Phase belastbar sind oder nicht, müssen die ursprünglichen Aussagen durch die Modelle ersetzt werden, die einen Fehler aufweisen. In diesem Fall ist es jedoch von entscheidender Bedeutung, den Ausgangspunkt zu finden, da es vorkommen kann, dass der in die ur-

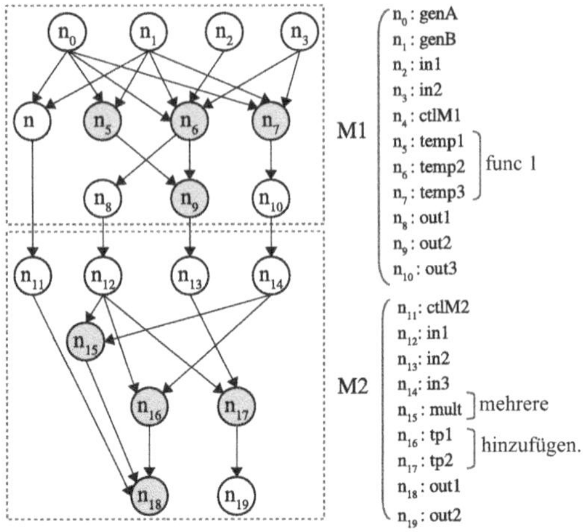


**Abb. 6.2** Datenabhängigkeitsgraph des motivierenden Beispiels. Die grauen Knoten stellen die Ergebnisvariablen der Zielanweisungen dar

sprüngliche Aussage eingebrachte Fehler weit von der Fehlerrate entfernt ist, die sie in Bezug auf die Entwurfsqualität tolerieren kann. Infolgedessen werden die Zielaussagen fälschlicherweise als nicht näherungsfähig markiert (d. h. der Fall eines falschen Negativs). Daher muss die Ausgangsfehlerrate für die Resilienzbewertung einer Zielaussage *TStm* von einem alternativen Modell abgeleitet werden, das eine vernachlässigbare Fehlerrate im Vergleich zu seinem wahren Verhalten aufweist.

Da die Zielaussagen unseres Analyseansatzes die rechnerischen Aussagen sind, wird eine Regressionsanalyse durchgeführt, um die Ausgangsmodelle zu finden. Im Allgemeinen ist die Regressionsanalyse ein schnelles maschinelles Lernverfahren, das eine genaue Funktionsvorhersage ermöglicht. Darüber hinaus ist das geschätzte Modell, das mit Hilfe der Regressionsanalyse ermittelt wird, einfach und vor allem leicht zu interpretieren. Daher kann es einfach in den SystemC-Code übersetzt werden. Die Hauptidee hinter der Regressionsanalyse besteht darin, die Beziehung zwischen einer *abhängigen* (Antwort) und einer oder mehreren *unabhängigen* (Vorhersage-) Variablen zu untersuchen. Die Beziehung wird aus einem endlichen Satz gegebener Daten, dem so genannten Trainingsdatensatz, extrahiert.

Wie in Abb. 6.3 dargestellt, besteht der erste Schritt zur Durchführung der Regressionsanalyse darin, die extrahierten Informationen (*Laufzeitprotokoll*) in einen Trainingsdatensatz (*Trainingsdaten*) zu übertragen. Sobald der Trainingsdatensatz erstellt ist, besteht der nächste Schritt darin, das engste Vorhersagemodell zu finden.

#### 6.3.3.1 Erzeugung eines Trainingsdatensatzes

Ein Trainingsdatensatz umfasst zwei Hauptelemente, nämlich

1. eine oder mehrere Eingaben (die *Prädiktoren*) und
2. die entsprechende Ausgabe (die *Antwort*).

Jedes Paar von Prädiktoren und Antworten wird als eine *Beobachtung* betrachtet.

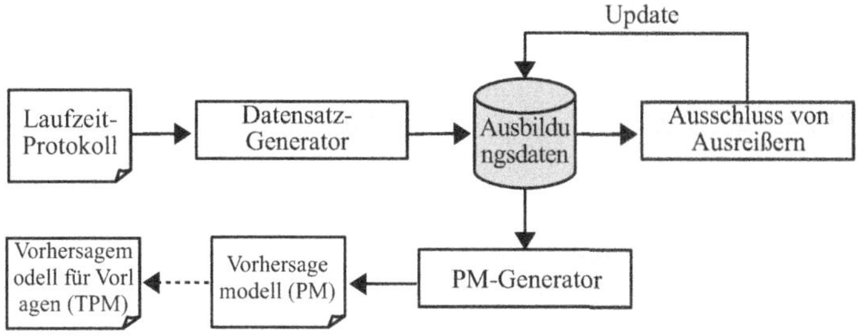


**Abb. 6.3** Überblick über die Regressionsanalyse

Um die Laufzeitinformationen zu jedem *TStm* in einen Trainingsdatensatz zu übersetzen, müssen alle Werte der Operanden und Ergebnisvariablen gesammelt und von anderen isoliert werden. Der Grund dafür ist, dass die Laufzeitinformationen zu verschiedenen Zeitpunkten während des Simulationslaufs des Entwurfs extrahiert werden und somit über das gesamte *Laufzeitprotokoll* verstreut sind. Im nächsten Schritt wird ein Mapping der TStm-Daten auf den Trainingsdatensatz durchgeführt, wobei die Menge der Eingangsoperanden $I$ der *TStm* als Prädiktorenmenge und das Ausgangsergebnis $R$ als Antwort definiert wird. Dieser Prozess wird durch das Modul *Datensatzgenerator* (Abb. 6.3) durchgeführt. Die folgende Definition wird verwendet, um diese Übersetzung in Bezug auf die Definition 6.1 formell zu kennzeichnen.

**Definition 6.3** Für einen gegebenen SystemC-Entwurf mit $n_{TStm}$ Zielanweisungen wird der Trainingsdatensatz

$$T = \{t_i \mid t_i = \{(I, R)\};\ 1 \le i \le n_{TStm}\}$$

wobei jeder Trainingsdatensatz $t$ ein $(n_{op}+1)$-dimensionaler Vektor ist und die Größe von $T$ gleich der durch $n_{TStm}$ angegebenen Anzahl von *TStm* ist. Der Parameter $n_{op}$ gibt die Anzahl der Eingabeoperanden einer Zielanweisung an.

Um die Chance zu erhöhen, ein geeignetes Modell zu finden, wird der Trainingsdatensatz durch den Ausschluss von Ausreißern verändert. Ein Ausreißer ist ein Beobachtungspunkt im Trainingsdatensatz, der sich stark von den anderen Beobachtungen unterscheidet. Der Ausreißer wird häufig mit Hilfe der Distanzmetrik für den Wert der Antwortvariablen berechnet [53]. Eine Beobachtung im Trainingsdatensatz wird als Ausreißer betrachtet, wenn der Wert ihrer Antwortvariablen mehr als $K$ Interquartilsbereiche unter dem unteren Quartil $q_l$ oder über dem oberen Quartil $q_u$ ihres Antwortwertsatzes liegt. Daher sind in einem Trainingsdatensatz alle Beobachtungen, deren Antwortwerte außerhalb des Bereichs $[q_l - K(q_u - q_l),\ q_u + K(q_u - q_l)]$ liegen, Ausreißer. Wir betrachten den Standardwert $K = 1{,}5$, der ein Standardwert ist [53].

#### 6.3.3.2 Erstellung eines prädiktiven Modells

Ein prädiktives Modell wird erstellt, indem Beziehungen zwischen einem oder mehreren Prädiktoren und der entsprechenden Reaktion im Trainingsdatensatz ermittelt werden. Die Kernfrage ist, ob ein prädiktives Modell gefunden werden kann, das das Verhalten einer *TStm* in Bezug auf die QoS des Entwurfs annähert. Das Problem für ein gegebenes Design wird wie folgt formuliert: Für jedes Mitglied $t_i$ des Trainingsdatensatzes $T$ (basierend auf Definition 6.3) ist eine Funktion $f_i : (I_i \rightarrow R_i)$ mit $1 \leq i \leq n_{TStm}$, und die Verteilung der Prädiktoren $I_i$ und die Funktion $f$ sind beide unbekannt. Die Aufgabe besteht dann darin, ein Vorhersagemodell *PM* zu finden, das die zugrundeliegenden Daten mit $PM_i\ (I_i) \approx f_i$ für alle Beobachtungen in $t_i$ unter Berücksichtigung der vordefinierten QoS des Designs beschreibt.

Das *PM* kann mit verschiedenen Regressionsmethoden erstellt werden, je nach den Eigenschaften der Beobachtung und den Anforderungen an das resultierende Modell. Da die Verteilung der Prädiktoren und der Reaktion nicht bekannt ist, wird ein multiples lineares Regressionsmodell auf den Trainingsdatensatz angewendet, um das am besten geeignete Modell zu finden.

Algorithmus 6.1 (Zeilen 1 bis 9) veranschaulicht den Prozess der Erstellung des Vorhersagemodells für jeden Trainingsdatensatz $t$. Die lineare Regressionsanalyse wird unter Verwendung von drei verschiedenen zugrundeliegenden Funktionen wie folgt durchgeführt (siehe Definition 6.1)

- *Linear*: die nur aus linearen Termen in den Prädiktoren bestehen.

$$f(I) = \alpha + \Sigma_{i=1}^{n_{op}} \beta_i^* op_i \tag{6.3}$$

- *Interaktiv*: Es wird davon ausgegangen, dass die Eingabeoperanden nicht völlig unabhängig sind.

$$f(I) = \alpha + \Sigma_{i=1}^{n_{op}} \beta_i^* op_i + \Sigma_{i=1,\, j=i+1}^{n_{op}-1} \beta_{ij}^* op_i^* op_j \tag{6.4}$$

**Input:** Training data set $T$
**Output:** Predictive model $PM$ and $QoS_{PM}$
1 **foreach** *training data set* $t \in T$ **do**
2 $\quad L_{PM} \leftarrow \emptyset$;
3 $\quad L_{QoS} \leftarrow \emptyset$;
4 $\quad$ **foreach** *formula* $f \in$ *[Linear, Interactions, Quadratic]* **do**
5 $\quad\quad PM_f \leftarrow Regression(t, f)$;
6 $\quad\quad L_{PM}.add(PM_f) \leftarrow PM_f.predictorFnc()$;
7 $\quad\quad L_{QoS}.add(PM_f) \leftarrow PM_f.QoS$
8 $\quad QoS_{PM}[t] \leftarrow \min(L_{QoS})$;
9 $\quad PM[t] \leftarrow L_{PM}(index(QoS_{PM}))$;

**Algorithmus 6.1** Suche nach einem Vorhersagemodell

- *Quadratisch*: Besteht aus linearen, interaktiven und quadratischen Termen in den Prädiktoren.

$$f(I) = \alpha + \Sigma_{i=1}^{n_{op}} \beta_i^* op_i + \Sigma_{i=1,j=i+1}^{n_{op}-1} \beta_{ij}^* op_i^* op_j + \Sigma_{i=1}^{n_{op}} \beta_i'^* op_i^2 \tag{6.5}$$

wobei in allen vorgenannten Formeln α den Achsenabschnitt und β und β′ die Koeffizienten darstellen. Der Parameter $n_{op}$ ist die Anzahl der Prädiktoren (Operanden) im Trainingsdatensatz *t* (die Eingabeoperanden von Satz *I*). Das Ziel des Lernprozesses ist es, den Achsenabschnitt und die Koeffizienten jedes Terms zu schätzen, um den *Root-Mean-Square-Fehler* (RMSE) zwischen dem vorhergesagten und dem wahren Modell zu minimieren.

Das Ergebnis dieser Analyse ist ein Vorhersagemodell *PM* für jeden Trainingsdatensatz *t*, das unter allen Regressionsanalysen die beste QoS (d. h. RMSE) aufweist. Bei identischen QoS-Ergebnissen wird das einfachste Modell ausgewählt, das durch den rechnerischen Teil des Entwurfs ersetzt wird.

Betrachten wir zum Beispiel die Zielaussage $S_{32}$ im motivierenden Beispiel (Abb. 3.2, Zeile 32). Nehmen wir an, dass wir das Verhalten der Anweisung mithilfe der linearen Regressionsanalyse schätzen wollen. Zu diesem Zweck wird zunächst der Trainingsdatensatz für die Anweisung durch Analyse ihres Simulationsverhaltens erzeugt. In dem erzeugten Trainingsdatensatz wird das Signal *out2* als Antwort definiert, während die Variablen *temp1* und *temp2* als Prädiktoren dienen. Dann werden die zugrunde liegenden Formeln in (6.3), (6.4) und (6.5) auf den Trainingsdatensatz angewendet, um das Verhalten der Anweisung zu schätzen. Unter den oben genannten Formeln ist das mit (6.4) erzeugte PM das einfachste Modell mit dem geringsten Fehler. Die Fehlerquote wird auf der Grundlage des RMSE zwischen dem PM und dem wahren Modell berechnet. In diesem Zusammenhang sieht das generierte *PM* wie folgt aus:

$$\begin{aligned} PM = &\left(-5.8116e-4\right)+\left(-5.8116e-4^* temp1\right)+\left(3.559e-5^* temp2\right) \\ &+\left(temp1^* temp2\right) \end{aligned} \tag{6.6}$$

wobei $PM \approx out2$ und der RMSE des PM gleich *9,3e − 6* ist.

### 6.3.4 Stellungnahme Resilienz Bewertung

Das Ziel dieses Abschnitts ist es, herauszufinden, wie viele der extrahierten Zielanweisungen eines gegebenen SystemC-Entwurfs approximiert werden können. Um zu wissen, ob eine Zielanweisung *TStm* belastbar ist oder nicht, muss die Anweisung durch ihr entsprechendes generiertes *PM* ersetzt werden. Wenn das ersetzte Modell die QoS des Entwurfs erfüllt, wird die Anweisung als approximierbar markiert.

Um die Belastbarkeit der Zielanweisungen des Entwurfs zu bewerten, wird für jede *TStm* des Entwurfs ein *Kontrollblock* erzeugt. Der *Kontrollblock* ist eine if-else-Anweisung, die entweder das ursprüngliche Verhalten der Zielanweisung oder ihr approximiertes Modell aktiviert. Für eine gegebene Zielanweisung $S_i$ ist der *Kontrollblock* also wie folgt definiert:

$$\begin{cases} \text{if } \left(ctl\_S_i == true\right) & TPM \\ \text{else} & TStm \end{cases} \tag{6.7}$$

wobei $ctl\_S_i$, *TPM* und *TStm* die Kontrollvariable (die mit dem Namen der Anweisung versehen ist), das prädiktive Modell der Anweisung $S_i$ und das ursprüngliche Modell der Anweisung $S_i$ bezeichnen. Wie in (6.7) dargestellt, ist, wenn die Kontrollvariable $ctl\_S_i$ `wahr` ist, das geschätzte Modell *TPM* der Zielanweisungen $S_i$ aktiv, andernfalls die ursprüngliche Anweisung *TStm*. Um die Belastbarkeit einer bestimmten Anweisung zu bewerten, können wir mit dem kontrollierbaren Block nur das *TPM* der zu bewertenden Anweisung aktivieren und das TPM anderer Zielanweisungen deaktivieren. Sobald das ausführbare Modell des Entwurfs generiert ist, kann es mit verschiedenen Steuereingängen programmiert werden, um die Belastbarkeit der einzelnen Zielanweisungen zu bewerten.

Wie in Abb. 6.4 dargestellt, wird die Analyse der Belastbarkeit von Anweisungen in zwei Hauptphasen durchgeführt. Die erste Phase besteht darin, das generierte *TPM* jeder Zielanweisung des Entwurfs in den SystemC-Code zu übersetzen und dann durch die ursprüngliche Anweisung zu ersetzen. Zu diesem Zweck wird eine statische Analyse des AST-Quellcodes des Entwurfs durch das TPM-Insertion-Modul durchgeführt (Abb. 6.4, Phase 1), um ein instrumentiertes Modell des Entwurfs einschließlich des *Kontrollblocks* und des *TPMs* für jede Zielanweisung zu erzeugen. Um ein *TPM* in SystemC-Code zu übersetzen, werden der Intercept und die Koeffizienten des *TPMs* als globale Variablen des Moduls definiert, zu dem die entsprechende Zielanweisung gehört. Die Steuervariable des *Steuerblocks* wird ebenfalls als globale Variable im Modul definiert. Abb. 6.5 zeigt beispielsweise einen Teil des generierten instrumentierten Quellcodes des motivierenden Beispiels, einschließlich des *Steuerblocks* von $S_{32}$ (Zeilen 8 bis 11). In dieser Abbildung zeigen die Zeilen 3 und 4 die Definitionen der TPM-Parameter bzw. der Steuerungsvariablen.

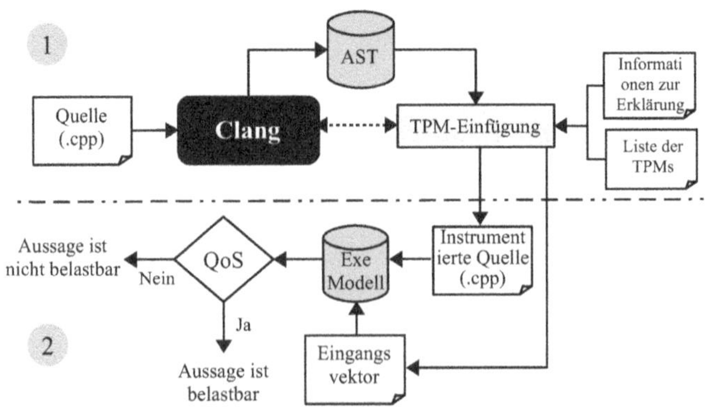


**Abb. 6.4** Übersicht über die Bewertung der Belastbarkeit von Aussagen

```
struct Ml: sc_module{
  ...
  double a_S32, b_1_S32, b_2_S32, b_3_S32;   // TPM parameters
  bool ctl_S32; // control variable
  ...};
Void Ml:func1 (){
  ...
  if (ctl_S32 == true)
  out1.write((a_S32) + (b_1_S32* temp1) + (b_2_S32*temp2) + (
      b_3_S32* temp1*temp2));
  else
  out1.write(temp2 * temp1);
  ...}
```

**Abb. 6.5** Ein Teil des instrumentierten Quellcodes des motivierenden Beispiels (Phase 3, Bewertung der Widerstandsfähigkeit)

---

**Input:** List of predictive model parameters $L_{PM}$, List of target statement $L_{TSmt}$, Design's executable model *Exe* and Design's *QoS*
**Output:** List of approximable statments $L_{AS}$
**1** List of control variables $L_{Ctr} \leftarrow false$;
**2** List of template predictive model (TPM) parameters $L_{TPM} \leftarrow \emptyset$;
**3** Input Vector $IV \leftarrow (L_{Ctr}, L_{TPM})$;
**4** **foreach** *statment* $S_i$ *in* $L_{TSmt}$ **do**
**5**     $L_{TPM}[i] \leftarrow L_{PM}[i]$;
**6**     $L_{Ctr}[i] \leftarrow true$ ; ▷Only active the *PM* of $S_i$
**7**     $IV \leftarrow (L_{Ctr}[i], L_{TPM}[i])$;
**8**     run $(Exe, IV)$;
**9**     **if** *QoS is satisfied* **then**
**10**         $L_{AS}[i] \leftarrow true$;
**11**     **else**
**12**         $L_{AS}[i] \leftarrow false$;
**13**     $L_{Ctr}[i] \leftarrow false$;

---

**Algorithmus 6.2** Finden von approximierbaren Aussagen

In der zweiten Phase, in der bestimmt wird, welche Zielanweisungen des Entwurfs approximierbar sind, wird vom Modul *TPM Insertion* (Abb. 6.4) ein Satz von Eingangsvektoren erzeugt, um das *Exe-Modell* des Entwurfs zu programmieren. Für eine Zielanweisung *TStm* enthält die Eingangsvektordatei die Parameter (d. h. Intercept- und Koeffizientenwerte) des ausgewählten *PMs* der Anweisung und die Steuersignale, um nur das *PM* von *TStm* während der Ausführungszeit zu aktivieren. Wie in Algorithmus 6.2 (Zeilen 4 bis 13) gezeigt, wird dieser Prozess für alle Zielanweisungen $L_{TSmt}$ des Entwurfs durchgeführt. In jeder Iteration wird das ausführbare Modell des Entwurfs *Exe* mit einem Eingangsvektor *IV* ausgeführt, der sich auf eine Anweisung in $L_{TSmt}$ bezieht (Zeile 8). Der IV-Vektor wird verwendet, um den *Exe* so zu programmieren, dass nur der *PM* der zu bewertenden Anweisung während der Ausführung aktiviert wird (Zeile 6). Da die Parameter des prädiktiven Modells in $L_{TPM}$ durch die Parameter der ausgewählten prädiktiven Modelle in $L_{PM}$ initialisiert werden (Zeile 5), wird die ursprüngliche Anweisung durch das nächstgelegene approximierte Modell ersetzt. Wenn also die QoS des Entwurfs nicht erfüllt ist (Zeilen 9 bis 12), wird die Anweisung als nicht näherungsfähig gekennzeichnet.

### 6.3.5 Bewertung des Annäherungsgrads

Bislang sind die Designer in der Lage, die approximierbaren Teile eines gegebenen Entwurfs zu finden. Die anderen Kernfragen, die noch offen geblieben sind, sind jedoch die folgenden:

- Lässt eine approximierbare Aussage mehr Fehler zu, während die QoS des Entwurfs weiterhin erfüllt wird? Im Falle einer positiven Antwort, wie hoch ist der maximale Fehler? (d. h. der Approximationsgrad einer approximierbaren Aussage)
- Wie viele Aussagen eines Moduls können gleichzeitig approximiert werden? (d. h. der Approximationsgrad eines Moduls)
- Wie viele Module des Entwurfs können gleichzeitig approximiert werden? (d. h. Approximationsgrad des Entwurfs)

Ziel dieses Abschnitts ist es daher, die oben genannten Fragen zu beantworten, um den Designern zu helfen, bessere Entscheidungen bei der Annäherung an einen bestimmten SystemC-Entwurf zu treffen.

#### 6.3.5.1 Aussage Angleichungsgrad

Um den Approximationsgrad (d. h. die maximale Fehlerquote) einer Aussage zu bestimmen, wird eine weitere Analyse auf die approximierbaren Aussagen angewendet. Zu diesem Zweck wird für jede Aussage ein Variantenmodell des ausgewählten *PM* der Aussage (auf der Grundlage seines *TPM*) erstellt, das mehr Fehler als *PM* aufweist. Um das Variantenmodell zu erstellen, wird zunächst ein Fehler in die Antwort des Trainingsdatensatzes der Aussage injiziert. Dann wird eine Regressionsanalyse auf den neuen Trainingsdatensatz angewendet, die auf der der Regressionsformel zugrunde liegenden TPM basiert. Das erzeugte Variantenmodell hat also die gleiche Formel wie das *PM*, jedoch mit anderen Parametern (d. h. Achsenabschnitt und Koeffizientenwerte). Es wird der gleiche Prozess wie in Abb. 6.4 durchgeführt, mit dem Unterschied, dass der Eingangsvektor auf der Grundlage der neuen Parameter des Variantenmodells generiert wird. Wenn die QoS des Entwurfs erfüllt ist, erhöht sich der Fehler, und der Vorgang wird so lange wiederholt, bis ein Variantenmodell erzeugt wird, bei dem die Ersetzung der ursprünglichen Aussage durch das neue Modell eine Verletzung der QoS des Entwurfs verursacht.

Wie in Algorithmus 6.3 dargestellt, wird für jede approximierbare Anweisung $S_i$ in $L_{ATSmt}$ ein iterativer Prozess durchgeführt (Zeilen 14 bis 33). In jeder Iteration wird nur die entsprechende Kontrollvariable der zu bewertenden Anweisung aktiviert (Zeile 15). Für die Anweisung $S_i$ werden zwei Approximationsgrade berechnet, die auf der unteren (Zeilen 16 bis 22) und oberen (Zeilen 24 bis 30) Fehlergrenze basieren, die die Anweisung akzeptieren kann, während sie die QoS des Entwurfs erfüllt. Die Fehlerrate (sowohl für die untere als auch für die obere Schranke) wird mit der Funktion *Creat_Variant* (Zeilen 8 bis 13) berechnet. Sie basiert auf der Injektion des Fehlers $E$ in dem Trainingsdatensatz $T$ (Zeilen 10 und 12) der Anweisung sowie der Anwendung der Regressionsanalyse (Zeile 13) auf $T$ unter Verwendung der *TPM* zugrunde liegenden Formel der Anweisung. Um die untere und obere Grenze des Approximationsgrades zu finden, wird der Anfangswert von $E$ auf $-5$ % (Zeile 4) bzw. $+5$ % (Zeile 23) des Fehlers zwischen der ursprünglichen Aussage und ihrem ausgewählten *PM* ($Stm_{QoSPM}$) gesetzt. Der Fehler wird in die Antwortwerte im Trainingsdatensatz der Anweisung injiziert. Jedes Mal, wenn die QoS des Entwurfs erfüllt ist, erhöht sich die Fehlerrate *E um* das Zweifache (Zeilen 19 und 27). Dieser Prozess wird so lange wiederholt, bis die QoS des Entwurfs verletzt wird. Die Fehlerrate vor dieser Verletzung wird als Approximationsgrad der Anweisung betrachtet (Zeilen 17, 25 und 32), die $Stm_{QoSU}$ (oberer Approximationsgrad) und $Stm_{QoSL}$ (unterer Approximationsgrad) sind.

Betrachten wir zum Beispiel die Zielanweisung $S_{32}$ im motivierenden Beispiel (Abb. 3.2, Zeile 32), bei der das Ziel darin besteht, ihren oberen Approximationsgrad $Stm_{QoSU}$ zu finden. Nehmen wir an, dass die QoS des Entwurfs auf der Grundlage des RMSE für das Ausgangssignal *Out2* des Moduls *M2* gegeben ist, der gleich $2{,}53e-4$ ist. Um den $Stm_{QoSU}$ auf der Grundlage von Algorithmus 6.3 zu finden, wird der Anfangswert $E$ auf 5 % seiner PM-Fehlerrate ($9{,}3e-6$) gemäß (6.6) gesetzt, was $4{,}65e-7$ entspricht. Nach zehn Iterationen wird eine QoS-Verletzung gemeldet. Das bedeutet, dass bis zu neun Iterationen die QoS des Entwurfs erfüllt ist, so dass die $Stm_{QoSU}$ gleich $2{,}38e-4$ ist.

Die Anzahl der Iterationen, um den Approximationsgrad einer Aussage zu finden, ist im schlimmsten Fall gleich $\log(Stmt_{QoSU}{*}Stmt_{QoSL}/Stmt_{QoSPM})$. Daher ist die Zeitkomplexität logarithmisch.

#### 6.3.5.2 Modul Angleichungsgrad

Bei der Approximation eines gegebenen SystemC-Entwurfs kann es für Designer von Interesse sein, einen Teil des Entwurfs auf einer höheren Granularitätsebene als einer Anweisung (z. B. ein Modul) zu approximieren. In diesem Fall hilft ihnen die Kenntnis des *Modul-Approximationsgrads* (MAD), eine bessere Entscheidung zu treffen. Der Approximationsgrad eines Moduls gibt den Designern die maximale Anzahl von Anweisungen an, die gleichzeitig im Modul in Bezug auf die QoS des Entwurfs approximiert werden können. Auf der Grundlage der Anzahl der approximierbaren Aussagen in einem Modul wird auch der maximale Fehler ermittelt, den das Modul akzeptieren kann (der sich auf seine endgültige Ausgabe auswirkt).

Um den Näherungsgrad eines Moduls zu ermitteln, können mehrere Eckfälle von Fehlermodellen berücksichtigt werden. Dies kann geschehen, indem für jede approximierbare Aussage verschiedene Fehlerquoten festgelegt werden (d. h. die

```
Input: List of template predictive model formula L_TPM, List of approximable target
       statement L_ATSmt, Design's executable model Exe, Design's QoS, Training data set
       T
Output: List of statments approximation degree L_SAD
List of control variables L_Ctr ← false;
List of template predictive model (TPM) parameters L_TPM ← ∅;
Input Vector IV ← (L_Ctr, L_TPM);
Error Percent E ← −0.05 ∗ Stm_QoSPM;
Lower bound statement QoS threshold Stm_QoSL ← ∅;
Upper bound statement QoS threshold Stm_QoSU ← ∅;
Template Predictive Model Parameters TPM_paramsL, TPM_paramsU ← ∅;
Function Create_Variant (E, Bound, i) :
    if Bound == true then
        T_new ← Lower_Bound_Erorr(T[i], E);
    else
        T_new ← Upper_Bound_Erorr(T[i], E);
    TPM_params ← Regression (T_new, L_TPM[i]);
foreach statment S_i in L_ATSmt do
    L_Ctr[i] ← true;
    while QoS is satisfied do      // finding the lower bound error of S_i
        Stm_QoSL ← E;
        Bound ← true;
        E ← E ∗ 2;
        Create_Variant (E, Bound, i);
        IV ← (L_Ctr[i], TPM_paramsL);
        run (Exe, IV);
    E ← 0.05 ∗ Stm_QoSPM ; // reset the error percent to obtain the
      upper bound approximation degree
    while QoS is satisfied do      // finding the upper bound error of S_i
        Stm_QoSU ← E;
        Bound ← false;
        E ← E ∗ 2;
        Create_Variant (E, Bound, i);
        IV ← (L_Ctr[i], TPM_paramsL);
        run (Exe, IV);
    E ← −0.05 ∗ Stm_QoSPM ;        // reset the error percent for the
      next statement
    L_SAD[i] ← (Stm_QoSL, Stm_QoSU);
    L_Ctr[i] ← false;
```

**Algorithmus 6.3** Ermittlung des Approximationsgrades von approximierbaren Aussagen

minimale Fehlerquote, die die Aussage akzeptieren kann, bis zur maximalen Fehlerquote) und dann aus den gesamten approximierbaren Aussagen des Moduls verschiedene Kombinationen von Aussagen gebildet werden. Dies führt jedoch zu einer sehr zeitaufwändigen Aufgabe, selbst wenn eine vollautomatische Analyse durchgeführt wird. Nehmen wir an, dass $n$ Zielanweisungen eines Moduls als approximierbar markiert sind und im Durchschnitt $m$ Varianten erforderlich sind, um die maximale Fehlerquote jeder Anweisung zu erreichen. Um alle Eckfälle bei der

Approximationsgradanalyse des Moduls abzudecken, sind $(m^n - n - 1)$ Simulationsläufe erforderlich. Als einfache Abschätzung der für diese Analyse erforderlichen Zeit sei ein Modul mit zehn als approximierbar markierten Zielanweisungen betrachtet. Um den Approximationsgrad jeder Anweisung zu ermitteln, wurden im Durchschnitt zehn Simulationsläufe durchgeführt. Das bedeutet, dass zehn Varianten (mit unterschiedlichen Fehlern) der Anweisung erzeugt wurden und der Approximationsgrad der Anweisung (maximaler Fehler) im zehnten Simulationslauf ermittelt wurde. Nehmen wir an, dass jeder Simulationslauf 0,01 s benötigt. In dieser Hinsicht beträgt der gesamte Zeitaufwand für diese Analyse etwa 3 Jahre.

Daher betrachten wir nur zwei wichtige Eckfälle von Fehlermodellen, bei denen verschiedene Kombinationen der approximierbaren Anweisungen eines Moduls für den besten ($Stm_{QoSPM}$) und den schlechtesten ($Stm_{QoSL}$ und $Stm_{QoSU}$) Fall des Fehlers in Bezug auf die Anweisungen bewertet werden. Das erstgenannte Fehlermodell gibt den Entwicklern eine Schätzung der maximalen Anzahl von Anweisungen, die gleichzeitig mit ihrem minimalen Fehler (basierend auf dem PM-Fehler der ausgewählten Anweisung, d. h. $Stm_{QoSPM}$) in einem Modul approximiert werden können. Dies ist nützlich, wenn Entwickler eine Mild-Approximation auf den Entwurf anwenden wollen.

Das letztgenannte Fehlermodell gibt den Entwicklern eine Schätzung der maximalen Anzahl von Anweisungen, die gleichzeitig mit ihrem maximalen Fehler (basierend auf ihrer unteren ($Stm_{QoSL}$) und oberen ($Stm_{QoSU}$) Fehlergrenze) in einem Modul approximiert werden können. Dies ist nützlich, wenn Designer eine *aggressive* Annäherung auf den Entwurf anwenden wollen.

Das Verfahren zur Ermittlung von MAD im Falle der Mild-Approximation ist in Algorithmus 6.4 (Zeilen 1 bis 11) dargestellt. Er umfasst eine iterative Schleife (Zeilen 5 bis 11), in der bei jeder Iteration eine Kombination der approximierbaren Anweisungen in $L_{ATSmt}$ ausgewählt und der entsprechende Eingabevektor *IV* erzeugt wird (Zeilen 6 und 7). Das ausführbare Modell des Entwurfs *Exe* wird mit dem generierten Eingangsvektor ausgeführt (Zeile 8). Wenn die QoS des Entwurfs erfüllt ist, wird die Anweisungskombination $SC_i$ in $MAD_{mild}$ gespeichert (Zeile 10) und die Iteration wird beendet (Zeile 11). Um die benötigte Zeit für die Analyse zu reduzieren, werden Iterationen von den Kombinationen mit der maximalen Anzahl von Anweisungen (d. h., im besten Fall können alle Anweisungen gleichzeitig approximiert werden) bis zur minimalen Anzahl (d. h., im schlechtesten Fall können zwei Anweisungen gleichzeitig approximiert werden) gestartet. Darüber hinaus nutzen wir die in der ersten Phase des vorgeschlagenen Ansatzes generierte *Anweisungsinfo* (z. B. Abb. 6.2), um die Anzahl der Kombinationen von Anweisungen zu reduzieren. In diesem Zusammenhang werden die approximierbaren Aussagen, die sich in derselben Gruppe wie in (6.2) befinden, gleichzeitig approximiert. Der Grund dafür ist, dass verschiedene Anweisungen im Körper einer bedingten Anweisung nicht gleichzeitig ausgeführt werden können. Zu einem bestimmten Zeitpunkt wird nur eine dieser Anweisungen ausgeführt.

Betrachten wir zum Beispiel das motivierende Beispiel (Abb. 3.2), bei dem das Ziel darin besteht, den Mild-Approximationsgrad von Modul *M1 zu* finden. Nehmen wir an, dass die QoS des Entwurfs für das Ausgangssignal *Out2* von Modul *M2*

```
Input: List of template predictive model formula L_TPM, List of approximable target
       statement L_ATSmt, Design's executable model Exe, Design's QoS
Output: module approximation degree MAD_mild and MAD_agg
List of control variables L_Ctr ← false;
List of template predictive model (TPM) parameters L_TPM ← ∅;
Input Vector IV ← (L_Ctr[∅], L_TPM[∅]);
Template predictive model parameters TPM_params ← ∅;
foreach statment combination SC_i in L_ATSmt do
    L_Ctr[i] ← true;
    IV ← (L_Ctr[i], TPM_params[i]);
    run (Exe, IV);
    if QoS is satisfied then
        MAD_mild ← SC_i;
        break;
List of abandoned combinations L_abandoned ← ∅;
foreach statment combination SC_i in L_ATSmt do          // for all unique
  two-statement combinations
    flag ← EV(SC_i);
    if flag then
        break;
Function EV (SC_i) :
    L_Ctr[i] ← true;
    IV ← (L_Ctr[i], TPM_params[i]);
    run (Exe, IV);
    if (QoS is satisfied) then
        if length (SC_i) > length of exsiting combinations then
            MAD_agg ← SC_i;
            return true;
        else
            SC_i ← AddStm(SC_i, L_ATSmt) ;  // creating a new combination
             by adding a statement
            if SC_i not ∩ L_abandoned then
                EV (SC_i);
    else
        L_abandoned ← SC_i ; // abandoning the combination that causes
         QoS violation
        return false;
```

**Algorithmus 6.4** Ermittlung des Näherungsgrads eines Moduls

gegeben ist. Basierend auf Algorithmus 6.4 enthält $L_{ATSmt}$ die Zielanweisungen $S_{24}$ (*temp1*, Zeile 24), $S_{27}$ (*temp1*, Zeile 27) und $S_{29}$ (*temp2*, Zeile 29), $S_{32}$ (*out2*, Zeile 32). Aufgrund der *Anweisungsinfo* befinden sich die Anweisungen $S_{24}$, $S_{27}$ in der gleichen Gruppe. Um den Modulgrad zu ermitteln, wird die Analyse mit der Auswertung der Anweisungskombinationen $SC_1 \leftarrow (\{S_{24}, S_{27}\}, S_{29}, S_{32})$ begonnen, die die maximale Anzahl von Anweisungen aufweist. Wenn die QoS des Entwurfs erfüllt ist, wird $SC_1$ mit vier Anweisungen in $MAD_{mild}$ gespeichert; andernfalls werden die anderen drei möglichen Kombinationen, d. h. $SC_2 \leftarrow(\{S_{24}, S_{27}\}, S_{29})$, $SC_3 \leftarrow(\{S_{24}, S_{27}\}, S_{32})$ und $SC_4 \leftarrow(S_{29}, S_{32})$, ausgewertet.

Im ungünstigsten Fall beträgt die erforderliche Anzahl von Simulationsläufen für diese Analyse $\left(2^{n_{AStm}} - n_{AStm} - 1\right)$, wobei $n_{AStm}$ die Anzahl der approximierbaren Anweisungen in $L_{ATSmt}$ ist. Die Zeitkomplexität des Algorithmus beträgt also im ungünstigsten Fall eine Größenordnung von $2^{n_{AStm}}$. Aufgrund der Anzahl der approximierbaren Anweisungen eines Moduls kann die benötigte Zeit für diese Analyse im schlimmsten Fall sehr groß sein. Daher definieren wir den Parameter *nthreshold* (als interaktive Option für Designer), um die Analyse auf ein Maximum von $2^{n_{threshold}}$ Iterationen zu beschränken. Diese interaktive Option bietet den Designern einen Kompromiss zwischen der Genauigkeit der Analyse und der benötigten Zeit.

Da jede approximierbare Anweisung zwei Fehlermodelle hat ($Stm_{QoSU}$ und $Stm_{QoSL}$), muss MAD im Falle der *aggressiven* Approximation für jede von ihnen bestimmt werden. Daher beziehen sich $MAD_{aggU}$ und $MAD_{aggL}$ auf die maximale Anzahl von Anweisungen, die gleichzeitig in einem Modul mit ihren Fehlermodellen $Stm_{QoSU}$ bzw. $Stm_{QoSL}$ approximiert werden können.

Um beispielsweise $MAD_{aggU}$ zu finden, berücksichtigen wir nicht alle möglichen Kombinationen von approximierbaren Aussagen. Wir nutzen die Vorteile des Datenabhängigkeitsgraphen, um die Anzahl der Anweisungskombinationen zu begrenzen. Der Grund dafür ist, dass die Approximation von zwei abhängigen Anweisungen, bei denen beide mit ihrer oberen Fehlergrenze approximiert werden, $Stm_{QoSU}$ zu einem kumulativen Fehler führt (nehmen wir an, $\Delta$E), der sich auf die endgültige Ausgabe auswirkt. Ist der erzeugte Fehler ($\Delta$E) größer als die akzeptable QoS des Entwurfs, können alle Anweisungskombinationen, die diese beiden Anweisungen enthalten, aus dem Zustandsraum der Anweisungskombinationen eliminiert werden (da sie mindestens $\Delta$E enthalten).

Betrachten wir zum Beispiel den Datenabhängigkeitsgraphen (Abb. 6.2) des motivierenden Beispiels (Abb. 3.2). Nehmen wir an, dass das Ziel darin besteht, das $MAD_{aggU}$ von Modul *M1 zu* finden, wobei die QoS des Entwurfs für den Knoten $n_{19}$ (Ausgangssignal *Out2* von Modul *M2*) gegeben ist. Die Analyse des Datenabhängigkeitsgraphen zeigt, dass nur die Knoten $n_5$, $n_6$ und $n_8$ von Modul *M1* im Kegel von $n_{19}$ liegen (d. h. zur Erzeugung des Endergebnisses beitragen). Um das $MAD_{aggU}$ zu finden, werden die Anweisungskombinationen mit einer eindeutigen Kombination von zwei Anweisungen begonnen, z. B. $n_5$ und $n_8$. Wenn die Anweisungskombination, die die Knoten $n_5$ und $n_8$ enthält, eine QoS-Verletzung verursacht, verursachen aufgrund des kumulativen Fehlers auch alle anderen Anweisungskombinationen, die diese beiden Knoten enthalten, eine QoS-Verletzung. Daher werden die Anweisungskombinationen, die $n_5$, $n_6$ und $n_8$ enthalten, aus dem Zustandsraum der Anweisungskombinationen entfernt. Ist dagegen die QoS des Entwurfs erfüllt, wird der bestehenden Kombination eine Anweisung hinzugefügt und die neue Anweisungskombination bewertet. Dieser Prozess wird so lange fortgesetzt, bis entweder keine Anweisungskombination mehr übrig ist oder die aktuelle Anweisungskombination die maximale Anzahl von Anweisungen aufweist, da andere größere Kombinationen bereits eliminiert wurden.

Das Verfahren zur Ermittlung von MAD im Falle der *Aggressiven* Approximation ist in Algorithmus 6.4 (Zeilen 12 bis 31) dargestellt. Zunächst wird eine Anweisungskombination $SC_i$, die zwei Anweisungen enthält, ausgewählt und mit der EV-Funktion bewertet (Zeilen 13 und 14). Die EV-Funktion erzeugt die entsprechenden Eingabevektoren (Zeilen 18 und 19) und führt das ausführbare Modell mit dem erzeugten Vektor aus (Zeile 20). Wenn die QoS des Entwurfs erfüllt ist (Zeilen 21 bis 28), prüft sie, ob die aktuelle Kombination $SC_i$ die größte Anzahl von Anweisungen unter den vorhandenen Anweisungskombinationen aufweist. Wenn dies der Fall ist, wird $SC_i$ in $MAD_{agg}$ gespeichert und der Prozess beendet (Zeilen 22 bis 24). Andernfalls wird eine neue Anweisungskombination erzeugt, indem eine neue Anweisung zur bestehenden $SC_i$ hinzugefügt wird, die keine abgebrochene Kombination ist (Zeile 26 und 27). Anschließend wird die EV-Funktion aufgerufen, um die neue $SC_i$ zu bewerten (Zeile 28). Wenn die QoS des Entwurfs nicht erfüllt ist (Zeilen 29 bis 31), wird die $SC_i$ aufgegeben und die EV-Funktion gibt false zurück. Das bedeutet, dass die nächste Anweisungskombination (einschließlich zweier Anweisungen) ausgewählt wird und der Prozess wiederholt wird (Zeile 13).

Da das Verfahren zum Auffinden von MAD im Falle der *aggressiven* Approximation auf einer *Depth-First-Suche* (DFS) im Datenabhängigkeitsgraphen für alle Anweisungskombinationen der Länge zwei basiert, ist es im schlimmsten Fall linear komplex.

#### 6.3.5.3 Entwurf Angleichungsgrad

Um die maximale Anzahl von Modulen zu finden, die gleichzeitig approximiert werden können, wird eine ähnliche Analyse wie in Algorithmus 6.4 auf die gesamten approximierbaren Anweisungen des Entwurfs angewendet. Der einzige Unterschied besteht darin, dass die Anweisungskombinationen mindestens zwei Anweisungen aus zwei verschiedenen Modulen enthalten müssen.

Im Falle der Mild-Approximation (gemäß Algorithmus 6.4) beträgt die Anzahl der Simulationsläufe im ungünstigsten Fall ($2^{n_{DAStm}} - nmodule - 1$), wobei $n_{DAStm}$ und *nmodule* die Anzahl der approximierbaren Entwurfsanweisungen bzw. die Anzahl der Module darstellen. Daher ist die Zeitkomplexität dieser Analyse die gleiche wie bei Algorithmus 6.4 (Zeilen 1 bis 11). Aufgrund der Anzahl der Designanweisungen (die größer ist als die Anzahl der Modulanweisungen) kann diese Analyse im schlimmsten Fall jedoch erhebliche Zeit in Anspruch nehmen. Daher definieren wir, wie bei MAD, den Parameter *Stmthreshold* (als interaktive Option für Designer) als maximale Anzahl von Anweisungen, um die Analyse nur dann durchzuführen, wenn $n_{DAStm}$ gleich oder kleiner als *Stmthreshold* ist. Für einen Entwurf, bei dem die Anzahl der approximierbaren Anweisungen größer als *nthreshold ist*, betrachten wir nur die Kombination von Modulen mit ihrem maximalen Approximationsgrad für die drei Fehlermodelle $Stm_{QoSPM}$, $Stm_{QoSL}$ und $Stm_{QoSU}$.

Bei der *aggressiven* Annäherung ist die Komplexität dieser Analyse (in Bezug auf Algorithmus 6.4, Zeilen 12 bis 31) linear.

## 6.4 Experimentelle Auswertung

Der vorgeschlagene Ansatz wurde auf mehrere Standard-ESL-Benchmarks angewendet, die von [97] und OSCI [1] bereitgestellt wurden.

Zunächst wird in Abschn. 6.4.1 eine Fallstudie aus dem Bereich der Bildverarbeitung im Detail dargestellt. Zweitens geben wir in Abschn. 6.4.2 eine kurze Diskussion über die erzielten experimentellen Ergebnisse zur Bewertung der Qualität unseres Ansatzes. Um den QoS-Verlust jedes Designs aufgrund der Approximation zu quantifizieren, betrachten wir das *Peak Signal-to-Noise Ratio* (PSNR) für den *JPEG-Encoder* und das Sobel-Design und den RMSE für alle anderen Designs. Alle Experimente wurden auf einem PC mit 8 GB RAM und einer Intel Core i7 CPU mit 2,4 GHz durchgeführt.

### 6.4.1 *Fallstudien*

Die Versuchsergebnisse für verschiedene Arten von ESL-Benchmarks sind in den Tab. 6.1 und 6.2 dargestellt. In beiden Tabellen sind in den ersten drei Spalten (*ESL-Modell*, *LoC* und *#M*) der Name, die Codezeilen bzw. die Anzahl der Module jedes Designs aufgeführt.

In Tab. 6.1 zeigt die Spalte *#AM* die Anzahl der Module, die durch den vorgeschlagenen Ansatz als approximierbar erkannt wurden. Die Spalte *AMN* gibt den Namen der approximierbaren Module an, die durch den vorgeschlagenen Ansatz erkannt wurden. Die Spalten *#F* und *AFN* zeigen für jedes approximierbare Modul die Anzahl seiner Funktionen bzw. den Namen der Funktionen, die mindestens eine approximierbare Anweisung enthalten. Die Spalte *#Obsv* listet die Anzahl der Beobachtungen auf, die in der Regressionsanalyse zur Schätzung des Verhaltens jeder Zielanweisung verwendet wurden. Die Spalte *Outl* gibt den Prozentsatz der Ausreißer in den Beobachtungsdaten an, die aus dem Trainingsdatensatz ausgeschlossen wurden. Diese Werte werden auf der Grundlage der Formel in Abschn. 6.3.3.1 ermittelt. Die Spalte *#MTStm* stellt die Anzahl der Zielanweisungen jedes Moduls dar. Die Spalte *#ATStm* zeigt die Anzahl der Zielaussagen jedes Moduls, die als approximierbar markiert sind.

Die Spalte *MAD* zeigt den Approximationsgrad jedes Moduls auf der Grundlage der maximalen Anzahl seiner approximierbaren Anweisungen, die gleichzeitig durch die entsprechenden ursprünglichen Anweisungen ersetzt werden können. Der Approximationsgrad wird für die *milden* (Spalte *Mld*) und *aggressiven* (Spalte *Agg*) Approximationen des Entwurfs angegeben. Im Falle der *aggressiven* Approximation wird die maximale Anzahl der approximierbaren Anweisungen zwischen der oberen ($Stm_{QoSU}$) und unteren ($Stm_{QoSl}$) Fehlergrenze angegeben. Wie in dieser Spalte dargestellt, beträgt der Approximationsgrad des exec-Moduls des RISC-CPU-Entwurfs sowohl für die Modelle der *milden* als auch der *aggressiven* Approximation 13. Der Grund dafür ist, dass alle approximierbaren Anweisungen der Module zu einem bedingten Block (einer switch-case-Anweisung) gehören. Sie können also

**Tab. 6.1** Experimentelle Ergebnisse in Bezug auf die Qualität des vorgeschlagenen Resilienzbewertungsansatzes für alle Fallstudien

| | | | | | | | | | | | | MAD | | DAD | |
|---|---|---|---|---|---|---|---|---|---|---|---|---|---|---|---|
| ESL-Modell | LoC | #M | #AM | AMN | #F | AFN | #Obsv | Outl% | #TStm | #MTStm | #ATSM | Mld | Agg* | Mld | Agg* |
| Cholesky[2] | 489 | 1 | 1 | Cholesky | 2 | chlky_cmp | 250 | 0 | 3 | 3 | 3 | 2 | 2 | 1 | 1 |
| 3-stufiges Rohr[1] | 511 | 5 | 3 | Stufe1 | 1 | Addsub | 500 | 0 | 5 | 2 | 2 | 2 | 2 | 2 | 2 |
| | | | | Stufe2 | 1 | Multdiv | 500 | 0,0260 | | 2 | 2 | 2 | 2 | | |
| | | | | Stufe3 | 1 | . | 500 | 0 | | 1 | 1 | 1 | 1 | | |
| Fft-flp[1] | 586 | 3 | 1 | fft | 1 | Eintrag | 500 | 0,0100 | 15 | 15 | 13 | 6 | 5 | 1 | 1 |
| Interpolation[2] | 587 | 1 | 1 | Interp | 1 | ausführen. | 500 | 0,0120 | 5 | 5 | 5 | 3 | 2 | 1 | 1 |
| Sobel[2] | 713 | 1 | 1 | Sobel | 2 | sobel_filter | 131,072 | 0,0020 | 3 | 3 | 3 | 2 | 1 | 1 | 1 |
| IDCT[1] | 809 | 1 | 1 | idct | 2 | idct_niedrig | 500 | 0,0120 | 20 | 20 | 14 | 8 | 6 | 1 | 1 |
| FIR[1] | 834 | 2 | 2 | Tanne | 1 | Eintrag | 500 | 0,0100 | 19 | 3 | 3 | 2 | 1 | 2 | 1 |
| | | | | fir_data | 1 | Eintrag | 500 | 0,0100 | | 16 | 14 | 8 | 4 | | |
| Dezimierung[2] | 893 | 1 | 1 | Entfiltrieren | 1 | ausführen. | 500 | 0,0120 | 10 | 10 | 5 | 3 | 2 | 1 | 1 |
| RISC-CPU[1] | 1960 | 3 | 3 | Ausführung | 1 | Eintrag | 1250 | 0,0520 | 61 | 13 | 13 | 13 | 13 | 3 | 3 |
| | | | | Schwimmend | 1 | Eintrag | 1250 | 0,0504 | | 15 | 10 | 8 | 6 | | |
| | | | | mmxu | 1 | Eintrag | 1250 | 0 | | 27 | 15 | 11 | 8 | | |
| JPEG-Encoder[2] | 1422 | 5 | 4 | dct | 1 | jpeg_dct | 131,072 | 0 | 9 | 1 | 1 | 1 | 1 | 4 | 3 |
| | | | | Huffman | 4 | jpeg_AC | 131,072 | 0 | | 3 | 3 | 4 | 2 | | |
| | | | | | | jpeg_DC | 131,072 | 0 | | 2 | 1 | | | | |
| | | | | Quantisierung | 1 | jpeg_quant | 131,072 | 0 | | 2 | 1 | 1 | 1 | | |
| | | | | rle | 1 | jpeg_rle | 131,072 | 0 | | 1 | 1 | 1 | 1 | | |

[1]OSCI und [2] [97]

*LoC* Zeilen des Codes, *#M* Anzahl der Module, *#AM* Anzahl der approximierbaren Module, *AMN* approximierbarer Modulname, *#F* Anzahl der Funktionen, *AFN* approximierbarer Funktionsname, *#Obsv* Anzahl der Beobachtungen, *Outl%* Prozentsatz der Ausreißer, *#TStm* Anzahl der Ausführung von Zielanweisungen, *#MTStm* Anzahl der Modulzielanweisungen, *#ATStm* Anzahl der approximierbaren Zielanweisungen, *MAD* Modul-Approximationsgrad, *DAD* Design-Approximationsgrad

*Die gemeldete Zahl basiert auf dem maximalen Grad zwischen oberem und unterem Grenzfehler

**Tab. 6.2** Experimentelle Ergebnisse in Bezug auf die Ausführungszeit des vorgeschlagenen Resilienzbewertungsansatzes für alle Fallstudien

| | | | ET (s) | | | | | | | CET (s) | | |
|---|---|---|---|---|---|---|---|---|---|---|---|---|
| | | | | | | Phase4 | | | | | | |
| ESL-Modell | LoC | #M | Phase1 | Phase2 | Phase3 | StmAD | MAD | DAD | Insgesamt | Kompilieren | Exec | Insgesamt |
| Cholesky[2] | 489 | 1 | 5,19 | 1,31 | 5,87 | 0,36 | 0,15 | 0 | 12,88 | 4,62 | 0,003 | 4,63 |
| 3-stufiges Rohr[1] | 511 | 5 | 4,77 | 1,38 | 5,19 | 0,45 | 0,28 | 0,36 | 12,43 | 4,12 | 0,010 | 4,13 |
| Fft-flp[1] | 586 | 3 | 5,41 | 2,01 | 5,80 | 2,54 | 31,52 | 0 | 47,28 | 3,94 | 0,004 | 3,95 |
| Interpolation[2] | 587 | 1 | 5,94 | 2,12 | 6,07 | 0,55 | 0,48 | 0 | 15,16 | 4,79 | 0,007 | 4,86 |
| Sobel[2] | 713 | 1 | 3,02 | 1,18 | 3,29 | 0,36 | 0,15 | 0 | 12,88 | 2,15 | 0,231 | 2,38 |
| IDCT[1] | 809 | 1 | 5,13 | 2,81 | 5,71 | 69 | 109,62 | 0 | 132,96 | 3,51 | 0,019 | 3,53 |
| FIR[1] | 834 | 4 | 5,29 | 2,70 | 5,90 | 10,22 | 63,61 | 3,71 | 91,43 | 3,82 | 0,010 | 3,83 |
| Dezimierung[2] | 893 | 1 | 5,59 | 1,.27 | 6,18 | 2,83 | 4,64 | 0 | 20,51 | 4,69 | 0,021 | 4,90 |
| RISC-CPU[1] | 1960 | 10 | 13,32 | 3,51 | 14,02 | 11,22 | 29,13 | 0,01 | 71,21 | 10,08 | 0,011 | 10,19 |
| JPEG-Encoder[2] | 1422 | 5 | 8,79 | 11,41 | 9,36 | 793,92 | 69,92 | 167,52 | 1060,92 | 7,26 | 9,561 | 16,82 |

[1]OSCI und [2][97]

*LoC* Codezeilen, *#M* Anzahl der Module, *ET* Ausführungszeit in Sekunden, *CET* Kompilierungs- und Ausführungszeit in Sekunden, *StmAD* Anweisungs-Approximationsgrad, *MAD* Modul-Approximationsgrad, *DAD* Design-Approximationsgrad

gleichzeitig approximiert werden, da während der Ausführung zu einem bestimmten Zeitpunkt nur eine von ihnen ausgeführt wird.

Die Spalte *DAD* stellt den Approximationsgrad des gesamten Entwurfs dar. Sie gibt die maximale Anzahl von Modulen (mit der maximalen Anzahl von approximierbaren Anweisungen) an, die gleichzeitig approximiert werden können. Der Approximationsgrad wird für die Mild- (Spalte *Mld*) und Aggressiv-Approximationen (Spalte *Agg*) des Entwurfs angegeben. Im Falle der *aggressiven* Approximation wird die maximale Anzahl der approximierbaren Module zwischen der oberen ($Stm_{QoSU}$) und der unteren ($Stm_{QoSl}$) Fehlergrenze angegeben.

Tab. 6.2 zeigt den Zeitbedarf des vorgeschlagenen Ansatzes für die Analyse der Resilienzbewertung der SystemC-Entwürfe. Spalte *ET* veranschaulicht die Ausführungszeit des vorgeschlagenen Ansatzes auf der Grundlage der erforderlichen Zeit für jede Phase. Die Spalten *Phase1*, *Phase2* und *Phase3* zeigen die Ausführungszeit für die Phasen der Informationsextraktion, der Regressionsanalyse und der Resilienzbewertung der Aussagen des vorgeschlagenen Ansatzes. Die Spalte *Phase4* veranschaulicht die Ausführungszeit der Phase zur Bewertung des Approximationsgrads unseres Ansatzes, gefolgt von der erforderlichen Zeit zur Ermittlung des Approximationsgrads jeder approximierbaren Anweisung (Spalte *StmAD*), jedes Moduls (Spalte *MAD*) und des gesamten Entwurfs (Spalte *DAD*). Bei Entwürfen mit nur einem approximierbaren Modul ist die in der Spalte *DAD* angegebene Zeit gleich Null, da keine Modulkombinationen durchgeführt werden müssen. Im Falle des RISC-CPU-Entwurfs ist die in der Spalte *DAD* angegebene Zeit die Zeit, die für die Analyse des Datenabhängigkeitsgraphen aufgewendet wurde, um herauszufinden, dass die approximierbaren Module unabhängig sind. Es wurde also keine Analyse der Modulkombinationen durchgeführt. Die Spalte *CET* zeigt die Zeit für die Kompilierung und Ausführung jedes Entwurfs ohne jegliche Instrumentierung.

Um die Qualität des vorgeschlagenen Ansatzes zu bewerten, betrachten wir im Folgenden das Design des *JPEG-Encoders* [97] im Detail, der in der Bildverarbeitung als Kompressionsalgorithmus weit verbreitet ist.

#### 6.4.1.1 JPEG-Encoder

Der JPEG-Encoder-Entwurf ist die Hardware-Implementierung des Encoder-Teils des JPEG-Standards (ein gängiges Komprimierungsverfahren für digitale Bilder) in der Sprache SystemC, die von Schafer und Mahapatra [97] bereitgestellt wird. Um den QoS-Verlust des Entwurfs aufgrund der Approximation zu quantifizieren, werden zwei Werte des PSNR in Bezug auf die Approximationsmodelle definiert. Der Mindestwert des PSNR beträgt 20 dB bzw. 15 dB für die Modelle *Mild* und *Aggressive* Approximation.

Wie aus Tab. 6.1 hervorgeht, enthält der Entwurf neun Zielanweisungen (Spalte *TStm*), von denen sieben als approximierbar markiert wurden. Um den Approximationsgrad ($Stm_{QoSU}$ und $Stm_{QoSL}$) jeder approximierbaren Anweisung des Entwurfs zu bewerten, wurden, wie in Abb. 6.8 dargestellt, insgesamt 82 Iterationen mit Algorithmus 6.3 durchgeführt.

Die approximierbaren Anweisungen gehören zu vier Modulen des Entwurfs, nämlich *dct*, *huffman*, *quantization* und *rle*. Nehmen wir z. B. das Huffman-Modul des Entwurfs, bei dem vier der fünf Zielanweisungen als approximierbar markiert wurden. Die Anweisung, die als nicht approximierbar markiert wurde, gehört zu der Funktion *jpeg_addzero* des hHuffman-Moduls, deren Ergebnisvariable in der Bedingungsanweisung eines Kontrollblocks verwendet wird. Abb. 6.6a zeigt das ursprüngliche Ausgangsbild des JPEG-Encoder-Designs, bei dem keine Approximation durchgeführt wurde. Abb. 6.6b veranschaulicht das Ergebnis der Mild-Approximation des Huffman-Moduls, bei der die vier approximierbaren Anweisungen (d. h. der Approximationsgrad) durch die entsprechenden ausgewählten PMs (mit den minimalen Fehlerraten, d. h. $Stm_{QoSPM}$) ersetzt wurden. Die ausgewählte Anweisungskombination umfasst drei Zielanweisungen der Funktion jpeg-AC und eine Zielanweisung der Funktion *jpeg-DC*. Das Ergebnis dieser Analyse wurde also in der ersten Iteration (dem besten Fall) erzielt, in der eine Kombination aller approximierbaren Anweisungen des Moduls ausgewertet wird. Das Ausgangsbild des *JPEG-Encoders* für die Mild-Approximation des Huffman-Moduls hat einen PSNR von 21,93 dB im Vergleich zum ursprünglichen Ausgangsbild. Damit erfüllt es die QoS des Entwurfs. Im Falle der *aggressiven* Approximation stellen Abb. 6.6c und d die Ausgabebilder des Entwurfs dar, bei denen zwei Zielanweisungen des Moduls durch die entsprechenden *TPMs* ersetzt wurden, die die maximale obere (d. h. $Stm_{QoSU}$) bzw. untere (d. h. $Stm_{QoSL}$) Fehlergrenze aufweisen. Das Ausgangsbild des *JPEG-Encoders* für die *aggressive* Approximation des Huffman-Moduls hat im Vergleich zum ursprünglichen Ausgangsbild einen PSNR von 15,21 bzw. 16,04 dB für die Fehlermodelle $Stm_{QoSU}$ und $Stm_{QoSL}$.

Wie in Abb. 6.8 dargestellt, beträgt die erforderliche Anzahl von Iterationen mit Algorithmus 6.4 zur Ermittlung des Approximationsgrades für alle Module des Entwurfs sieben. Da die anderen drei Module des Entwurfs nur eine approximierbare Anweisung haben (also keine Anweisungskombinationen durchgeführt werden müssen), wurden alle Iterationen durchgeführt, um den Approximationsgrad des Huffman-Moduls zu finden.

(a) Original (b) Milde Annäherung mit $Stm_{QoSPM}$ (c) Aggressive Angeli chung mit $Stm_{QoSU}$ (d) Aggressive Angeli chung mit $Stm_{QoSL}$

**Abb. 6.6** **Das** Bild (**a**) ist die Originalausgabe des *JPEG-Encoders*. (**b**) ist das Ausgangsbild der Annäherung des Huffman-Moduls des JPEG-Encoders mit seinem *milden* Grad der Annäherung. Die Bilder (**c**) und (**d**) sind das Ergebnis der Approximation des Huffman-Moduls mit dem *aggressiven* Grad der Approximation für die obere bzw. untere Fehlergrenze

Was den Approximationsgrad des Entwurfs anbelangt, so beträgt im Falle der *milden* Approximation die maximale Anzahl der Module, die gleichzeitig approximiert werden können, vier. Das bedeutet, dass es mindestens eine Anweisungskombination der approximierbaren Anweisungen des Entwurfs gibt, bei der jedes Modul mindestens eine approximierbare Anweisung hat. Die erste Anweisungskombination, die durch den vorgeschlagenen Ansatz gefunden wurde, umfasst eine Anweisung des Moduls *dct*, eine Anweisung des Moduls *quantization* und zwei Anweisungen des Moduls *huffman*. Das Ausgangsbild für die Mild-Approximation des *JPEG-Encoders* ist in Abb. 6.7b dargestellt. Es hat einen PSNR von 20,24 dB im Vergleich zum ursprünglichen Ausgangsbild in Abb. 6.7a. Damit erfüllt es die QoS des Entwurfs.

Der Approximationsgrad des Entwurfs in Bezug auf die *Aggressive* Approximation für beide Fehlermodelle (d. h. die maximalen oberen $Stm_{QoSU}$ und unteren $Stm_{QoSL}$ Fehlergrenzen) ist drei. Daher können maximal drei Module des Entwurfs gleichzeitig so approximiert werden, dass jedes Modul mindestens eine approximierbare Zielanweisung mit seiner maximalen Fehlerquote hat. Die erste Anweisungskombination, die mit dem vorgeschlagenen Ansatz für $Stm_{QoSU}$ gefunden wurde, ist eine Kombination aus drei approximierbaren Anweisungen der Module *dct*, *quantization* und *huffman*. Bei $Stm_{QoSL}$ ist die erste Anweisungskombination eine Kombination aus vier approximierbaren Anweisungen, bestehend aus zwei Anweisungen des Huffman-Moduls und einer Anweisung der Module *dct* und *Quantisierung*.

Die Ausgabebilder für die *Aggressive* Approximation des *JPEG-Encoders* in Bezug auf die Fehlermodelle $Stm_{QoSU}$ und $Stm_{QoSL}$ sind in Abb. 6.7c bzw. d dargestellt. Im Vergleich zum ursprünglichen Ausgangsbild beträgt der PSNR für das erste Modell 15,01 dB, für das zweite 15,89 dB. Somit erfüllen beide Modelle die QoS des Entwurfs. Wie aus Abb. 6.8 hervorgeht, erfordert diese Analyse 17 Iterationen gemäß Abschn. 6.3.5.3.

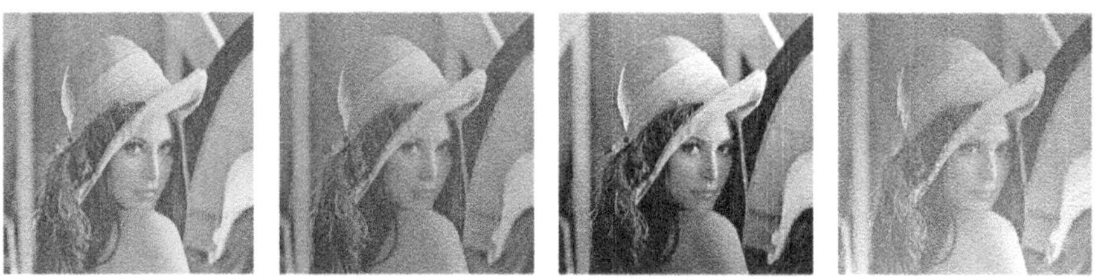

(a) Original (b) Milde Annäherung mit $Stm_{QoSPM}$ (c) Aggressive Angeli chung mit $Stm_{QoSU}$ (d) Aggressive Angel chung mit $Stm_{QoSL}$

**Abb. 6.7** Bild (**a**) ist die Originalausgabe des *JPEG-Encoders*. (**b**) ist das Ergebnis der Annäherung an den JPEG-Encoder-Entwurf mit einem *milden* Grad der Annäherung. Die Bilder (**c**) und (**d**) sind das Ergebnis der Annäherung des JPEG-Encoder-Entwurfs mit dem *aggressiven* Grad der Annäherung für die oberen und unteren Fehlergrenzen.

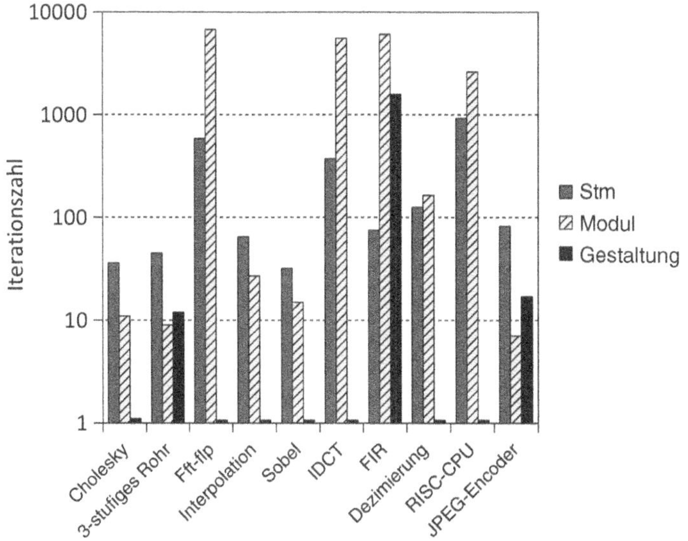


**Abb. 6.8** Gesamtzahl der Iterationen zur Ermittlung des Approximationsgrades von approximierbaren Aussagen, Modulen und Entwürfen

## 6.4.2 *Integration und Diskussion*

Der vorgeschlagene Ansatz ist in der Lage, die belastbaren Teile eines gegebenen SystemC-Entwurfs zu identifizieren, ohne dass die Entwickler über Vorkenntnisse der Entwurfsdomäne verfügen müssen (d. h. ein Black-Box-Testing-Framework für die Belastungsbewertung). Außerdem kann der vorgeschlagene Ansatz nur auf diese spezifischen Module und nicht auf das gesamte Design angewendet werden, wenn die Designer über Kenntnisse über ein bestimmtes Design verfügen (z. B. über Module, die viel Strom verbrauchen oder erhebliche Auswirkungen auf die Leistung haben). Die Analyse des Näherungsgrads des vorgeschlagenen Ansatzes ermöglicht es den Entwicklern, einen breiten Bereich von Fehlerquoten abzuschätzen, die ein Entwurfsteil auf verschiedenen Granularitätsebenen akzeptieren kann. Dies gibt den Designern verschiedene Möglichkeiten, die beste Approximationstechnik auf der Grundlage ihrer Anforderungen zu wählen, insbesondere im Falle komplexer oder älterer Modelle.

Der Approximationsgrad einer belastbaren Anweisung gibt eine Abschätzung der minimalen (d. h. auf der Grundlage von $Stmt_{QoSPM}$) und maximalen (d. h. auf der Grundlage von $Stmt_{QoSU}$ und $Stmt_{QoSL}$) Fehlerraten, die die Anweisung in Bezug auf die QoS des Entwurfs akzeptieren kann. Der Modul-Approximationsgrad (MAD) gibt Designern die maximale Anzahl approximierbarer Anweisungen an, die gleichzeitig im Hinblick auf die QoS des Entwurfs approximiert werden können. MAD wird für die beste und die schlechteste Fehlerrate der approximierbaren Aussagen angegeben. Wenn die Granularität der Approximation auf der Grundlage der Modulapproximation definiert wird, gibt MAD den Designern eine Schätzung der Fehlerrate, die das Modul tolerieren kann, während es die QoS des Entwurfs erfüllt. In dieser Hinsicht zeigt der Approximationsgrad des Entwurfs (DAD) die maximale Anzahl von Modulen an, die gleichzeitig approximiert werden können. Somit haben die Designer auch auf dieser Granularitätsebene die Möglichkeit, die beste Alternative zur Approximation des gesamten Moduls in Bezug auf seine maximalen Fehlerraten zu wählen.

Eine direkte Anwendung des vorgeschlagenen Ansatzes ist ein Feedback-System für Designer im Syntheseprozess. Es versorgt die Designer mit Informationen über die Auswahl einer Annäherungstechnik (entweder basierend auf der Modifizierung von Operanden, d. h. Variablen des Entwurfs oder Operatoren), um belastbare Teile während der Synthese des Entwurfs auf den unteren Abstraktionsebenen anzunähern. Ein einfaches Beispiel: Wenn Designer den Entwurf auf den unteren Abstraktionsebenen (z. B. RTL oder darunter) synthetisieren wollen, kann der Approximationsgrad einer belastbaren Anweisung ihnen helfen, eine approximierbare Komponente aus der vorhandenen Bibliothek (z. B. einen Addierer) auszuwählen, deren Fehlerraten (untere und obere Schranken) kleiner oder gleich dem Approximationsgrad der Anweisung sind.

Der Zeitaufwand des vorgeschlagenen Ansatzes für die Analyse eines gegebenen SystemC-Entwurfs gliedert sich in zwei Hauptteile. Erstens die Zeit, die für die Identifizierung belastbarer Teile des Entwurfs aufgewendet wird, einschließlich der Extraktion von Laufzeitinformationen (Phase 1), der Regressionsanalyse der extrahierten Informationen (Phase 2) und die Bewertung, ob ein bestimmter Teil belastbar ist oder nicht (Phase 3). Wie in Tab. 6.2 dargestellt, liegt die Ausführungszeit jeder der genannten Phasen in der Größenordnung von Sekunden. Im Vergleich zur reinen Kompilierungszeit der einzelnen Entwürfe (Spalte *Kompilieren*) liegen diese Zeitrahmen in einem vernünftigen Rahmen. Die Komplexität der Regressionsanalyse (Phase 2) hängt von der Erstellung der Trainingsdatensätze und der Ermittlung des Vorhersagemodells ab. Da wir uns die lineare Regression zunutze machen (eine schnelle maschinelle Lerntechnik mit hoher Genauigkeit für die Funktionsschätzung), ist die Komplexität dieser Analyse linear.

Der zweite Teil der für den vorgeschlagenen Ansatz benötigten Zeit entfällt auf die Analyse des Approximationsgrades (Phase 4). Diese Zeit hängt von der Anzahl der approximierbaren Aussagen des Entwurfs ab. Der zeitaufwändigste Teil dieser Phase ist die Approximationsgradanalyse für das Mild-Approximationsmodell, bei der die Zeitkomplexität im schlimmsten Fall exponentiell ist. Durch die Verwendung der Ergebnisse der statischen Analyse in der ersten Phase des vorgeschlagenen Ansatzes (d. h. Datenabhängigkeitsgraph und *Anweisungsinfo*) konnten wir jedoch die Anzahl der Anweisungskombinationen und damit die Ausführungszeit dieser Analyse reduzieren. Darüber hinaus bietet der vorgeschlagene Ansatz den Designern einige interaktive Optionen zur Steuerung der Komplexität dieser Analyse. Wie in Abb. 6.8 und Tab. 6.1 (Spalte *#ATStm*) zu sehen ist, sind für die Analyse des Approximationsgrads umso mehr Iterationen erforderlich, je mehr approximierbare Anweisungen (die nicht zum selben Bedingungsblock gehören) ein Entwurf enthält. Die längste in Tab. 6.1 angegebene Ausführungszeit (für den JPEG-Encoder-

Entwurf) beträgt etwa 18 min, was immer noch ein angemessener Zeitrahmen ist, der es ermöglicht, den vorgeschlagenen Ansatz in gängigen Entwicklungsumgebungen zu verwenden.

## 6.5 Schlussfolgerung

In diesem Kapitel haben wir einen neuen Ansatz zur automatischen Erkennung der approximierbaren Teile von ESL-Entwürfen für die Aufgabe der Entwurfsraumerforschung vorgestellt. Der vorgeschlagene Ansatz kann Designer effektiv dabei unterstützen, herauszufinden, unter welchen Fehlergrenzen verschiedene Teile eines gegebenen SystemC-Designs auf verschiedenen Granularitätsebenen (d. h. von einer einzelnen Anweisung bis zu einem Modul) approximiert werden können. Der Ansatz basiert auf einer Kombination von statischen und dynamischen Analysemethoden, um das Simulationsverhalten verschiedener Teile (d. h. Rechenanweisungen) des Entwurfs zu extrahieren. Zur Durchführung dieser hybriden Analyse nutzen wir die Vorteile des compilerbasierten Ansatzes (eingeführt in Kap. 3). Wir übersetzten das extrahierte Simulationsverhalten eines jeden Teils in einen Trainingsdatensatz und führten Regressionsanalyseverfahren durch, um das wahre Verhalten mit einem Vorhersagemodell zu schätzen. Das erstellte Modell wird als Ausgangspunkt für die Analyse der Resilienz der Portionen verwendet, um die falsch-negativen Fälle bei der Suche nach den resilienten Portionen zu reduzieren. Darüber hinaus haben wir eine Analyse des Approximationsgrades durchgeführt, um die maximale Fehlerquote zu bestimmen, die eine approximierbare Aussage akzeptieren kann. Anschließend wurde die maximale Anzahl von Anweisungen und Modulen, die gleichzeitig approximiert werden können, den Designern mitgeteilt. Mehrere ESL-Benchmarks wurden durchgeführt, um die Wirksamkeit unseres Ansatzes zu bewerten. Die ersten Ergebnisse klingen vielversprechend sodass wir davon überzeugt sind, dass dieser neue Forschungszweig hilfreich ist, um die approximative Berechnung zu einer echten Querschnittsaufgabe in den frühen Phasen des Entwurfsprozesses zu machen.

# Kapitel 7
# Schlussfolgerung

In diesem Buch wird eine neuartige Methodik zum Verständnis des Entwurfs vorgestellt, die es Entwicklern ermöglicht, eine gegebene SystemC-basierte VP aus zwei Perspektiven zu analysieren: aus der Sicht des Debuggers und aus der Sicht des Compilers.

Der erste Ansatz bietet Entwicklern eine nicht-intrusive Analyselösung, die nur das ausführbare Modell von VPs benötigt. Im Falle von Legacy- oder Drittanbieter-IPs, bei denen der Quellcode möglicherweise überhaupt nicht verfügbar ist, ist dies die einzige anwendbare Lösung. Es wurde gezeigt, wie statische Informationen aus den Debug-Symbolen einer bestimmten VP extrahiert und zur Programmierung des Debuggers verwendet werden können, um das Verhalten der VP zur Laufzeit abzurufen.

Mit dem letztgenannten Ansatz wird eine schnelle Analysetechnik eingeführt, die sehr gut mit einer beliebigen Komplexität von VPs oder ihrer laufenden Software (oder Anwendung) skaliert. Die erforderlichen statischen Informationen werden durch Analyse der AST von VPs extrahiert und verwendet, um eine instrumentierte Version der VP für den Informationsabruf zur Laufzeit zu erzeugen.

Im Vergleich zu den bisherigen Analysemethoden für SystemC-Entwürfe sind die Hauptvorteile der beiden vorgeschlagenen Ansätze folgende:

- Sie erfordern keine vorherige Einschränkung (oder Annahme) der SystemC-Sprache. Um eine gegebene VP zu analysieren, sind sie nicht auf eine Annahme angewiesen, z. B. über eine wohldefinierte Teilmenge von SystemC, die in der VP verwendet wird.
- Sie sind vollständig automatisiert und erfordern keinen manuellen Programmieraufwand oder Anmerkungen zum bestehenden Framework (d. h. SystemC-Kernel, Schnittstellen oder Bibliothek) durch die Entwickler.



M. Goli, R. Drechsler, *Automatisierte Analyse von virtuellen Prototypen auf der Ebene elektronischer Systeme*, https://doi.org/10.1007/978-3-031-36997-1_7

- Sie unterstützen sowohl die zyklusgenauen SystemC-Modelle als auch die mit TLM-2.0-Konstrukten modellierten VPs, während die bestehenden Methoden meist für beide anwendbar sind.
- Sie sind in der Lage, präzise Informationen sowohl über die Struktur als auch über das Laufzeitverhalten von SystemC-basierten VPs zu extrahieren, während die meisten bestehenden Methoden nur eine begrenzte Menge an Informationen extrahieren, die nur die Struktur des Modells beschreiben und nicht sein Laufzeitverhalten widerspiegeln.

Abgesehen von den oben genannten Vorteilen haben wir gezeigt, wie die extrahierten Informationen (d. h. die strukturellen und verhaltensbezogenen) mit den vorgeschlagenen Ansätzen visualisiert werden können, um Designer effektiv dabei zu unterstützen, die Komplexität einer bestimmten VP zu verstehen. Darüber hinaus ermöglichen die interaktiven Optionen der vorgeschlagenen Ansätze den Designern, sich nur auf bestimmte Merkmale von VPs zu konzentrieren, was zu einer Leistungssteigerung oder Verkürzung der Analysezeit führt.

Die Informationen über die Struktur der VP wurden als XML-formatierte Datei dargestellt, die den Designern eine strukturelle Darstellung der Designarchitektur bietet. Darüber hinaus kann sie von zukünftigen Tools, die die Ergebnisse unserer Analyseansätze nutzen können, leicht gelesen und geparst werden.

Die extrahierten Informationen über das Verhalten der SystemC TLM-2.0 VPs wurden in eine Reihe von UML-Diagrammen übersetzt. Die UML-Diagramme, die durch die vorgeschlagene Methodik erzeugt wurden, spiegeln die Verhaltensinformationen in einer groß angelegten Ansicht wider und ermöglichen es den Entwicklern, die Daten und den Fluss der Transaktionen auf einfache Weise gleichzeitig zu verfolgen. Darüber hinaus wurde zum ersten Mal ein Klassifizierungsalgorithmus eingeführt, um redundante Transaktionen zu eliminieren, die aus Sicht des Designverständnisses unnötig sind. Wir haben veranschaulicht, wie die extrahierten Transaktionen auf der Grundlage ihres Flusses und ihres Typs kategorisiert werden, um diejenigen Transaktionen zu visualisieren, die ein einzigartiges Verhalten aufweisen. Auf diese Weise können Designer das Verhalten der VP schnell erfassen, insbesondere bei komplexen oder älteren Modellen, die Tausende von Transaktionen umfassen können.

Im Fall von zyklusgenauen SystemC-VPs wird das Verhalten der VPs als VCD-Datei dargestellt. Im Vergleich zum bestehenden Gegenstück (SystemC-API, die herkömmliche Lösung zur Überwachung des Laufzeitverhaltens von zyklusgenauen SystemC-VPs) bietet sie die folgenden vier Hauptvorteile:

- Verfolgung der Basistyp-Variablen (z. B. C++ Datentyp), die sich während eines einzigen SystemC-$\delta$-Zyklus mehrmals ändern können (die Intra-Zyklus-Funktion der vorgeschlagenen Ansätze).
- Extrahieren der benutzerdefinierten Datentypen, die von der SystemC-API überhaupt nicht unterstützt werden, es sei denn, die Designer ändern ihren Code.
- Verfolgung der Werte lokaler Variablen von Modulen und Funktionen.
- Eliminierung des manuellen Programmieraufwands, den die SystemC-API erfordert, um den Quellcode zu modifizieren und alle Signale, die verfolgt werden müssen, einzubeziehen.

Daher wurde im Hinblick auf das erste Ziel dieses Buches eine umfassende Entwurfsverstehensmethodik für die Analyse von VPs am ESL vorgestellt, die in der Lage ist, eine Vielzahl von SystemC-Entwürfen zu unterstützen und in Verbindung mit einem bestehenden Framework oder einem beliebigen SystemC-Setup verwendet werden kann.

Im Hinblick auf das zweite Ziel dieses Buches wurden verschiedene Anwendungen als Anwendungsfälle und Beispiele für die Ergebnisse des Designverständnisses implementiert. Die folgenden Anwendungen dienten dazu, aufzuzeigen, wie die extrahierten Informationen in der Praxis direkt oder mit minimalem Übersetzungsaufwand während des Entwurfsprozesses verwendet werden können.

- **Verifikation:** Die extrahierten Informationen wurden zur formalen Verifikation des Simulationsverhaltens einer gegebenen SystemC TLM-2.0 VP anhand von TLM-Regeln und der VP-Spezifikationen verwendet. In diesem Zusammenhang haben wir gezeigt, wie diese Informationen in einen Satz von Zeitautomatenmodellen und die TLM-Regeln sowie die Spezifikationen der VP in einen Satz von Eigenschaften mit der Eigenschaftssprache TCTL übersetzt werden. Dann wurde ein Model Checker verwendet, um die ersteren gegen die letzteren zu validieren. Durch die Einführung dieses halb-formalen Verifikationsansatzes konnten wir die Nachteile der bisherigen Verifikationsmethoden in der ESL effektiv überwinden, nämlich (1) die fehlende Möglichkeit, VPs gegen ihre Spezifikationen zu verifizieren, (2) die Explosion des Zustandsraums und die Beschränkung der Modellierung von VPs in formaler Semantik (für formale Methoden), (3) die fehlende Unterstützung einer breiten Palette von VPs und (4) der geringe Automatisierungsgrad.
- **Sicherheitsvalidierung:** Als zweite Anwendung wurde ein neuartiger automatisierter Ansatz zur Validierung der Sicherheit einer gegebenen VP gegenüber zwei Sicherheitsbedrohungsmodellen vorgestellt, nämlich Informationslecks (Vertraulichkeit) und unbefugter Zugriff auf Daten in einem Speicher (Integrität). Es wurde gezeigt, wie die extrahierten Informationen (in Bezug auf die Transaktionen der VP) und die Sicherheitsregeln der VP automatisch in eine Reihe von Zugriffspfaden bzw. Eigenschaften übersetzt werden. Anschließend wurde das übersetzte Modell anhand der Sicherheitseigenschaften validiert. Der vorgeschlagene Ansatz zur Sicherheitsvalidierung ist *der erste seiner Art* in der ESL, der die Nachteile der bestehenden statischen Sicherheitsvalidierungsanalyse wirksam beseitigen kann. Für den Fall, dass die Adresse von Transaktionen zur Laufzeit definiert wird, d. h. entweder explizit von Initiatormodulen (basierend auf einer dynamischen Berechnung) oder implizit von der laufenden Software generiert wird, sind statische Analysemethoden nicht in der Lage, diese Sicherheitsverletzung zu erkennen.
- **Design Space Exploration:** Als letzte Anwendung wurde die Informationsextraktionsanalyse verwendet, um die approximierbaren Teile von ESL-Designs automatisch zu erkennen. Es wird ein neuer Ansatz vorgestellt, der auf einer Kombination aus statischen und dynamischen Analysemethoden sowie Regressionsanalyseverfahren basiert. Wir haben gezeigt, wie das extrahierte

Simulationsverhalten jedes VP-Teils in einen Satz von Trainingsdaten übersetzt und als Input für Regressionsanalysetechniken verwendet wird. Das erstellte Vorhersagemodell diente als Ausgangspunkt für die Bewertung der Widerstandsfähigkeit von Teilen, um die Zahl der falsch-positiven Ergebnisse bei der Suche nach widerstandsfähigen Teilen zu verringern. Der vorgeschlagene Ansatz kann Designer effektiv dabei unterstützen, herauszufinden, unter welchen Fehlergrenzen verschiedene Teile eines gegebenen SystemC-Designs auf verschiedenen Granularitätsebenen (d. h. von einer einzelnen Anweisung bis zu einem Modul) approximiert werden können. Darüber hinaus wurde eine Analyse des Approximationsgrades durchgeführt, um die maximale Fehlerrate zu bestimmen, die eine approximierbare Anweisung akzeptieren kann. Anschließend wird den Designern die maximale Anzahl von Anweisungen und Modulen, die gleichzeitig approximiert werden können, mitgeteilt.

## 7.1 Ausblick

Der Umfang und die Automatisierung der in diesem Buch vorgeschlagenen Ansätze sind die analysierten Hauptvorteile, die es Entwicklern ermöglichen, grundsätzlich alle Aspekte der SystemC-basierten VPs-Analyse anzugehen. Es gibt jedoch noch offene Fragen, die es wert sind, in weiterer Forschung untersucht zu werden.

Eine mögliche zukünftige Richtung in Bezug auf das Designverständnis ist die Unterstützung von VPs, einschließlich benutzerdefinierter TLM-Protokolle. Darüber hinaus wäre es sehr interessant, den vorgeschlagenen Ansatz so zu modifizieren, dass das Designverständnis (sowohl von den Software- als auch von den Hardwareteilen eines bestimmten VP-basierten SoCs) gleichzeitig unterstützt wird. Dies erfordert die Extraktion von Informationen über die Software, die auf der zugrundeliegenden Hardware läuft, sowie ein umfassendes Visualisierungsmodell, welches es den Designern ermöglicht, das Verhalten des gesamten Systems zu verfolgen. Zusätzlich zu den oben genannten Punkten wäre es interessant zu untersuchen, ob die vorgeschlagenen Ansätze auch auf SystemC-Modelle angewendet werden können, die mit den SystemC *Analog Mixed Signal* (AMS) Erweiterungen implementiert wurden. Obwohl unsere vorgeschlagenen Ansätze potenziell in der Lage sind, SystemC-AMS zu unterstützen, müssen sie – um die Informationen zu extrahieren und in einem geeigneten Format darzustellen -auf der Grundlage der Informationen, die in diesem Bereich nützlich sind, modifiziert werden.

Was die Anwendung des Entwurfsverständnisses angeht, so gibt es trotz des Erfolgs der vorgestellten Anwendungen noch Möglichkeiten für weitere Verbesserungen, z. B. die Unterstützung der Verifikation von benutzerdefinierten TLM-Protokollen, die funktionale und zeitliche Verifikation von zyklusgenauen SystemC-VPs oder die Validierung anderer Sicherheitsbedrohungsmodelle. Da die Ergebnisse der Entwurfsverstehensphase den Entwicklern eine Zwischenrepräsentation des gesamten Systemverhaltens und der Systemstruktur liefern, wäre die Untersuchung der Fähigkeit der vorgeschlagenen Ansätze für weitere

Anwendungen eine interessante zukünftige Arbeit. Da die extrahierten Informationen den Entwicklern beispielsweise eine genaue Verfolgung des Verhaltens der VPs ermöglichen, kann diese Fähigkeit genutzt werden, um den Debugging-Prozess von SystemC-basierten VPs am ESL zu unterstützen. Daher wäre die Entwicklung eines automatisierten Debugging-Ansatzes auch eine mögliche zukünftige Aufgabe. Darüber hinaus liefern die extrahierten Informationen den Entwicklern ein detailliertes Aktivitätsprofil der gesamten VP auf verschiedenen Granularitätsebenen (von IP-Cores bis hin zu einzelnen lokalen Variablen) und könnten daher für die Leistungsanalyse von VPs am ESL verwendet werden [68].

# Literatur


1. Accellera Systems Initiative. http://www.accellera.org/downloads/standards/systemc Zugegriffen am 01.01.2023
2. R. Alur, D. L. Dill, A theory of timed automata. Theor. Comput. Sci. **126**, 183–235 (1994)
3. R. Alur, C. Courcoubetis, D. Dill, Model-checking in dense real-time. Inf. Comput. **104**(1), 2–34 (1993)
4. A. Ardeshiricham, W. Hu, J. Marxen, R. Kastner, Register transfer level information flow tracking for provably secure hardware design, in *Design, Automation and Test in Europe (DATE)* (IEEE, Piscataway, 2017), S. 1691–1696
5. J. Aynsley (Hrsg.), *OSCI TLM-2.0 Language Reference Manual* (Open SystemC Initiative (OSCI), 2009)
6. J. Aynsley, TLM-2.0 base protocol checker. https://www.doulos.com/knowhow/systemc/tlm2. Zugegriffen am 30.01.2018
7. M. Bawadekji, D. Große, R. Drechsler, TLM protocol compliance checking at the electronic system level, in *IEEE International Symposium on Design and Diagnostics of Electronic Circuits and Systems (DDECS)* Cottbus (2011), S. 435–440
8. D. Berner, J. Piere Talpin, H. Patel, D. A. Mathaikuty, E. Shukla, SystemCXML: an extensible SystemC front end using XML, in *Forum on Specification and Design Languages (FDL)* (2005), S. 405–409
9. M.-M. Bidmeshki, Y. Makris, Toward automatic proof generation for information flow policies in third-party hardware IP, in *IEEE International Symposium on Hardware Oriented Security and Trust (HOST)* (IEEE, Piscataway, 2015), S. 163–168
10. N. Blanc, D. Kroening, N. Sharygina, Scoot: a tool for the analysis of SystemC models, in *Tools and Algorithms for the Construction and Analysis of Systems (TACAS)* (Springer, Berlin, 2008), S. 467–470
11. E. Bosman, A. Slowinska, H. Bos, Minemu: the world's fastest taint tracker, in *Recent Advances in Intrusion Detection (RAID)* (Springer, Berlin, 2011), S. 1–20
12. H. Broeders, R. Van Leuken, Extracting behavior and dynamically generated hierarchy from SystemC models, in *Design Automation Conference (DAC)* (ACM, New York, 2011), S. 357–362
13. Cadence Incisive (SimVision), information available on Cadence website. http///www.cadence.com. Zugegriffen am 30.01.2016




M. Goli, R. Drechsler, *Automatisierte Analyse von virtuellen Prototypen auf der Ebene elektronischer Systeme*, https://doi.org/10.1007/978-3-031-36997-1

14. M. Carbin, M. C. Rinard, Automatically identifying critical input regions and code in applications, in *International Symposium on Software Testing and Analysis, ISSTA* (ACM, New York, 2010), S. 37–48
15. M. Carbin, S. Misailovic, M. C. Rinard, Verifying quantitative reliability for programs that execute on unreliable hardware, in *ACM International Conference on Object Oriented Programming Systems Languages and Applications, OOPSLA* (ACM, New York, 2013), S. 33–52
16. V. K. Chippa, D. Mohapatra, A. Raghunathan, K. Roy, S. T. Chakradhar, Scalable effort hardware design: exploiting algorithmic resilience for energy efficiency, in *Design Automation Conference (DAC)*, Austin, TX (ACM, New York, 2010), S. 555–560
17. V. K. Chippa, S. T. Chakradhar, K. Roy, A. Raghunathan, Analysis and characterization of inherent application resilience for approximate computing, in *Design Automation Conference (DAC)*, Austin, TX (2013), S. 1–9
18. C. N. Chou, Y. S. Ho, C. Hsieh, C. Y. Huang, Symbolic model checking on SystemC designs, in *Design Automation Conference (DAC)*, San Francisco, CA (2012), S. 327–333
19. J. Clause, W. Li, A. Orso, Dytan: a generic dynamic taint analysis framework, in *International Symposium in Software Testing and Analysis (ISSTA)* (ACM, New York, 2007), S. 196–206
20. T. De Schutter, *Better Software. Faster!: Best Practices in Virtual Prototyping* (Synopsys Press, Mountain View, 2014)
21. S. Drzevitzky, M. Platzner, Achieving hardware security for reconfigurable systems on chip by a proof-carrying code approach, in *International Symposium on Reconfigurable Communication-centric Systems-on-Chip (ReCoSoC)* (IEEE, Piscataway, 2011), S. 1–8
22. S. Drzevitzky, U. Kastens, M. Platzner, Proof-carrying hardware: towards runtime verification of reconfigurable modules, in *International Conference on Reconfigurable Computing and FPGAs (ReConFig)* (IEEE, Piscataway, 2009), S. 189–194
23. Z. Du, K. Palem, A. Lingamneni, O. Temam, Y. Chen, C. Wu, Leveraging the error resilience of machine-learning applications for designing highly energy efficient accelerators, in *Asia and South Pacific Design Automation Conference (ASP-DAC)*, Singapore (2014), S. 201–206
24. W. Ecker, V. Esen, T. Steininger, M. Velten, M. Hull, Interactive presentation: implementation of a transaction level assertion framework in SystemC, in *Design, Automation and Test in Europe (DATE)*, Nice (2007), S. 894–899
25. Y. Endoh, ASystemC: an AOP extension for hardware description language, in *International Conference on Aspect-oriented Software Development Companion, AOSD* (ACM, New York, 2011), S. 19–28
26. H. Esmaeilzadeh, A. Sampson, L. Ceze, D. Burger, Neural acceleration for general-purpose approximate programs, in *Annual IEEE/ACM International Symposium on Microarchitecture*, Vancouver, BC (2012), S. 449–460
27. A. Ferraiuolo, R. Xu, D. Zhang, A. C. Myers, G. E. Suh, Verification of a practical hardware security architecture through static information flow analysis, in *SIGOPS Operating Systems Review* (2017), S. 555–568
28. L. Ferro, L. Pierre, Isis: runtime verification of TLM platforms, in *Forum on Specification and Design Languages (FDL)* (2009), S. 1–6
29. G. Fey, D. Große, T. Cassens, C. Genz, T. Warode, R. Drechsler, ParSyC: an efficient SystemC parser, in *Workshop on Synthesis and System Integration of Mixed Information technologies (SASIMI)*, Kanazawa (2004), S. 148–154
30. Freecores. https://github.com/freecores/. Zugegriffen am 30.01.2017
31. T.A.S. Foundation, Xerces C++ validating XML parse. http://xml.apache.org/xerces-c/. Zugegriffen am 30.01.2016
32. V. Ganesh, T. Leek, M. Rinard, Taint-based directed whitebox fuzzing, in *International Conference on Software Engineering (ICSE)* (IEEE Computer Society, Washington, DC, 2009), S. 474–484
33. C. Genz, R. Drechsler, System exploration of SystemC designs, in *IEEE Computer Society Annual Symposium on Emerging VLSI Technologies and Architectures (ISVLSI)*, Karlsruhe (2006), S. 335–342
34. C. Genz, R. Drechsler, Overcoming limitations of the SystemC data introspection, in *Design, Automation and Test in Europe Conference Exhibition (DATE)*, Nice (2009), S. 590–593

35. G. Gillani, A. Kokkeler, Improving error resilience analysis methodology of iterative workloads for approximate computing, in *Computing Frontiers Conference* (ACM, New York, 2017), S. 374–379
36. M. Goli, R. Drechsler, Scalable simulation-based verification of SystemC-based virtual prototypes, in *Euromicro Conference on Digital System Design (DSD)*, Kallithea (2019), S. 522–529
37. M. Goli, J. Stoppe, R. Drechsler, AIBA: an automated intra-cycle behavioral analysis for SystemC-based design exploration, in *IEEE International Conference on Computer Design (ICCD)*, Scottsdale, AZ (2016), S. 360–363
38. M. Goli, J. Stoppe, R. Drechsler, Automatic equivalence checking for SystemC-TLM 2.0 models against their formal specifications, in *Design, Automation and Test in Europe (DATE)*, Lausanne (2017), S. 630–633
39. M. Goli, J. Stoppe, R. Drechsler, Automatic protocol compliance checking of SystemC TLM-2.0 simulation behavior using timed automata, in *IEEE International Conference on Computer Design (ICCD)*, Boston, MA (2017), S. 377–384
40. M. Goli, J. Stoppe, R. Drechsler, Automated non-intrusive analysis of electronic system level designs. IEEE Trans. Comput. Aided Des. Integr. Circuits Syst. **39**(2), 492–505 (2018). https://doi.org/10.1109/TCAD.2018.2889665
41. M. Goli, M. Hassan, D. Große, R. Drechsler, Automated analysis of virtual prototypes at electronic system level, in *Great Lakes Symposium on VLSI, (GLSVLSI)*, Tysons Corner, VA (2019), S. 307–310
42. M. Goli, J. Stoppe, R. Drechsler, Resilience evaluation for approximating SystemC designs using machine learning techniques, in *International Symposium on Rapid System Prototyping (RSP)*, Torino (2018), S. 97–103
43. M. Goli, M. Hassan, D. Große, R. Drechsler, Security validation of VP-based SoCs using dynamic information flow tracking. Inf. Technol. **61**(1), 45–58 (2019). https://doi.org/10.1515/itit-2018-0027
44. D. Große, R. Drechsler, L. Linhard, G. Angst, Efficient automatic visualization of SystemC designs, in *Forum on Specification and Design Languages (FDL)* (2003), S. 646–658
45. D. Große, H. M. Le, R. Drechsler, Proving transaction and system-level properties of untimed SystemC TLM designs, in *ACM/IEEE International Conference on Formal Methods and Models for Codesign (MEMOCOD)*, Grenoble (2010), S. 113–122
46. X. Guo, R. G. Dutta, Y. Jin, Eliminating the hardware-software boundary: a proof-carrying approach for trust evaluation on computer systems. IEEE Trans. Inf. Forensics Secur. **12**(2), 405–417 (2017)
47. V. Gupta, D. Mohapatra, S. P. Park, A. Raghunathan, K. Roy, Impact: imprecise adders for low-power approximate computing, in *IEEE/ACM International Symposium on Low Power Electronics and Design (ISLPED)*, Fukuoka (2011), S. 409–414
48. A. Habibi, S. Tahar, Design and verification of SystemC transaction-level models, in *IEEE Transactions on Very Large Scale Integration (VLSI) Systems*, Bd 14 (IEEE 2006), S. 57–68
49. M. Hassan, V. Herdt, H. M. Le, M. Chen, D. Große, R. Drechsler, Data flow testing for virtual prototypes, in *Design, Automation and Test in Europe (DATE)*, Lausanne (2017), S. 380–385
50. M. Hassan, V. Herdt, H. M. Le, D. Große, R. Drechsler, Early SoC security validation by VP-based static information flow analysis, in *IEEE/ACM International Conference on Computer Aided Design (ICCAD)*, Irvine, CA (2017), S. 400–407
51. P. Herber, S. Glesner, A HW/SW co-verification framework for SystemC. ACM Trans. Embed. Comput. Syst. **12**, 61:1–61:23 (2013)
52. P. Herber, J. Fellmuth, S. Glesner, Model checking SystemC designs using timed automata, in *IEEE/ACM/IFIP International Conference on Hardware/Software Codesign and System Synthesis, CODES+ISSS* (ACM, New York, 2008), S. 131–136
53. V. Hodge, J. Austin, A survey of outlier detection methodologies, in *Artificial Intelligence Review (AIR)* (2004), S. 85–126
54. http://www.inf.ed.ac.uk/teaching/courses/inf2c-cs/13-14/labs/lab2.html. Zugegriffen am 30.01.2017

55. W. Hu, J. Oberg, A. Irturk, M. Tiwari, T. Sherwood, D. Mu, R. Kastner, Theoretical fundamentals of gate level information flow tracking. IEEE Trans. Comput. Aided Des. Integr. Circuits Syst. **30**(8), 1128–1140 (2011)
56. IEEE Standard SystemC Language Reference Manual, IEEE Std 1666–2005 (2006), S. 1–423
57. Y. Jin, B. Yang, Y. Makris, Cycle-accurate information assurance by proof-carrying based signal sensitivity tracing, in *IEEE International Symposium on Hardware Oriented Security and Trust (HOST)* (IEEE, Piscataway, 2013), S. 99–106
58. M. Kallel, Y. Lahbib, R. Tourki, A. Baganne, Verification of SystemC transaction level models using an aspect-oriented and generic approach, in *International Conference on Design Technology of Integrated Systems in Nanoscale Era (DTIS)*, Hammamet (2010), S. 1–6
59. F. Karlsruhe, Kascpar – karlsruhe SystemC parser suite (2012)
60. A. Kaushik, H. D. Patel, SystemC-clang: an open-source framework for analyzing mixed-abstraction SystemC models, in *Forum on Specification and Design Languages (FDL)* (2013), S. 1–8
61. V. P. Kemerlis, G. Portokalidis, K. Jee, A. D. Keromytis, libdft: practical dynamic data flow tracking for commodity systems. ACM SIGPLAN Not. **47**(7), 121–132 (2012)
62. H. Khattri, N. K. V. Mangipudi, S. Mandujano, HSDL: a security development lifecycle for hardware technologies, in *IEEE International Symposium on Hardware Oriented Security and Trust (HOST)* (IEEE, Piscataway, 2012), S. 116–121
63. W. Klingauf, M. Geffken, Design structure analysis and transaction recording in SystemC designs: a minimal-intrusive approach, in *Forum on Specification and Design Languages (FDL)* (2006)
64. P. Kocher, D. Genkin, D. Gruss, W. Haas, M. Hamburg, M. Lipp, S. Mangard, T. Prescher, M. Schwarz, Y. Yarom, Spectre attacks: exploiting speculative execution. Preprint. arXiv:1801.01203 (2018)
65. C. Lattner, LLVM and Clang: next generation compiler technology, in *BSDCan 2008: The BSD Conference*, Ottawa (2008), S. 1–2
66. H. M. Le, D. Große, V. Herdt, R. Drechsler, Verifying SystemC using an intermediate verification language and symbolic simulation, in *Design Automation Conference (DAC)*, Austin, TX (2013), S. 1–6
67. J. Lee, A. Shrivastava, Static analysis to mitigate soft errors in register files, in *Design, Automation and Test in Europe (DATE)*Nice (2009), S. 1367–1372
68. D. Lemma, M. Goli, D. Große, R. Drechsler, Power intent from initial ESL prototypes extracting power management parameters, in *IEEE Nordic Circuits and Systems Conference (NORCAS)*, Tallinn (2018), S. 1–6
69. X. Li, M. Tiwari, J. K. Oberg, V. Kashyap, F. T. Chong, T. Sherwood, B. Hardekopf, Caisson: a hardware description language for secure information flow. ACM SIGPLAN Conf. Program. Lang. Design Implement. **46**(6), 109–120 (2011)
70. X. Li, V. Kashyap, J. K. Oberg, M. Tiwari, V. R. Rajarathinam, R. Kastner, T. Sherwood, B. Hardekopf, F. T. Chong, Sapper: a language for hardware-level security policy enforcement. ACM SIGARCH Comput. Archit. News **42**(1), 97–112 (2014)
71. M. Lipp, M. Schwarz, D. Gruss, T. Prescher, W. Haas, S. Mangard, P. Kocher, D. Genkin, Y. Yarom, M. Hamburg, Meltdown. CoRR. abs/1801.01207 (2018)
72. S. Liu, K. Pattabiraman, T. Moscibroda, B. G. Zorn, Flikker: saving dram refresh-power through critical data partitioning. SIGPLAN Not. **47**, 213–224 (2011)
73. E. Love, Y. Jin, Y. Makris, Proof-carrying hardware intellectual property: a pathway to trusted module acquisition. IEEE Trans. Inf. Forensics Secur. **7**(1), 25–40 (2012)
74. K. Marquet, M. Moy, Pinavm: a SystemC front-end based on an executable intermediate representation, in *Embedded software (EMSOFT)* (ACM, New York, 2010), S. 79–88
75. G. Martin, B. Bailey, A. Piziali, *ESL Design and Verification: A Prescription for Electronic System Level Methodology* (Morgan Kaufmann Publishers Inc., San Francisco, 2007)
76. S. A. Metwalli, Y. Hara-Azumi, SSA-AC: static significance analysis for approximate computing. ACM Trans. Des. Autom. Electron. Syst. **24**(3), 34:1–34:17 (2019)
77. S. Mittal, A survey of techniques for approximate computing, in *ACM Computing Surveys (CSUR)* (2016), S. 62

78. D. Mohapatra, V. K. Chippa, A. Raghunathan, K. Roy, Design of voltage-scalable metafunctions for approximate computing, in *Design, Automation and Test in Europe (DATE)*, Grenoble (2011), S. 1–6
79. G. E. Moore, Progress in digital integrated electronics, in *International Electron Devices Meeting (IEEE)*, Bd 21 (1975), S. 11–13. (in IEEE Solid-State Circuits Society Newsletter, **11**(3), 36–37 (Sept. 2006). https://doi.org/10.1109/N-SSC.2006.4804410)
80. M. Moy, F. Maraninchi, L. Maillet-Contoz, Pinapa: an extraction tool for SystemC descriptions of systems-on-a-chip, in *Embedded Software (EMSOFT)* (CM, New York, 2005), S. 317–324
81. Z. Navabi, *VHDL: Analysis and Modeling of Digital Systems*, 1. Aufl. (McGraw-Hill, Inc, New York, 1992)
82. Z. Navabi, *VERILOG Digital System Design: Analysis and Design of Digital Systems with Cdrom* (McGraw-Hill, Inc, New York, 1999)
83. K. Nepal, Y. Li, R. I. Bahar, S. Reda, Abacus: a technique for automated behavioral synthesis of approximate computing circuits, in *Design, Automation Test In: Europe Conference Exhibition (DATE)*, Dresden (2014), S. 1–6
84. B. Nongpoh, R. Ray, S. Dutta, A. Banerjee, Autosense: a framework for automated sensitivity analysis of program data. IEEE Trans. Softw. Eng. **43**(12), 1110–1124 (2017)
85. Novas Verdi, information available on Novas website. http///www.novas.com. Zugegriffen am 30.01.2016
86. orahyn: Lzw-encoder. https://github.com/arshadri/lzw_systemc/tree/master/systemc. Zugegriffen am 30.01.2017
87. T. Parr, *Language Translation Using PCCTS and c+ +: A Reference Guide* (Automata Publishing Co., San Jose, 1997)
88. H.D. Patel, D.A. Mathaikutty, D. Berner, S.K. Shukla, Systemcxml: an extensible SystemC front end using XML. Technical Report (2005)
89. L. Pierre, M. Chabot, Assertion-based verification for SoC models and identification of key events, in *EUROMICRO Digital System Design Conference (DSD)*, Vienna (2017), S. 54–61
90. F. Qin, C. Wang, Z. Li, H.-S. Kim, Y. Zhou, Y. Wu, Lift: a low-overhead practical information flow tracking system for detecting security attacks, in *Annual IEEE/ACM International Symposium on Microarchitecture (MICRO)* (IEEE, Piscataway, 2006), S. 135–148
91. M. Rinard, Probabilistic accuracy bounds for fault-tolerant computations that discard tasks, in *Annual International Conference on Supercomputing, ICS(ACM)* (New York, 2006), S. 324–334
92. M. C. Rinard, Using early phase termination to eliminate load imbalances at barrier synchronization points. SIGPLAN Not. **42**, 369–386 (2007)
93. P. Roy, R. Ray, C. Wang, W. F. Wong, ASAC: automatic sensitivity analysis for approximate computing, in *SIGPLAN/SIGBED Conference on Languages, Compilers and Tools for Embedded Systems, LCTES* (ACM, New York, 2014), S. 95–104
94. J. Rumbaugh, I. Jacobson, G. Booch (Hrsg.), *The Unified Modeling Language Reference Manual* (Addison-Wesley Longman Ltd, Boston, 1999)
95. A. Sampson, W. Dietl, E. Fortuna, D. Gnanapragasam, L. Ceze, D. Grossman, EnerJ: approximate data types for safe and general low-power computation, in *ACM SIGPLAN Conference on Programming Language Design and Implementation, PLDI* (ACM, New York, 2011), S. 164–174
96. A. Sampson, J. Nelson, K. Strauss, L. Ceze, Approximate storage in solid-state memories, in *Annual IEEE/ACM International Symposium on Microarchitecture, MICRO* (ACM, New York, 2013), S. 25–36
97. B. C. Schafer, A. Mahapatra, S2CBench: Synthesizable SystemC benchmark suite for high-level. IEEE Embed. Syst. Lett. 6(3), 53–56 (2014). https://doi.org/10.1109/LES.2014.2320556
98. T. Schmidt, G. Liu, R. Dömer, Automatic generation of thread communication graphs from SystemC source code, in *Software and Compilers for Embedded Systems (SCOPES)*, Sankt Goar (2016), S. 108–115
99. T. Schubert, W. Nebel, The quiny SystemCTM front end: Self-synthesising designs, in *Selected Contributions from Forum on specification and Design Languages (FDL)* (Springer, Berlin, 2007), S. 93–109

100. C. Schulz-Key, M. Winterholer, T. Schweizer, T. Kuhn, W. Rosentiel, Object-oriented modeling and synthesis of SystemC specifications, in *Asia and South Pacific Design Automation Conference (ASP-DAC)*, Yokohama (2004), S. 238–243
101. T. Schuster, R. Meyer, R. Buchty, L. Fossati, M. Berekovic, Socrocket – a virtual platform for the European space agency's SOC development, in *Reconfigurable Communication-Centric Systems-on-Chip (ReCoSoC)* (2014), S. 1–7. http://github.com/socrocket. Zugegriffen am 01.01.2023
102. S. Skorobogatov, C. Woods, Breakthrough silicon scanning discovers backdoor in military chip, in *International Conference on Cryptographic Hardware and Embedded Systems (CHES)* (Springer, Berlin, 2012), S. 23–40
103. W. Snyder: SystemPerl homepage. http://www.veripool.com/systemperl.html. Zugegriffen am 30.01.2016
104. H. Sohofi, Z. Navabi, Assertion-based verification for system-level designs, in *International Symposium on Quality Electronic Design (ISQED)*, Santa Clara, CA (2014), S. 582–588
105. R. Stallman, C. Support, *Debugging with GDB: The GNU Source-Level Debugger*, 9. Aufl. (Free Software Foundation, Boston, 2010)
106. J. Stoppe, R. Drechsler, Analyzing SystemC designs: SystemC analysis approaches for varying applications. Sensors **15**(5), 10399–10421 (2015)
107. J. Stoppe, R. Wille, R. Drechsler, Data extraction from SystemC designs using debug symbols and the SystemC API, in *IEEE Computer Society Annual Symposium on Emerging VLSI Technologies and Architectures (ISVLSI)* (IEEE, Piscataway, 2013), S. 26–31
108. G. E. Suh, J. W. Lee, D. Zhang, S. Devadas, Secure program execution via dynamic information flow tracking. ACM Sigplan Not. **39**(11), 85–96 (2004)
109. D. Tabakov, M. Y. Vardi, Monitoring temporal SystemC properties, in *ACM/IEEE International Conference on Formal Methods and Models for Codesign (MEMOCODE)*, Grenoble (2010), S. 123–132
110. D. Tabakov, M. Y. Vardi, Automatic aspectization of SystemC, in *Workshop on Modularity in Systems Software, MISS* (ACM, New York, 2012), S. 9–14
111. T.C. Team: Clang: a C language family frontend for LLVM. https://clang.llvm.org/. Zugegriffen 10.01.2017
112. TechPowerUp, "Intel xeon platinum 8180." https://www.techpowerup.com/cpudb/2055/xeon-platinum-8180. Zugegriffen am 12.01.2018
113. O. Temam, A defect-tolerant accelerator for emerging high-performance applications, in *International Symposium on Computer Architecture (ISCA)* (IEEE Computer Society, Washington, DC, 2012), S. 35–367
114. M. Tiwari, H. M. Wassel, B. Mazloom, S. Mysore, F. T. Chong, T. Sherwood, Complete information flow tracking from the gates up. ACM Sigplan Not. **44**(3), 109–120 (2009)
115. N. Vachharajani, M. J. Bridges, J. Chang, R. Rangan, G. Ottoni, J. A. Blome, G. A. Reis, M. Vachharajani, D. I. August, Rifle: an architectural framework for user-centric information-flow security, in *Annual IEEE/ACM International Symposium on Microarchitecture (MICRO)* (IEEE, Piscataway, 2004), S. 243–254
116. F. Vahid, *Digital Design with RTL Design, Verilog and VHDL*, 2. Aufl. (Wiley Publishing, Hoboken, 2010)
117. D. van Heesch, Doxygen: source code documentation generator tool. http://www.doxygen.org. Zugegriffen am 30.01.2016
118. V. Vassiliadis, J. Riehme, J. Deussen, K. Parasyris, C. D. Antonopoulos, N. Bellas, S. Lalis, U. Naumann, Towards automatic significance analysis for approximate computing, in *International Symposium on Code Generation and Optimization, CGO* (ACM, New York, 2016), S. 182–193
119. W. Xu, S. Bhatkar, R. Sekar, Taint-enhanced policy enforcement: a practical approach to defeat a wide range of attacks, in *USENIX Security Symposium*, Vancouver, BC (2006), S. 121–136
120. D. Zhang, Y. Wang, G. E. Suh, A. C. Myers, A hardware design language for timing-sensitive information-flow security. ACM SIGPLAN Not. **50**(4), 503–516 (2015)

# Stichwortverzeichnis





M. Goli, R. Drechsler, *Automatisierte Analyse von virtuellen Prototypen auf der Ebene elektronischer Systeme*, https://doi.org/10.1007/978-3-031-36997-1

The manufacturer's authorised representative in the EU is Springer Nature Customer Service Centre GmbH, Europaplatz 3, 69115 Heidelberg, Germany. If you have any concerns regarding our products, please contact ProductSafety@springernature.com

Printed and bound by CPI Group (UK) Ltd, Croydon, CR0 4YY
30/07/2026
02182063-0002